丛书总主编：孙鸿烈　于贵瑞　欧阳竹　何洪林

中国生态系统定位观测与研究数据集

草地与荒漠生态系统卷

内蒙古呼伦贝尔站

（2006—2008）

杨桂霞　唐华俊　辛晓平　主编

中国农业出版社

图书在版编目（CIP）数据

中国生态系统定位观测与研究数据集. 草地与荒漠生态系统卷. 内蒙古呼伦贝尔站：2006～2008 / 孙鸿烈等主编；杨桂霞，唐华俊，辛晓平分册主编. —北京：中国农业出版社，2011.3
ISBN 978-7-109-15542-8

Ⅰ.①中…　Ⅱ.①孙…②杨…③唐…④辛…　Ⅲ.①生态系-统计数据-中国②草地-生态系-统计数据-呼伦贝尔市-2006--2008③荒漠　生态系统　统计数据-呼伦贝尔市-2006～2008　Ⅳ.①Q147②S812③P942.263.73

中国版本图书馆 CIP 数据核字（2011）第 042420 号

中国农业出版社出版
（北京市朝阳区农展馆北路 2 号）
（邮政编码 100125）
责任编辑　刘爱芳　李昕昱

中国农业出版社印刷厂印刷　　新华书店北京发行所发行
2011 年 4 月第 1 版　　2011 年 4 月北京第 1 次印刷

开本：889mm×1194mm　1/16　　印张：12.5
字数：345 千字
定价：45.00 元

中国生态系统定位观测与研究数据集

丛书编委会

中国生态系统定位观测与研究数据集
草地与荒漠生态系统卷·内蒙古呼伦贝尔站

编委会

[序　言]

随着全球生态和环境问题的凸显，生态学研究的不断深入，研究手段正在由单点定位研究向联网研究发展，以求在不同时间和空间尺度上揭示陆地和水域生态系统的演变规律、全球变化对生态系统的影响和反馈，并在此基础上制定科学的生态系统管理策略与措施。自20世纪80年代以来，世界上开始建立国家和全球尺度的生态系统研究和观测网络，以加强区域和全球生态系统变化的观测和综合研究。2006年，在科技部国家科技基础条件平台建设项目的推动下，以生态系统观测研究网络理念为指导思想，成立了由51个观测研究站和一个综合研究中心组成的中国国家生态系统观测研究网络（National Ecosystem Research Network of China，简称CNERN）。

生态系统观测研究网络是一个数据密集型的野外科技平台，各野外台站在长期的科学研究中，积累了丰富的科学数据，这些数据是生态学研究的第一手原始科学数据和国家的宝贵财富。这些台站按照统一的观测指标、仪器和方法，对我国农田、森林、草地与荒漠、湖泊湿地海湾等典型生态系统开展了长期监测，建立了标准和规范化的观测样地，获得了大量的生态系统水分、土壤、大气和生物观测数据。系统收集、整理、存储、共享和开发应用这些数据资源是我国进行资源和环境的保护利用、生态环境治理以及农、林、牧、渔业生产必不可少的基础工作。中国国家生态系统观测研究网络的建成对促进我国生态网络长期监测数据的共享工作将发挥极其重要的作用。为切实实现数据的共享，国家生态系统观测研究网络组织各野外台站开展了数据集的编辑出版工作，借以对我国长期积累的生态学数据进行一次系统的、科学的整理，使其更好地发挥这些数据资源的作用，进一步推动数据的共享。

为完成《中国生态系统定位观测与研究数据集》丛书的编纂，CNERN综合研究中心首先组织有关专家编制了《农田、森林、草地与荒漠、湖泊湿地海湾生态系统历史数据整理指南》，各野外台站按照指南的要求，系统地开展了数据整理与出版工作。该丛书包括农田生态系统、草地与荒漠生态系统、森林生态系统以及湖泊湿地海湾生态系统共4卷、51册，各册收集整理了各野外台站的元数据信息、观测样地信息与水分、土壤、大气和生物监测信息以及相关研究成果的数据。相信这一套丛书的出版将为我国生态系统的研究和相关生产活动提供重要的数据支撑。

孙鸿烈

2010年5月

前　言

呼伦贝尔草原位于内蒙古自治区东部，是欧亚大陆草原的东翼，总面积约8.8万平方公里，是目前我国保存最完好的草原之一，也是草甸草原分布最集中的区域。由于其气候、植被、自然地理上的过渡性，呼伦贝尔草原在生态地理格局、生态系统和物种等多个方面具有非常丰富的生物多样性，其地理区域特征的独特性、生态系统特征的典型性和原生自然环境的相对完整性是研究草原生态系统自然过程以及人类活动影响、开展草原生态和生产综合研究的理想的综合生态单元。

1955年，早在海拉尔农垦建立初期，李继侗先生就带领北京大学的学者开展了新中国成立以来最早的草地生态系统调查，并形成《谢尔塔拉种畜场的植被调查》报告。此后，20世纪60年代至70年代，李博、刘钟龄、章祖同、雍世鹏等老一代生态学家先后在呼伦贝尔开展了草原生态系统观测和研究，积累了丰富的历史资料。80年代中期，在内蒙古地方草原研究部门、“八五”攻关项目“北方草地畜牧业动态监测研究”支持下，建立了一批草原生态系统半定位观测样条，并进行了比较系统的观测。

1997年，由李博院士、唐华俊博士（比利时皇家科学院通讯院士）倡议，中国农业科学院农业资源与农业区划研究所建立了呼伦贝尔站，在内蒙古大学刘钟龄教授指导下逐步规范了常规观测内容、指标与技术。2005年，呼伦贝尔站被正式命名为农业部重点野外科学观测试验站、国家野外科学观测研究重点站，成为该区域内唯一一所国家级草原生态系统观测站，目前已逐步建设成为集野外观测、科学实验、生产咨询、技术传播、人才培养于一体的现代化草原生态系统野外站。

2006年以来，呼伦贝尔站系统收集、整理了50年来不同时期开展的草原生态系统观测、调查和实验数据，建立了呼伦贝尔草原生态系统观测历史数据库；收集、标准化整理了呼伦贝尔地区不同时期各类专题图、遥感资料和社会经济统计数据，建立了监测背景数据库。同时，根据国家生态系统观测研究网络统一下发的《草地生态系统长期监测指标体系》，呼伦贝尔站对观测样地、观测项目进行了调整和规范，开展了草甸草原生态系统的规范化观测。

多年积累的长期序列资料是草原生态系统基础理论和前沿问题研究的重要基础。呼伦贝尔站对现有数据集进行了整理、评估，把其中最为规范的2006—2008年观测数据和实验数据结集出版，希望能够对开展呼伦贝尔草甸草原生态系统研究的专家有所帮助。在此，向所有参与、支持本书基础数据采集、整理和出版工作的人员表示衷心的感谢！

本数据集是在国家科技基础条件平台建设项目“生态系统网络的联网观测研究及数据共享系统建设”的支持下，并在该项目组有关专家编写的《农田、森林、草地与荒漠、湖泊湿地海湾生态系统历史数据整理指南》指导下完成，配套建设的“呼伦贝尔站联网观测研究及数据共享网络服务系统”请登陆 www.hulun.cn 查询。

限于时间和水平，数据集在编校出版过程中的错误在所难免，希望得到大家的指正与谅解！

编　者

2010年12月

[目 录]

第一章 引 言

1.1 台站简介

呼伦贝尔草原位于内蒙古自治区东部地区，是欧亚大陆草原的东翼、我国草原最北部，总面积约 8.8 万平方公里，是目前我国保存最完好的草原之一。呼伦贝尔草原属于中温带半干旱气候类型，随气候干燥度形成了自东向西递变的生态地理梯度。东部大兴安岭西麓山前丘陵平原是温性草甸草原带，中部是以羊草（*Leymus chinensis*）、大针茅（*Stipa grandis* P. Smirn.）草原为主的温性草原带，最西部是以克氏针茅（*S. krylovii* Roshev.）草原为主的温性草原。呼伦贝尔草原独特的地理区域特征，典型的生态系统特征，相对先进和集约生产经营方式，以及相对保存完好的原生自然环境，是研究草原生态系统各种自然过程以及人类活动影响、开展草业生态和生产综合研究最理想的综合生态单元。

呼伦贝尔站是在李博院士、唐华俊博士（比利时皇家科学院通讯院士）倡议下，于 1997 年 6 月依托中国农业科学院农业资源与农业区划研究所建立的，其前身为李博院士“八五”攻关项目“北方草地畜牧业动态监测研究”建立的半定位观测样条。2001 年以来，在内蒙古大学刘钟龄教授指导下，逐步规范了常规观测内容、指标与技术。2005 年，中国农科院农业资源与农业区划所联合海拉尔农牧场管理局、鄂温克旗草原站等有基础的地方单位，申报农业部重点站、国家重点站并通过了评审，2005 年 12 月被正式确定为农业部重点野外科学观测试验站、国家野外科学观测研究站。

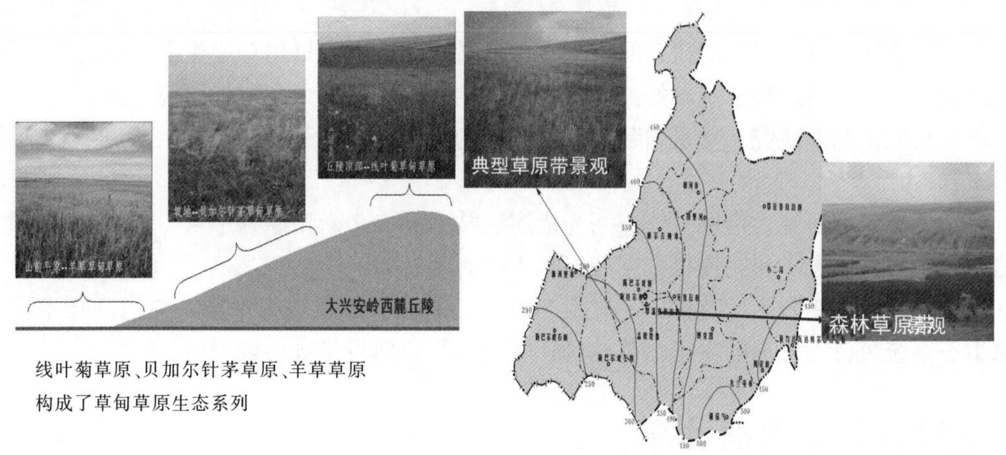

图 1-1 呼伦贝尔生态系统特征

1.2 基础科研设施

站区位于呼伦贝尔市海拉尔区建设镇谢尔塔拉牧场，占地面积 40 亩*。2009 年，新建设完成

* 亩为非法定计量单位；1 亩≈666.67m²。

1 500m^2 科研办公楼一座，具备完善的科研设施条件，建有餐厅、专家接待室、生活宿舍、活动娱乐室等生活设施以及会议室、理化分析实验室、标本样品库、档案资料库、数据与网络中心等科研办公设施，配套完善的供电、暖、水系统，具备 100 人的科研接待能力。另外，研究站配备交通车辆 2 台，农用机械设备若干台套，保障野外监测和实验研究工作的顺利开展。

呼伦贝尔站以陈巴尔虎旗东南部谢尔塔拉牧场为核心，建立了完善的样地观测体系，为开展呼伦贝尔草原生态系统研究创造了优越的实验场地条件。另外，呼伦贝尔站先后投入了 300 多万元进行实验仪器建设，包括气象、土壤、水分、养分和植物生理、光谱分析等野外测量和实验室分析等精密仪器，完善了研究站野外监测和实验仪器和设施条件，这些仪器设备陆续投入实验监测和科学研究，获得了大量重要的观测、研究数据。

图 1-2　呼伦贝尔试验站基础实验设施

1.3　研究方向

着眼于现代生态学理论与应用研究的国际学术前沿，结合呼伦贝尔草原生态系统的自然与经济特征，以及区域可持续发展对科学基础的需求，呼伦贝尔站确立了三个主要的研究方向：

（1）草原长期生态学研究。立足国际生态学领域的研究前沿，开展呼伦贝尔草原生态系统基础理论和应用研究；

（2）草地生态遥感研究。借助立体、高光谱遥感技术和未来新型遥感平台，深入挖掘遥感数据的生态学信息，为宏观生态学研究提供数据和技术支撑；

（3）区域农牧业实用技术示范推广。以生态系统复杂性科学思想为指导，应用高技术研究成果，建立草原生态系统可持续发展的生态示范社区，实现人与自然可持续协调发展。

1.4　观测研究和数据共享

建站以来，呼伦贝尔站在长期生态学观测研究和数据积累方面取得了以下几方面的进展：

（1）建立比较完善的草原生态系统长期生态学观测体系。2003 年以来，陆续在谢尔塔拉贝加尔针茅（*S. baicalensis* Roshev.）草甸草原综合观测样地、谢尔塔拉羊草草甸草原退化恢复样地、谢尔塔拉羊草草甸草原样地、鄂温克旗伊敏贝加尔针茅样地、特尼河牧场线叶菊［*Filifolium Sibiricum*（L）. kitamura］草原样地和新巴尔虎右旗、陈巴尔虎旗辅助样地开展常规监测，包括生态系统生物、气象、土壤、水分、养分等方面的常规性观测和调查。

在常规观测的技术标准与数据规范方面，主要依据国家野外台站网络中心制定的草原生态系统观测指标与技术规范、数据质量管理规范、信息系统元数据标准等，开展了生态系统水土气生要素的常规观测和数据采集工作。

（2）开展了长期生态学基础理论和应用技术研究。在草原生态学前沿理论与应用基础研究方面，联合国内外从事草地生态学研究的专家，开展了呼伦贝尔退化草原和撂荒地恢复演替研究，多尺度植被空间格局动态及其对人为干扰研究，大时间尺度森林草原带生态系统与气候变化相互关系研究，草甸草原生理生态学及其对气候变化的响应研究，不同利用和干扰方式对草甸草原生态系统群落结构与碳水通量的影响研究，人工改良措施在个体/种群/群落和景观尺度的影响，沙地草原退化与恢复机制研究，草地主要优势种和退化标志种的特征光谱研究，草原生产力及不同群系光合参数（LAI/FPAR/LUE）的模拟与遥感反演研究，草地—家畜系统模拟与适应性管理研究等，并就上述研究内容设计和实施了一批长期实验，开展长期观测研究，其观测和数据结果也被纳入呼伦贝尔站观测体系和数据共享范围。

（3）建立了呼伦贝尔草原生态系统长期观测数据库。1955年以来，我国老一代生态学家李继侗、章祖同、李博、刘钟龄、雍世鹏先后在呼伦贝尔开展了草原生态系统观测和研究，积累了丰富的历史资料。呼伦贝尔站建站以来，在开展草原生态系统观测的同时，系统整理了五十年来不同时期开展的草原生态系统观测、调查和实验数据，建立了呼伦贝尔草原生态系统观测历史数据库；收集、标准化整理了呼伦贝尔地区不同时期各类专题图、遥感资料和社会经济统计数据，建立了监测背景数据库。多年积累的长期序列资料可充实相关学科的内容，为草原生态系统基础理论研究、前沿问题研究提供重要基础，对促进多学科交叉研究特别是重大科学和应用问题的研究具有不可替代的作用。

（4）建成呼伦贝尔草原生态学研究的重要野外数据共享平台。2004年，呼伦贝尔站建立了草地数据共享网站，将监测数据和合作科研究成果及时发布，以推进呼伦贝尔草原生态环境领域的科学研究进展。2005—2007年，根据国家生态观测网络的要求，对数据库和网络进行了更新和升级，保证生态观测数据的共享和开放，逐步建立和完善了呼伦贝尔草原生态学研究和学术交流的数据共享平台。

2008年，为了进一步提高呼伦贝尔站数据和资源共享能力，在原有呼伦贝尔站观测研究数据共享基础上，整合其他研究单位来站进行的短期、客座研究和合作研究的数据资源也纳入数据共享范畴，大大拓展了野外数据平台的共享范围，提高利用效率，减少数据资源的重复采集。目前有来自中国科学院、北京大学、南开大学、北京师范大学、中国农业大学、内蒙古大学等国内数十家研究机构和高校的研究人员，在呼伦贝尔站开展植物、动物、大气、土壤、水文等各个学科领域的研究工作，并参与了呼伦贝尔站野外数据共享体系建设。

1.5　数据整理出版说明

呼伦贝尔站数据集系统收集整理了近几年的观测研究数据，主要包括植被、土壤、水文和气象等方面的常规生态观测数据，长期定位观测数据和短期研究实验数据。为保证出版数据的真实、可靠、准确和规范，在整理出版过程中专门对这些数据资料进行严格质量控制。呼伦贝尔站数据质量控制主要采用一套从基本观测员、数据录入员、数据管理员、数据使用人员多层控制，逐层监督、层层把关的监督制度和管理措施，可以更全面地监督数据的质量和规范。

数据集的出版得益于呼伦贝尔站全体人员的共同努力和辛勤工作，其他单位或个人需要使用或参考时，请注明数据来源：《中国生态系统定位观测与研究·草地与荒漠生态系统卷·内蒙古呼伦贝尔站》。

第二章

数据资源目录

2.1 生物数据资源目录

数据集名称：草地植物群落种类组成
数据集摘要：记录草地生态站的植物群落的种类组成和地上生物量
数据集时间范围：1963、1973、1985—1995 年、1999—2008 年

数据集名称：草地植物群落特征
数据集摘要：记录草地生态站植物群落数量特征和生物量
数据集时间范围：1963、1973、1985—1995 年、1999—2008 年

数据集名称：草地植物群落地下生物量
数据集摘要：记录草地生态站植物地下生物量
数据集时间范围：1999—2008 年

数据集名称：草地蝗虫种类与数量
数据集摘要：记录生态站内蝗虫的数量
数据集时间范围：1999—2008 年

数据集名称：站区土壤微生物调查表
数据集摘要：记录综合观测场内土壤微生物的种类和数量
数据集时间范围：2006—2008 年

数据集名称：草地啮齿动物种类与数量
数据集摘要：记录生态站内啮齿动物的种类与数量
数据集时间范围：2008 年

数据集名称：草地站区调查点家畜种类与数量
数据集摘要：记录草地站区调查点家畜种类与数量
数据集时间范围：1960—2008 年

2.2 土壤数据资源目录

数据集名称：草地土壤养分

数据集摘要：草地土壤养分、有机质、全氮、pH
数据集时间范围：2002—2008 年

数据集名称：草地土壤机械组成
数据集摘要：草地土壤机械组成，包括各级别颗粒的百分比组成
数据集时间范围：2002—2005 年

数据集名称：草地土壤容重
数据集摘要：草地土壤容重
数据集时间范围：2002—2008 年

数据集名称：草地土壤剖面调查数据
数据集摘要：记录生态站土壤剖面的调查数据
数据集时间范围：1960—1964 年、1980—1984 年、2007 年

2.3　水分数据资源目录

数据集名称：草地中子仪土壤含水量
数据集摘要：中子仪测量的各生态站森林土壤体积含水量和土层储水量
数据集时间范围：2007—2008 年

数据集名称：草地烘干法测量的土壤质量含水量
数据集摘要：草地生态站的土壤质量含水量
数据集时间范围：2002—2008 年

数据集名称：草地地表水、地下水质状况
数据集摘要：草地生态站的地表水、地下水质
数据集时间范围：1998—2008 年

数据集名称：草地地下水位
数据集摘要：草地生态站的地下水位
数据集时间范围：1998—2008 年

2.4　大气数据资源目录

数据集名称：草地站站区干球温度各日逐时观测表
数据集摘要：记录各生态站每日 24 小时的干球温度
数据集时间范围：2003—2008 年

数据集名称：草地站站区湿球温度各日逐时观测表
数据集摘要：记录各生态站每日 24 小时的湿球温度
数据集时间范围：2003—2008 年

数据集名称：草地站站区相对湿度各日逐时观测表
数据集摘要：记录各生态站每日 24 小时的相对湿度
数据集时间范围：2006—2008 年

数据集名称：草地站站区大气压强各日逐时观测表
数据集摘要：记录各生态站每日 24 小时的大气压强
数据集时间范围：2006—2008 年

数据集名称：草地站站区地表温度各日逐时观测表
数据集摘要：记录各生态站每日 24 小时的地表温度
数据集时间范围：2006—2008 年

数据集名称：草地站站区风向各日逐时观测表
数据集摘要：记录各生态站每日 24 小时的风向
数据集时间范围：2006—2008 年

数据集名称：草地站站区风速各日逐时观测表
数据集摘要：记录各生态站每日 24 小时的风速
数据集时间范围：2006—2008 年

数据集名称：草地站站区降水各日逐时观测表
数据集摘要：记录各生态站每日 24 小时的降水
数据集时间范围：2002—2008 年

数据集名称：草地站站区逐日蒸发量观测表
数据集摘要：记录各生态站蒸发量、雪深的日平均值
数据集时间范围：2006—2008 年

数据集名称：草地站站区各月逐日太阳辐射总量（MJ/m^2）
数据集摘要：记录各生态站各种太阳辐射总量的日平均值
数据集时间范围：2006—2008 年

数据集名称：草地站站区气象要素月平均值表
数据集摘要：记录各生态站气象常规观测要素的月平均值
数据集时间范围：2002—2008 年

数据集名称：草地站站区蒸发量月平均值表
数据集摘要：记录各生态站蒸发量、雪深的月平均值
数据集时间范围：2006—2008 年

数据集名称：草地站站区太阳辐射总量（MJ/m^2）月平均值表
数据集摘要：记录各生态站各种太阳辐射总量的月平均值

数据集时间范围： 2006—2008 年

数据集名称： 草地站站区各月极端最高气温及出现日期
数据集摘要： 记录各生态站各月的极端最高气温以及出现的日期
数据集时间范围： 2002—2008 年

数据集名称： 草地站站区各月极端最低气温及出现日期
数据集摘要： 记录各生态站各月的极端最低气温以及出现的日期
数据集时间范围： 2002—2008 年

2.5 台站短期试验数据集目录

数据集名称： 草原土壤风蚀数据集
数据集摘要： 通过风洞试验方法实际测量了不同利用方式对草甸草原抗风蚀能力的影响，主要包括了风蚀面积、风蚀时间、风蚀量等参数
数据集时间范围： 2006 年

数据集名称： 草原翻耕呼吸通量数据集
数据集摘要： 在贝加尔针茅、羊草草地，进行扰动试验，模拟不同深度的 3 种翻耕处理。即天然草地（C0）、翻耕深度 10cm（C10）和翻耕深度 20cm（C20），采用 LI－8100 闭路式土壤碳通量自动测量系统对不同处理的土壤呼吸通量每天测定 1 次
数据集时间范围： 2008 年

数据集名称： 谢尔塔拉牧场奶牛养殖业调查
数据集摘要： 收集谢尔塔拉牧场 6 队、12 队及场部 2000—2009 年家畜种类与数量统计数据，详细调查谢尔塔拉 6 队 2008 年奶牛饲养品种，饲养方式、生产水平、饲料构成、饲喂技术、疾病状况、草场利用问题及其养殖收入与成本支出状况
数据集时间范围： 2000—2009 年

数据集名称： 不同区域的农牧业调查
数据集摘要： 收集不同区域牧户养殖家畜的实际数量、收支情况及经济状况，反映牧户养殖生产效益
数据集时间范围： 2005—2007 年

数据集名称： 苜蓿品种适应性评价试验数据集
数据集摘要： 研究适宜在海拉尔地区推广的苜蓿品种。收集数据包括生产性状（产量、株高、冠幅、分枝数、干重、茎叶比和鲜干比）、光合特性数据（光合速率、蒸腾速率、水分利用效率、水分亏缺、气孔导度、胞间二氧化碳浓度）、土壤呼吸特性数据（土壤呼吸速率、土壤温度）、土壤含水量及土壤容重
数据集时间范围： 2009 年

数据集名称： 不同牧草品种高产高效水肥耦合技术研究试验数据集

数据集摘要：国家牧草产业技术体系项目研究内容，筛选出适宜在海拉尔地区推广的牧草品种及高产高效水肥耦合模式。本试验于2009年6月进行牧草的播种、施肥试验，收集数据包括牧草田间出苗率、牧草株高、产量（鲜草、干草）测定

数据集时间范围：2009年

数据集名称：呼伦贝尔草原PROSAIL模型应用参数数据集

数据集摘要：主要在鄂温克旗、海拉尔区、陈巴尔虎左旗、陈巴尔虎右旗对水分、干物质含量、叶绿素、平均叶倾角等参数进行了测定

数据集时间范围：2009年

数据集名称：羊草、冷蒿等植被室外光谱数据集

数据集摘要：以主要的植被建群物种（羊草）和退化物种（冷蒿、星毛委陵菜）作为研究对象进行野外冠层光谱测定，主要记录了其室外350～1 050纳米波段的冠层光谱

数据集时间范围：2006年8月、2008年8月

第三章

观测场和采样地

3.1 试验样地概述

呼伦贝尔站以陈巴尔虎旗东南部谢尔塔拉牧场为核心，建立了标准样地群，包括从南到北分布的5个草甸草原样地，从东到西分布的2个典型草原样地。7个标准样地呈“T”形分布，完整地代表了呼伦贝尔草原生态系统、景观和生态梯度特征，为开展呼伦贝尔草原生态系统研究创造了优越的实验场地条件。具体包括：

①鄂温克旗伊敏贝加尔针茅样地；

②谢尔塔拉种牛场12队羊草草甸草原观测样地；

③谢尔塔拉种牛场6队羊草草甸草原退化恢复观测样地；

④谢尔塔拉种牛场11队贝加尔针茅草原观测样地；

⑤特尼河牧场11队线叶菊草原观测样地；

⑥新巴尔虎右旗温性草原观测样地；

⑦陈巴尔虎旗草甸草原观测样地。

3.2 观测场介绍

呼伦贝尔站在现有观测样地基础上，建有12个观测场，26个采样地。其中观测场包括1个综合观测场，2个辅助观测场，4个长期试验观测场，1个短期研究样地，站区和气象观测场各1个，地表和地下水采样点各1个。采样地主要分布于各观测场内，用于水、土、气、生各组分和背景值的定时定点取样和调查。观测场和采样地名称及代码，见表3-1，观测场分布见图3-1，样地分布见图3-2至图3-9。

3.3 综合观测场

综合观测场位于谢尔塔拉11队，占地500亩，2006年围封，样地东南两侧为谢尔塔拉11队放牧场，西北两侧为打草场，样地选在放牧场与打草场交界处。主要以贝加尔针茅、羊草为优势群落组成的草甸草原，群落高度在60～70cm，上层为贝加尔针茅和羊草，下层为糙隐子草，寸草苔，日阴菅等。观测样地划分为永久样地和破坏样地，分别用以进行长期水、土、气、生调查和短期试验。

观测场包括一套涡度协方差碳通量观测系统（Campell 3000）、中子水分仪测定系统和一个地表径流场，分别用于观测生态系统水碳通量、土壤各层水分含量和土壤表面径流、水蚀和物质迁移规律。

3.4 辅助观测场

辅助观测场分布于谢尔塔拉12队和特尼河6队，占地各约500亩。12队辅助观测场建立前为打草场，由于长期的刈割和气候因素，草地呈现一定程度的退化。主要优势种为羊草，群落高度为30～40cm，上层主要为羊草、贝加尔针茅，下层为裂叶蒿、细叶白头翁、糙隐子草等。2005年进行围封，样地分为三个区域，一部分用于固定观测，一部分用于开放实验，另外一部分用于刈割实验。特尼河6队辅助观测场，位于特尼河牧场境内，主要优势种为线叶菊，群落高度为20～30cm，几乎只呈现线叶菊一层。辅助观测场内主要进行生物调查、水分和土壤监测等观测任务。

表3-1 呼伦贝尔站观测场、采样地一览表

观测场名称	观测场代码	采样地名称	采样地代码
综合气象要素观测场	HLGQX01	中子管采样地	HLGQX01CTS_01
		E601蒸发皿	HLGQX01CZF_01
		雨水采集器	HLGQX01CYS_01
		人工常规气象要素观测	HLGQX01DRG_01
		自动常规气象要素观测	HLGQX01DZD_01
综合观测场	HLGZH01	综合观测场永久样地	HLGZH01ABC_01
		综合观测场破坏性样地	HLGZH01ABC_02
		综合观测场中子管采样地	HLGZH01CTS_01
		综合观测场烘干法采样地	HLGZH01CHG_01
		综合观测场水碳通量观测采样地	HLGZH01DTL_01
		综合观测场径流场	HLGZH01CRJ_01
		综合观测场自动小气候观测	HLGZH01DXQ_01
站区观测场	HLGZQ01	站区径流观测场	HLGZQ01CRJ_01
		站区牧草观测采样地	HLGZQ01ABC_01
羊草辅助观测场	HLGFZ01	羊草辅助观测场径流场	HLGFZ01CRJ_01
		羊草辅助观测场永久样地	HLGFZ01ABC_01
		羊草辅助观测场破坏性采样地	HLGFZ01ABC_02
		羊草辅助观测场烘干法采样地	HLGFZ01CHG_01
线叶菊辅助观测场	HLGFZ02	线叶菊辅助观测场采样地	HLGFZ02ABC_01
地下水采样点1号	HLGFZ10	地下水采样点1号	HLGFZ10CDX_01
流动地表水采样点1号	HLGFZ11	流动地表水采样点1号	HLGFZ11CLB_01
长期试验观测场1号	HLGSY01	长期试验观测场1号采样地	HLGSY01ABC_01
长期试验观测场2号	HLGSY02	长期试验观测场2号采样地	HLGSY02ABC_01
长期试验观测场3号	HLGSY03	长期试验观测场3号采样地	HLGSY03ABC_01
长期试验观测场4号	HLGSY04	长期试验观测场4号采样地	HLGSY04ABC_01
短期研究样地	HLGYJ01	短期研究观测场采样地	HLGYJ01ABC_01

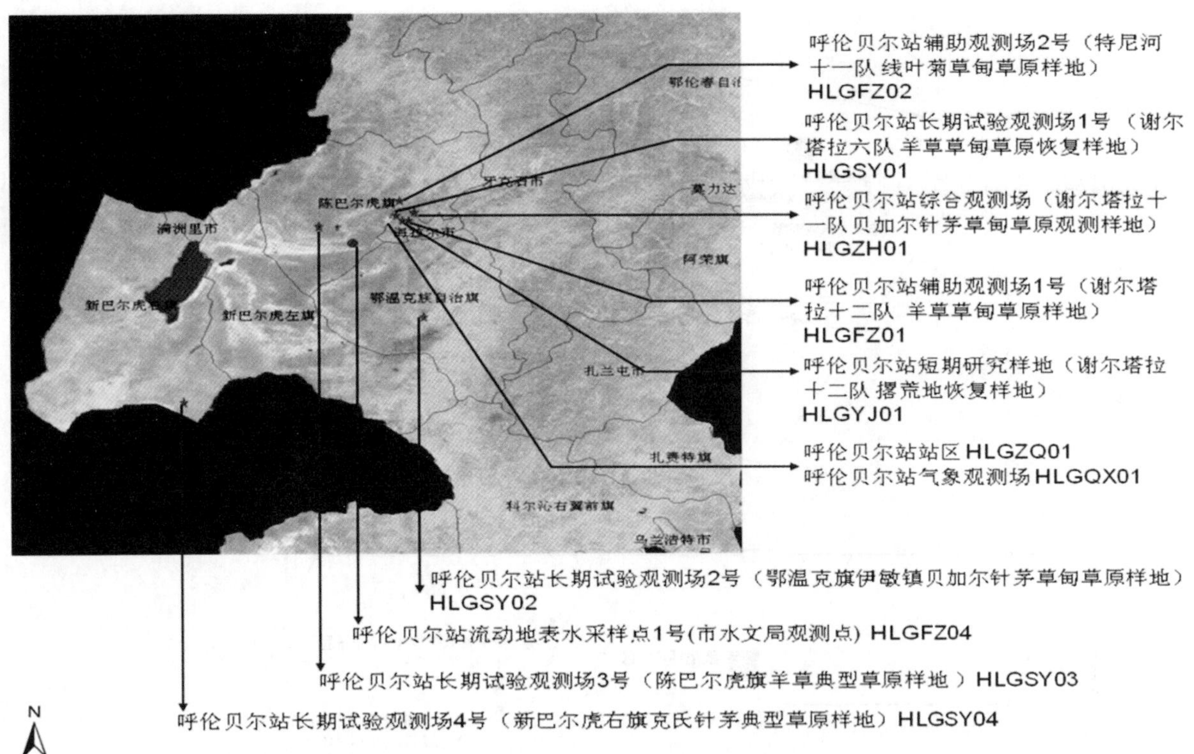

图 3-1 呼伦贝尔站观测场分布图

图 3-2 呼伦贝尔站站区观测场

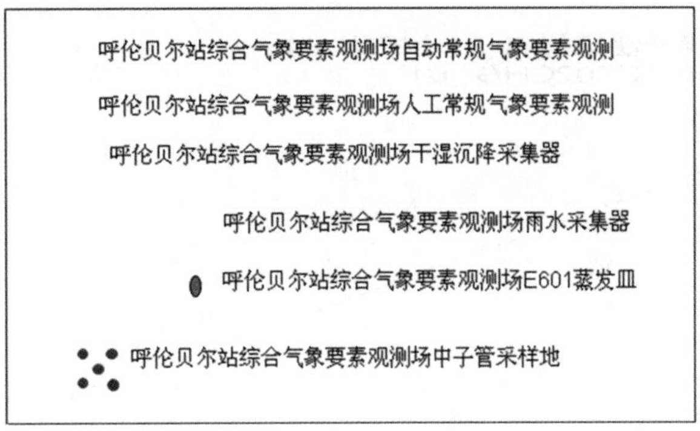

呼伦贝尔站综合气象要素观测场自动常规气象要素观测

呼伦贝尔站综合气象要素观测场人工常规气象要素观测

呼伦贝尔站综合气象要素观测场干湿沉降采集器

呼伦贝尔站综合气象要素观测场雨水采集器

呼伦贝尔站综合气象要素观测场E601蒸发皿

呼伦贝尔站综合气象要素观测场中子管采样地

图 3-3 综合气象要素观测场

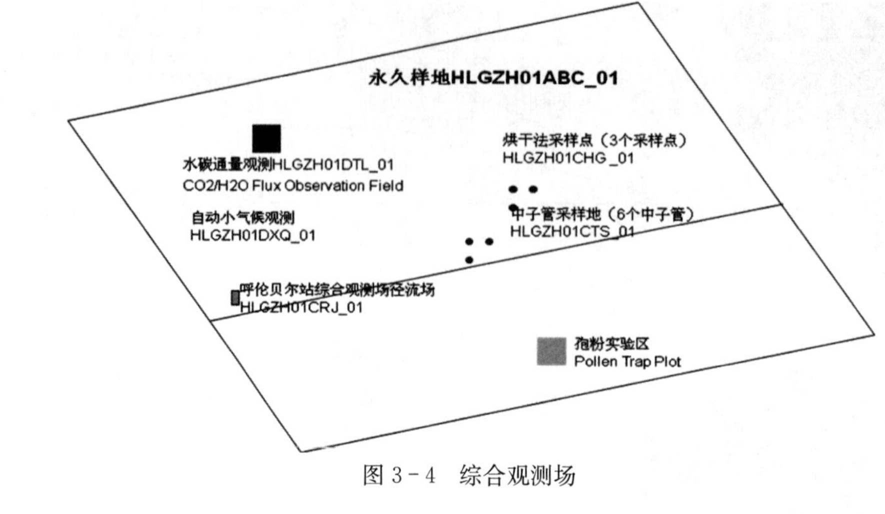

图3-4 综合观测场

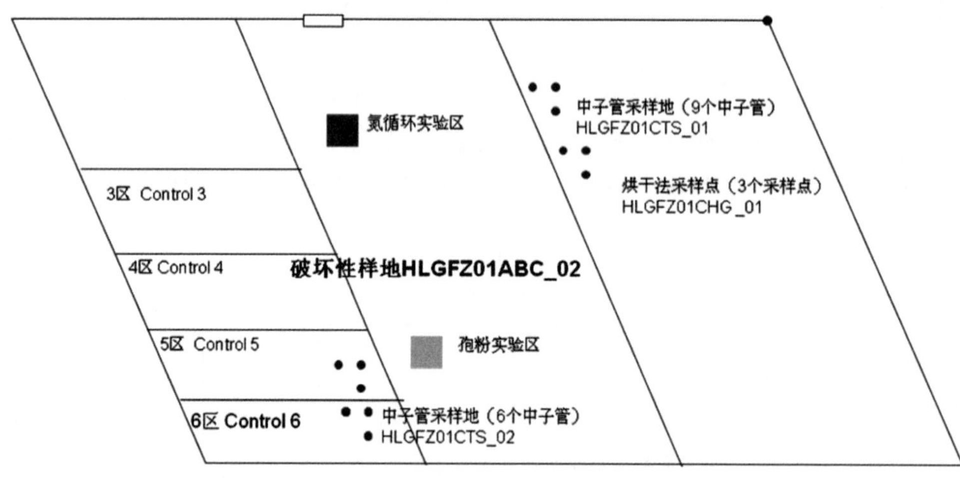

图3-5 辅助观测场1号

图3-6 辅助观测场2号

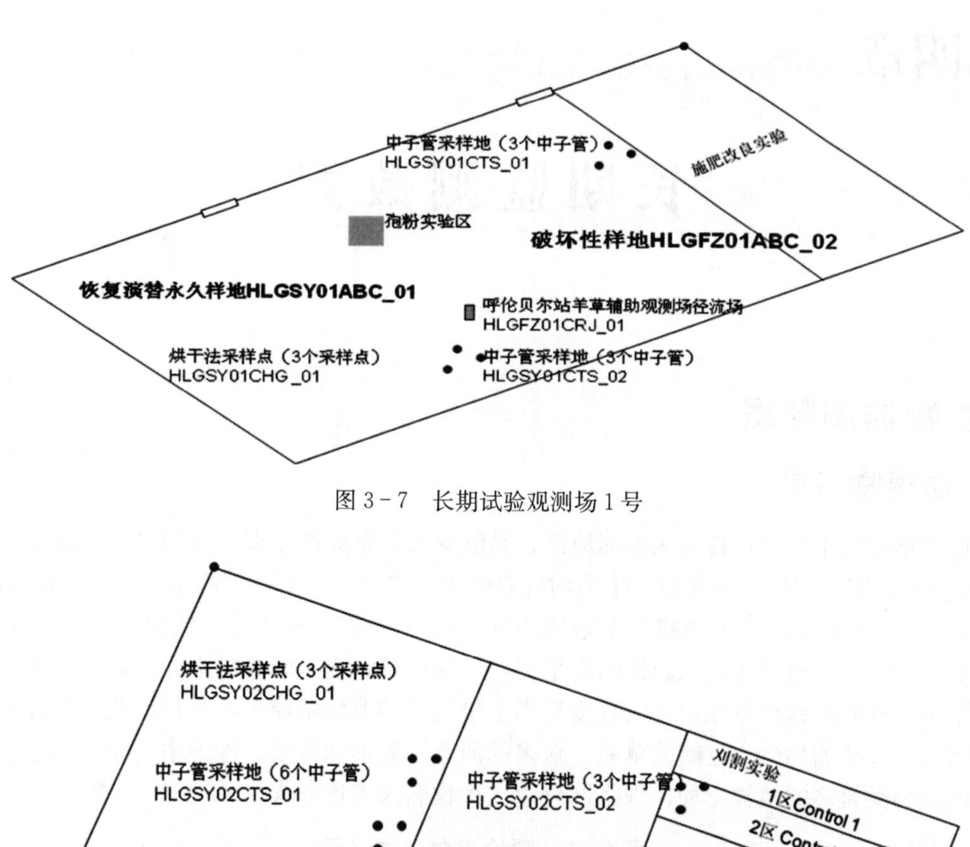

图 3－7 长期试验观测场 1 号

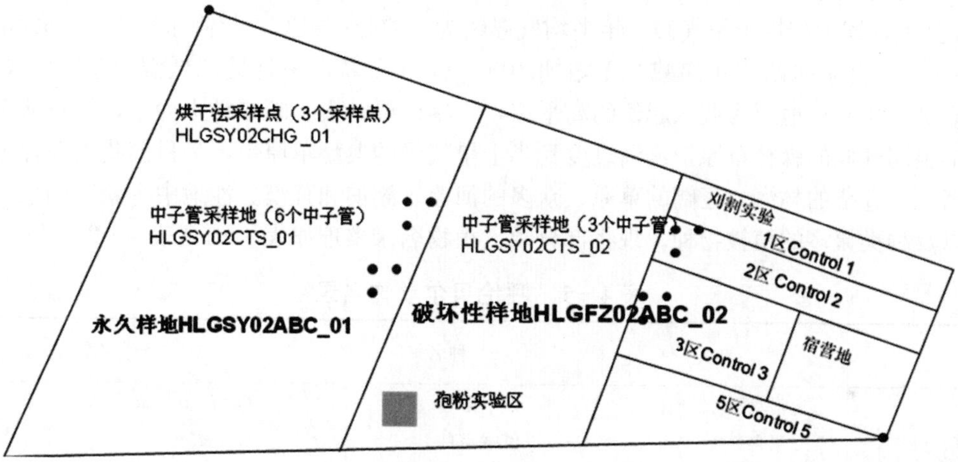

图 3－8 长期试验观测场 2 号

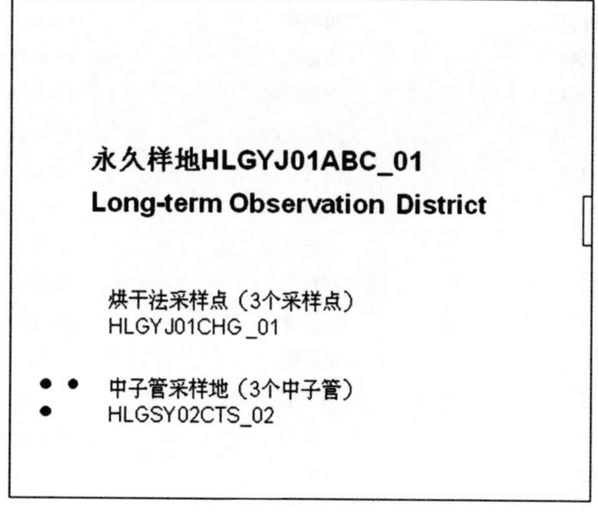

图 3－9 短期研究样地

第四章

长期监测数据

4.1 生物监测数据

4.1.1 动植物名录

呼伦贝尔草原位于内蒙古自治区东部地区，是欧亚大陆草原的东翼、我国草原最北部，总面积约8.8万平方公里，属大陆性干旱气候。年平均气温约为－3℃～－1℃，年降水量250～520mm且主要集中在6～8月，自东向西逐步递减。无霜期100～110d左右，一月最低低温可达－45℃，年积温1 780 ℃ ～ 2 200 ℃。地形为波状起伏的高平原，土壤以栗钙土、暗栗钙土为主，植被从东到西随降水梯度由半湿润气候的森林草原带逐渐过度到半干旱气候的典型草原带，是目前我国保存最完好的草原之一，因此，苍茫的林海、辽阔的草原、众多的河流、湖泊和荒漠、沙地中，繁衍栖息了大量的野生动物，以及种类繁多的植被物种。现将部分动、植物名录整理如表4－1，表4－2。

表4－1 呼伦贝尔动物名录

目名	科名	种名	学名全名
潜鸟目	潜鸟科	黑喉潜鸟	*Gavia arctica*
潜鸟目	潜鸟科	红喉潜鸟	*G. stellata*
鸊鷉目	鸊鷉科	黑颈鸊鷉	*Podiceps nigricollis*
鸊鷉目	鸊鷉科	凤头鸊鷉	*P. cristatus*
鸊鷉目	鸊鷉科	赤颈鸊鷉	*P. grisegena*
鸊鷉目	鸊鷉科	角鸊鷉	*P. auritus*
鸊鷉目	鸊鷉科	小鸊鷉	*P. ruficollis*
鹈形目	鸬鹚科	普通鸬鹚	*Phalacrocorax carbo*
鹈形目	鸬鹚科	红脸鸬鹚	*P. urile*
鹳形目	鹭科	池鹭	*Ardeola bacchus*
鹳形目	鹭科	夜鹭	*Nycticorax nycticorax*
鹳形目	鹭科	苍鹭	*Ardea cinerea*
鹳形目	鹭科	草鹭	*A. purpurea*
鹳形目	鹭科	大白鹭	*Egretta alba*
鹳形目	鹭科	牛背鹭	*Bubulcus ibis*
鹳形目	鹭科	紫背苇鳽	*Ixobrychus eurhythmus*
鹳形目	鹭科	大麻鳽	*Botaurus stellaris*
鹳形目	鹳科	黑鹳	*Ciconia nigra*
鹳形目	鹮科	白琵鹭	*Platalea leucorodia*
鹳形目	鹮科	黑脸琵鹭	*P. minor*
鹳形目	鹮科	白鹮	*Threskiornis aethiopicus*
雁形目	鸭科	鸿雁	*Anser cygnoides*

（续）

目名	科名	种名	学名全名
雁形目	鸭科	灰雁	*A. anser*
雁形目	鸭科	小白额雁	*A. erythropus*
雁形目	鸭科	白额雁	*A. albefronce*
雁形目	鸭科	斑头雁	*A. indicus*
雁形目	鸭科	大天鹅	*Cygnus cygnus*
雁形目	鸭科	小天鹅	*C. columbianus*
雁形目	鸭科	疣鼻天鹅	*C. olor*
雁形目	鸭科	赤麻鸭	*Tadorna ferruginea*
雁形目	鸭科	翘鼻麻鸭	*T. tadorna*
雁形目	鸭科	针尾鸭	*Anas acuta*
雁形目	鸭科	绿翅鸭	*A. crecca*
雁形目	鸭科	罗纹鸭	*A. falcata*
雁形目	鸭科	花脸鸭	*A. formosa*
雁形目	鸭科	绿头鸭	*A. platyrhynchos*
雁形目	鸭科	斑嘴鸭	*A. poecilorhyncha*
雁形目	鸭科	赤膀鸭	*A. strepera*
雁形目	鸭科	赤颈鸭	*A. penelope*
雁形目	鸭科	白眉鸭	*A. querquedula*
雁形目	鸭科	琵嘴鸭	*A. clypeata*
雁形目	鸭科	红头潜鸭	*Aythya ferina*
雁形目	鸭科	青头潜鸭	*A. baeri*
雁形目	鸭科	斑背潜鸭	*A. marila*
雁形目	鸭科	凤头潜鸭	*A. fuligula*
雁形目	鸭科	赤嘴潜鸭	*Netta rufina*
雁形目	鸭科	斑脸海番鸭	*Melanitta fusca*
雁形目	鸭科	鹊鸭	*Bucephala clangula*
雁形目	鸭科	长尾鸭	*Clangula hyemalis*
雁形目	鸭科	白秋沙鸭	*Mergus albellus*
雁形目	鸭科	普通秋沙鸭	*M. merganser*
雁形目	鸭科	红胸秋沙鸭	*M. serrator*
隼形目	鹰科	（黑）鸢	*Milvus migrans*
隼形目	鹰科	苍鹰	*Accipiter gentilis*
隼形目	鹰科	雀鹰	*A. nisus*
隼形目	鹰科	日本松雀鹰	*A. gularis*
隼形目	鹰科	松雀鹰	*A. virgatus*
隼形目	鹰科	大鵟	*Buteo hemilasius*
隼形目	鹰科	普通鵟	*B. buteo*
隼形目	鹰科	毛脚鵟	*B. lagopus*
隼形目	鹰科	金雕	*Aquila chrysaetos*
隼形目	鹰科	草原雕	*A. rapax*
隼形目	鹰科	白肩雕	*A. heliaca*
隼形目	鹰科	乌雕	*A. clanga*
隼形目	鹰科	玉带海雕	*Haliaeetus leucoryphus*

（续）

目名	科名	种名	学名全名
隼形目	鹰科	秃鹫	*Aegypius monachus*
隼形目	鹰科	白尾鹞	*Circus cyaneus*
隼形目	鹰科	白腹鹞	*C. spilonotus*
隼形目	鹰科	鹊鹞	*C. melanoleucos*
隼形目	鹗科	鹗	*Pandion haliaetus*
隼形目	隼科	矛隼	*Falco rusticolus*
隼形目	隼科	猎隼	*F. cherrug*
隼形目	隼科	游隼	*F. peregrinus*
隼形目	隼科	燕隼	*F. subbuteo*
隼形目	隼科	灰背隼	*F. columbarius*
隼形目	隼科	黄爪隼	*F. naumanni*
隼形目	隼科	红脚(阿穆尔)隼	*F. vespertinus*（*F. amurensis*）
隼形目	隼科	红隼	*F. tinnunculus*
鸡形目	雉科	鹌鹑	*Coturnix coturnix*
鸡形目	雉科	雉鸡	*Phasianus colchicus*
鸡形目	雉科	斑翅山鹑	*Perdix dauuricae*
鸡形目	雉科	石鸡	*Alectoris chukar*
鹤形目	三趾鹑科	黄脚三趾鹑	*Turnix tanki*
鹤形目	鹤科	灰鹤	*Grus grus*
鹤形目	鹤科	丹顶鹤	*G. japonensis*
鹤形目	鹤科	白枕鹤	*G. vipio*
鹤形目	鹤科	白鹤	*G. leucogeranus*
鹤形目	鹤科	白头鹤	*G. monacha*
鹤形目	鹤科	蓑羽鹤	*Anthropoides virgo*
鹤形目	秧鸡科	普通秧鸡	*Rallus aquaticus*
鹤形目	秧鸡科	小田鸡	*Porzana pusilla*
鹤形目	秧鸡科	白骨顶	*Fulica atra*
鹤形目	秧鸡科	白胸苦恶鸟	*Amaurornis phoenicurus*
鹤形目	鸨科	大鸨	*Otis tarda*
鸻形目	鸻科	凤头麦鸡	*Vanellus vanellus*
鸻形目	鸻科	灰头麦鸡	*V. cinereus*
鸻形目	鸻科	灰斑鸻	*Pluvialis squatarola*
鸻形目	鸻科	金斑鸻	*P. fulva*
鸻形目	鸻科	金眶鸻	*Charadrius dubius*
鸻形目	鸻科	剑鸻	*C. hiaticula*
鸻形目	鸻科	环颈鸻	*C. alexandrinus*
鸻形目	鸻科	蒙古沙鸻	*C. mongolus*
鸻形目	鸻科	铁嘴沙鸻	*C. leschenaultii*
鸻形目	鸻科	红胸鸻	*C. asiaticus*
鸻形目	鸻科	东方鸻	*C. veredus*
鸻形目	鸻科	小嘴鸻	*Eudromias morinellus*
鸻形目	蛎鹬科	蛎鹬	*Haematopus ostralegus*
鸻形目	鹬科	小杓鹬	*Numenius minutus*

（续）

目名	科名	种名	学名全名
鸻形目	鹬科	中杓鹬	*N. phaeopus*
鸻形目	鹬科	白腰杓鹬	*N. arquata*
鸻形目	鹬科	大杓鹬	*N. madagascariensis*
鸻形目	鹬科	黑尾塍鹬	*Limosa limosa*
鸻形目	鹬科	斑尾塍鹬	*L. lapponica*
鸻形目	鹬科	鹤鹬	*Tringa erythropus*
鸻形目	鹬科	红脚鹬	*T. totanus*
鸻形目	鹬科	泽鹬	*T. stagnatilis*
鸻形目	鹬科	青脚鹬	*T. nebularia*
鸻形目	鹬科	林鹬	*T. glareola*
鸻形目	鹬科	小青脚鹬	*T. guttifer*
鸻形目	鹬科	白腰草鹬	*T. ochropus*
鸻形目	鹬科	矶鹬	*T. hypoleucos*
鸻形目	鹬科	翘嘴鹬	*Xenus cinereus*
鸻形目	鹬科	灰鹬	*Tringa incana*
鸻形目	鹬科	饰胸鹬	*Tryngites subruficollis*
鸻形目	鹬科	翻石鹬	*Arenaria interpres*
鸻形目	鹬科	流苏鹬	*Philomachus pugnax*
鸻形目	鹬科	针尾沙锥	*Gallinago stenura*
鸻形目	鹬科	大沙锥	*G. megala*
鸻形目	鹬科	扇尾沙锥	*G. gallinago*
鸻形目	鹬科	孤沙锥	*G. solitaria*
鸻形目	鹬科	丘鹬	*Scolopax rusticola*
鸻形目	鹬科	半蹼鹬	*Limnodromus semipalmatus*
鸻形目	鹬科	姬鹬	*Lymnocryptes minimus*
鸻形目	鹬科	红颈滨鹬	*Calidris ruficollis*
鸻形目	鹬科	长趾滨鹬	*C. subminuta*
鸻形目	鹬科	乌脚滨鹬	*C. temminckii*
鸻形目	鹬科	尖尾滨鹬	*C. acuminata*
鸻形目	鹬科	弯嘴滨鹬	*C. ferruginea*
鸻形目	鹬科	大滨鹬	*C. tenuirostris*
鸻形目	鹬科	小滨鹬	*C. minuta*
鸻形目	鹬科	阔嘴鹬	*Limicola falcinellus*
鸻形目	鹬科	三趾滨鹬	*Calidris alba*
鸻形目	反嘴鹬科	黑翅长脚鹬	*Himantopus himantopus*
鸻形目	反嘴鹬科	反嘴鹬	*Recurvirostra avosetta*
鸻形目	瓣蹼鹬科	灰瓣蹼鹬	*Phalaropus fulicarius*
鸻形目	瓣蹼鹬科	红颈瓣蹼鹬	*P. lobatus*
鸻形目	燕鸻科	普通燕鸻	*Glareola maldivarum*
鸻形目	燕鸻科	灰燕鸻	*G. lactea*
鸥形目	鸥科	中贼鸥	*Stercorarius pomarinus*
鸥形目	鸥科	海鸥	*Larus canus*
鸥形目	鸥科	银鸥	*L. argentatus*

（续）

目名	科名	种名	学名全名
鸥形目	鸥科	红嘴鸥	*L. ridibundus*
鸥形目	鸥科	黑嘴鸥	*L. saundersi*
鸥形目	鸥科	灰背鸥	*L. schistisagus*
鸥形目	鸥科	黑尾鸥	*L. crassirostris*
鸥形目	鸥科	棕头鸥	*L. brunnicephalus*
鸥形目	鸥科	遗鸥	*L. relictus*
鸥形目	鸥科	小鸥	*L. minutus*
鸥形目	鸥科	楔尾鸥	*Rhodostethia rosea*
鸥形目	鸥科	须浮鸥	*Chlidonias hybrida*
鸥形目	鸥科	白翅浮鸥	*C. leucoptera*
鸥形目	鸥科	黑浮鸥	*C. niger*
鸥形目	鸥科	普通燕鸥	*Sterna hirundo*
鸥形目	鸥科	白额燕鸥	*S. albifrons*
鸥形目	鸥科	鸥嘴噪鸥	*S. nilotica*
鸥形目	鸥科	红嘴巨鸥	*Hydroprogne caspia*
鸽形目	沙鸡科	毛腿沙鸡	*syrrhaptes paradoxus*
鸽形目	鸠鸽科	岩鸽	*Columba rupestris*
鸽形目	鸠鸽科	原鸽	*C. livia*
鸽形目	鸠鸽科	山斑鸠	*Streptopelia orientalis*
鹃形目	杜鹃科	大杜鹃	*Cuculus canorus*
鹃形目	杜鹃科	中杜鹃	*C. saturatus*
鸮形目	鸱鸮科	雕鸮	*Bubo bubo*
鸮形目	鸱鸮科	红角鸮	*Otus scops*
鸮形目	鸱鸮科	雪鸮	*Nyctea scandiaca*
鸮形目	鸱鸮科	纵纹腹小鸮	*Athene noctua*
鸮形目	鸱鸮科	长耳鸮	*Asio otus*
鸮形目	鸱鸮科	短耳鸮	*A. flammeus*
鸮形目	鸱鸮科	鬼鸮	*Aegolius funereus*
夜鹰目	夜鹰科	普通夜鹰	*Caprimulgus indicus*
雨燕目	雨燕科	楼燕	*Apus apus*
雨燕目	雨燕科	白腰雨燕	*A. pacificus*
雨燕目	雨燕科	白喉针尾雨燕	*Hirundapus caudacutus*
佛法僧目	翠鸟科	普通翠鸟	*Alcedo atthis*
佛法僧目	翠鸟科	蓝翡翠	*Halcyon pileata*
佛法僧目	戴胜科	戴胜	*Upupa epops*
裂形目	啄木鸟科	蚁裂	*Jynx torquilla*
裂形目	啄木鸟科	大斑啄木鸟	*Picoides major*
裂形目	啄木鸟科	小斑啄木鸟	*P. minor*
雀形目	百灵科	（蒙古）百灵	*Melanocorypha mongolica*
雀形目	百灵科	短趾百灵	*Calandrella cinerea*
雀形目	百灵科	小沙百灵	*C. rufescens*
雀形目	百灵科	细嘴短趾百灵	*C. acutirostris*
雀形目	百灵科	云雀	*Alauda arvensis*

（续）

目名	科名	种名	学名全名
雀形目	百灵科	角百灵	*Eremophila alpestris*
雀形目	燕科	灰沙燕	*Riparia riparia*
雀形目	燕科	家燕	*Hirundo rustica*
雀形目	燕科	金腰燕	*H. daurica*
雀形目	燕科	毛脚燕	*Delichon urbica*
雀形目	鹡鸰科	山鹡鸰	*Dendronanthus indicus*
雀形目	鹡鸰科	黄鹡鸰	*Motacilla flava*
雀形目	鹡鸰科	黄头鹡鸰	*M. citreola*
雀形目	鹡鸰科	灰鹡鸰	*M. cinerea*
雀形目	鹡鸰科	白鹡鸰	*M. alba leucopsis*
雀形目	鹡鸰科	田鹨	*Anthus novaeseelandiae*
雀形目	鹡鸰科	平原鹨	*A. campestris*
雀形目	鹡鸰科	树鹨	*A. hodgsoni*
雀形目	鹡鸰科	红喉鹨	*A. cervinus*
雀形目	鹡鸰科	水鹨	*Anthus spinoletta*
雀形目	太平鸟科	太平鸟	*Bombycilla garrulus*
雀形目	太平鸟科	小太平鸟	*B. japonica*
雀形目	伯劳科	红尾伯劳	*Lanius cristatus*
雀形目	伯劳科	楔尾伯劳	*L. sphenocercus*
雀形目	伯劳科	灰伯劳	*L. excubitor*
雀形目	伯劳科	棕背伯劳	*L. isabellinus*
雀形目	椋鸟科	紫翅椋鸟	*Sturnus vulgaris*
雀形目	椋鸟科	北椋鸟	*S. sturninus*
雀形目	椋鸟科	灰椋鸟	*S. cineraceus*
雀形目	鸦科	喜鹊	*Pica pica*
雀形目	鸦科	达乌里寒鸦	*Corvus dauuricus*
雀形目	鸦科	秃鼻乌鸦	*C. frugilegus*
雀形目	鸦科	小嘴乌鸦	*C. corone*
雀形目	鸦科	渡鸦	*C. corax*
雀形目	鸦科	红嘴山鸦	*Pyrrhocorax pyrrhocorax*
雀形目	鸦科	大嘴乌鸦	*Corvus macrorhynchos*
雀形目	鹪鹩科	鹪鹩	*Troglodytes troglodytes*
雀形目	岩鹨科	领岩鹨	*Prunella collaris*
雀形目	岩鹨科	棕眉山岩鹨	*P. montanella*
雀形目	岩鹨科	褐岩鹨	*P. fulvescens*
雀形目	鸫科	红喉歌鸲	*Luscinia calliope*
雀形目	鸫科	蓝歌鸲	*L. cyane*
雀形目	鸫科	红胁蓝尾鸲	*L. cyanurus*
雀形目	鸫科	蓝喉歌鸲	*L. svecica*
雀形目	鸫科	北红尾鸲	*Phoenicurus auroreus*
雀形目	鸫科	红尾水鸲	*Rhyacornis fuliginosus*
雀形目	鸫科	黑喉石鵖	*Saxicola torquata*
雀形目	鸫科	沙鵖	*Oenanthe isabellina*

（续）

目名	科名	种名	学名全名
雀形目	鹟科	穗䳭	*O. oenanthe*
雀形目	鹟科	漠䳭	*O. deserti*
雀形目	鹟科	白顶䳭	*O. hispanica*
雀形目	鹟科	蓝头矶鸫	*Monticola cinclorhynchus*
雀形目	鹟科	白眉地鸫	*Zoothera sibirica*
雀形目	鹟科	虎斑地鸫	*Z. dauma*
雀形目	鹟科	白腹鸫	*Turdus pallidus*
雀形目	鹟科	赤颈鸫	*T. ruficollis ruficollis*
雀形目	鹟科	斑鸫	*T. naumanni*
雀形目	鹟科	白眉鸫	*T. obscurus*
雀形目	鸦雀科	雪旦鸦雀	*Paradoxornis heudei*
雀形目	鸦雀科	文须雀	*Panurus biarmicus*
雀形目	莺科	中华短翅莺	*Bradypterus tacsanowskius*
雀形目	莺科	斑胸短翅莺	*B. thoracicus*
雀形目	莺科	小蝗莺	*Locustella certh.*
雀形目	莺科	矛斑蝗莺	*L. lanceolata*
雀形目	莺科	大苇莺	*Acrocephalus arundinaceus*
雀形目	莺科	黑眉苇莺	*A. bistrigiceps*
雀形目	莺科	稻田苇莺	*A. agricola*
雀形目	莺科	厚嘴苇莺	*A. aedon*
雀形目	莺科	芦莺	*Phragamaticola aedon*
雀形目	莺科	白喉林莺	*Sylvia curruca*
雀形目	莺科	巨嘴柳莺	*Phylloscopus schwarzi*
雀形目	莺科	褐柳莺	*P. fuscatus*
雀形目	莺科	黄眉柳莺	*P. inornatus*
雀形目	莺科	黄腰柳莺	*P. proregulus*
雀形目	莺科	极北柳莺	*P. borealis*
雀形目	莺科	暗绿柳莺	*P. trochiloides*
雀形目	莺科	戴菊	*Regulus regulus*
雀形目	鹟科	白眉姬鹟	*Ficedula zanthopygia*
雀形目	鹟科	红喉姬鹟	*F. parva*
雀形目	鹟科	鸲姬鹟	*F. mugimaki*
雀形目	鹟科	乌鹟	*Muscicapa sibirica*
雀形目	鹟科	北灰鹟	*M. latirostris*
雀形目	鹟科	灰纹鹟	*M. griseisticta*
雀形目	鹟科	斑鹟	*Muscicapa striata*
雀形目	山雀科	大山雀	*Parus major*
雀形目	山雀科	灰蓝山雀	*P. cyanus*
雀形目	山雀科	沼泽山雀	*P. palustris*
雀形目	山雀科	褐头山雀	*P. montanus*
雀形目	山雀科	煤山雀	*P. ater*
雀形目	长尾山雀科	银喉长尾山雀	*Aegithalos caudatus*
雀形目	旋木雀科	旋木雀	*Certhia familiaris familiaris*

（续）

目名	科名	种名	学名全名
雀形目	攀雀科	攀雀	*Remiz pendulinus*
雀形目	文鸟科	家麻雀	*Passer domesticus*
雀形目	文鸟科	树麻雀	*P. montanus*
雀形目	文鸟科	石雀	*Petronia petronia*
雀形目	雀科	苍头燕雀	*Fringilla coelebs*
雀形目	雀科	燕雀	*F. montifringilla*
雀形目	雀科	金翅雀	*Carduelis sinica*
雀形目	雀科	黄雀	*C. spinus*
雀形目	雀科	极北朱顶雀	*C. hornemanni*
雀形目	雀科	白腰朱顶雀	*C. flammea*
雀形目	雀科	北岭雀	*Leucosticte arctoa*
雀形目	雀科	朱雀	*Carpodacus erythrinus*
雀形目	雀科	北朱雀	*C. roseus*
雀形目	雀科	长尾雀	*Uragus sibiricus*
雀形目	雀科	红交嘴雀	*Loxia curvirostra*
雀形目	雀科	黑尾蜡嘴雀	*Eophona migratoria*
雀形目	雀科	红腹灰雀	*Pyrrhula pyrrhula*
雀形目	雀科	锡嘴雀	*Coccothraustes*
雀形目	鹀科	白头鹀	*Emberiza leucocephala*
雀形目	鹀科	栗鹀	*E. rutila*
雀形目	鹀科	黄胸鹀	*E. aureola*
雀形目	鹀科	黄喉鹀	*E. elegans*
雀形目	鹀科	灰头鹀	*E. spodocephala*
雀形目	鹀科	三道眉草鹀	*E. cioides*
雀形目	鹀科	栗耳鹀	*E. fucata*
雀形目	鹀科	田鹀	*E. rustica*
雀形目	鹀科	小鹀	*E. pusilla*
雀形目	鹀科	黄眉鹀	*E. chrysophrys*
雀形目	鹀科	白眉鹀	*E. tristrami*
雀形目	鹀科	苇鹀	*E. pallasi*
雀形目	鹀科	芦鹀	*E. schoeniclus*
雀形目	鹀科	红颈苇鹀	*e. yessoensis*
雀形目	鹀科	铁爪鹀	*Calcarius lapponicus*
雀形目	鹀科	雪鹀	*Plectrophenax nivalis*
雀形目	鹀科	白冠带鹀	*Zonotrichia leucophrys*
兔形目	兔科	草兔	*Lepus capensis*
兔形目	兔科	东北兔	*L. mandschuricus*
啮齿目	松鼠科	达乌尔黄鼠	*Citellus dauricus*
啮齿目	松鼠科	草原旱獭	*Marmota bobak*
啮齿目	跳鼠科	三趾跳鼠	*Dipus sagitta*
啮齿目	跳鼠科	五趾跳鼠	*Allactaga sibirica*
啮齿目	跳鼠科	小家鼠	*Mus musculus*
啮齿目	仓鼠科	大仓鼠	*Cricetulus triton*

（续）

目名	科名	种名	学名全名
啮齿目	仓鼠科	黑线仓鼠	*C. barabensis*
啮齿目	仓鼠科	小毛足鼠	*Phodopus roborovskii*
啮齿目	仓鼠科	黑线毛足鼠	*P. sungorus*
啮齿目	仓鼠科	长爪沙鼠	*Meriones unguiculatus*
啮齿目	仓鼠科	麝鼠	*Ondatra zibethica*
啮齿目	仓鼠科	布氏田鼠	*Microtus brandti*
啮齿目	仓鼠科	狭颅田鼠	*M. gregalis*
食肉目	犬科	狼	*Canis lupus*
食肉目	犬科	赤狐	*Vulpes vulpes*
食肉目	犬科	沙狐	*V. corsac*
食肉目	犬科	貉	*Nyctereutes procyonoides*
食肉目	鼬科	黄鼬	*Mustela sibirica*
食肉目	鼬科	艾鼬	*M. eversmani*
食肉目	鼬科	香鼬	*M. altaica*
食肉目	鼬科	伶鼬	*M. nivalis*
食肉目	鼬科	狗獾	*Meles meles*
食肉目	猫科	兔狲	*Otocolobus manul*
食肉目	猫科	豹猫	*Prionailurus bengalensis*
偶蹄目	鹿科	狍	*Capreolus capreolus*
偶蹄目	鹿科	黄羊	*Procapra gutturosa*
蛇目	游蛇科	白条锦蛇	*Elaphe dione*
蜥蜴目	蜥蜴科	丽斑麻蜥	*Eremias argus*
无尾目	蟾蜍科	花背蟾蜍	*Bufo raddei*
无尾目	蛙科	黑龙江林蛙	*Rana amurensis*

表 4-2 呼伦贝尔植物名录

科名	属名	种名	学名全名
卷柏科	卷柏属	卷柏	*Selaginella tamariscina* (Beauv.) Spring
卷柏科	卷柏属	西伯利亚卷柏	*S. sibirica* (Milde.) Hieron.
卷柏科	卷柏属	圆枝卷柏	*S. sanguinolenta* (L.) Spring
卷柏科	卷柏属	小卷柏	*S. nelvtica* (L) Link.
卷柏科	卷柏属	中华卷柏	*S. sinensis* (Desv.) Spring
木贼科	木贼属	问荆	*Equisetum arvense* L.
木贼科	木贼属	林问荆	*E. sylvaticum* L.
木贼科	木贼属	草问荆	*E. pratense* Ehrh.
木贼科	木贼属	水木贼	*E. fluviatile* L.
木娥科	木贼属	蔺问荆	*E. scipoides* Michx.
蹄盖蕨科	蹄盖蕨属	短叶蹄盖蕨	*Athyrium brevifrons* Nakaiex.
蹄盖蕨科	羽节蕨属	羽节蕨	Gymucarpium disjunctum Mori (Rupr) Ching.
岩蕨科	岩蕨属	东北岩蕨	*Woodsia manchuriensis* Hook.
岩蕨科	岩蕨属	岩蕨	*W. ilvensis* (L.) R. Br.
鳞毛蕨科	鳞毛蕨属	广布鳞毛蕨	*Dryopteris expansa* (Presl).

（续）

目名	科名	种名	学名全名
水龙骨科	多足蕨属	小多足蕨	*Polypodium virginianum* L.
槐叶苹科	槐叶苹属	槐叶苹	*Salvinia natans*（L.）All.
麻黄科	麻黄属	麻黄	*Ephedra sinica* Stapf
桑科	大麻属	野大麻	*Cannabis sativa* L.
荨麻科	荨麻属	麻叶荨麻	*Urtica cannabina* L.
荨麻科	荨麻属	狭叶荨麻	*U. angustifola* Fisch. Ex Hornem.
荨麻科	墙草属	小花墙草	*Parietria micrantha* Ledeb.
檀香科	百蕊草属	长叶百蕊草	*Thesium longifolium* Turcz.
檀香科	百蕊草属	急折百蕊草	*T. refractum* C. A. Mey.
蓼科	大黄属	波叶大黄	*Rheum undulatum* L.
蓼科	酸模属	东北酸模	*Rumex thyrsiflorus* Fingerh. Var. mandahurica Bar. Et Skv.
蓼科	酸模属	小酸模	*R. acetosella* L.
蓼科	酸模属	酸模	*R. acetosa* L.
蓼科	酸模属	毛脉酸模	*R. gmelinii* Turcz.
蓼科	酸模属	皱叶酸模	*R. crispus* L.
蓼科	酸模属	乌苏里酸模	*R. ussuriensis* A. Los.
蓼科	酸模属	巴天酸模	*R. patientia* L.
蓼科	酸模属	长刺酸模	*R. maritimus* L.
蓼科	酸模属	盐生酸模	*R. marschallianus* Rchb.
蓼科	蓼属	萹蓄蓼	*Polygonum aviculare* L.
蓼科	蓼属	异叶蓼	*P. heterophyllum* Lindm.
蓼科	蓼属	酸模叶蓼	*P. lapathifolium* L.
蓼科	蓼属	西伯利亚蓼	*P. sibiricum* Laxm.
蓼科	蓼属	细叶蓼	*P. angusstifolium* Pall.
蓼科	蓼属	伏地蓼	*P. Prostratum* Skv.
蓼科	蓼属	碱蓼	*P. Salinum* Skv.
蓼科	蓼属	紧穗蓼	*P. rigidum* Skv.
蓼科	蓼属	本氏蓼	*P. bungeanum* Turcz.
蓼科	蓼属	高山蓼	*P. alpinum* All.
蓼科	蓼属	叉分蓼	*P. divaricatum* L.
蓼科	蓼属	珠芽蓼	*P. viviparum* L.
蓼科	蓼属	耳叶蓼	*P. manshuriense* V. Petr. Ex Kom.
蓼科	蓼属	狐尾蓼	*P. alopecuroides* Trecz. Ex Besser
蓼科	蓼属	卷茎蓼	*P. convolvulus* L.
蓼科	蓼属	东北蓼	*P. manshurica* Kitag.
蓼科	蓼属	两栖蓼	*P. amphibium* L.
蓼科	蓼属	桃叶蓼	*P. persicara* L.
蓼科	蓼属	本氏蓼	*P. bungeanum* Turcz.
蓼科	蓼属	水蓼	*P. hydropiper* L.
蓼科	蓼属	草间箭叶蓼	*P. sieboldi* Meisn. var，Pratense Changet Li.
蓼科	蓼属	节蓼	*P. nodosum* Pers.
蓼科	荞麦属	苦荞麦	*Fagopyrum tataricum*（L.）Gaertn.
藜科	猪毛菜属	刺沙蓬	*Salsola pestifer* A. Nelson

（续）

目名	科名	种名	学名全名
藜科	猪毛菜属	猪毛菜	*S. collina* Pall.
藜科	滨藜属	西伯利亚滨藜	*Atriplex sibirica* L.
藜科	滨藜属	野滨藜	*A. fera* (L.) Bunge
藜科	滨藜属	滨藜	*A. patens* (Litv.) Iljin.
藜科	碱蓬属	碱蓬	*Suaeda glauca* Bunge.
藜科	沙蓬属	沙蓬	*Agriophyllum squarrosum* (L.) Moq.
藜科	轴藜属	轴藜	*Axyris amaranthoides* L.
藜科	轴藜属	杂配轴藜	*A. hybrida* L.
藜科	虫实属	长穗虫实	*Corispernum elongatum* Bunge
藜科	虫实属	西伯利亚虫实	*C. sibiricum* Iljin
藜科	虫实属	兴安虫实	*C. chinganicum* Iljin
藜科	虫实属	蒙古虫实	*C. mongolicclm* Iljin.
藜科	虫实属	软毛虫实	*C. puberulum* Iljin.
藜科	虫实属	辽西虫实	*C. dilutum* (Kitag.) Tsien et C.. G. Ma.
藜科	虫实属	屈枝虫实	*C. flexuosum* Wang-Wei et Fuh.
藜科	雾冰藜属	雾冰藜	*Bassia dasyphylla* (Fisch. Et Mey.) O. Kuntze
藜科	地肤属	木地肤	*Kochic prostrata* (L.) Schrad.
藜科	地肤属	碱地肤	*K. scoparia* (L.) Schrad. Var. sieversiana (Pall.) Ulbr. Ex Aschers. Et Graebn.
藜科	地肤属	地肤	*K. scoparia* (L.) Schrad.
藜科	碱蓬属	翅碱蓬	*Suacda salsa* (L.) Pall.
藜科	碱蓬属	角碱蓬	*S. corniculata* (C. A. Mey.) Bunge
藜科	藜属	矮藜	*Chenopodium minimum* Wang-wei.
藜科	藜属	刺穗藜	*C. aristatum* L.
藜科	藜属	灰绿藜	*C. glaucum* L.
藜科	藜属	绿珠藜	*C. acuminatum* Willd.
藜科	藜属	大叶藜	*C. hybridum* L.
藜科	藜属	藜	*C. album* L.
藜科	藜属	菱叶藜	*C. bryoniaefolium* Bunge.
藜科	藜属	细叶藜	*C. album* L. var. stenophyllum Makino.
藜科	藜属	小叶藜	*C. album* L. var. microphyllum Boenn.
藜科	盐角草属	盐角草	*Salicornia europaea* L.
藜科	盐爪爪属	盐爪爪	*Kalidium foliatum* (Pall.) Moq.
藜科	盐爪爪属	细枝盐爪爪	*K. gracile* Fenzl.
藜科	蛛丝蓬属	蛛丝蓬	*Micropeplis arachuoidea* (Moq.) Bunge.
苋科	苋属	反枝苋	*Amaranthus retroflexus* L.
苋科	苋属	凹头苋	*A. ascendens* Lois.
苋科	苋属	白苋	*A. albus* L.
马齿苋科	马齿苋属	马齿苋	*Portulaca oleraca* L.
石竹科	牛漆姑草属	牛漆姑草	*Spergulalia salina* L.
石竹科	蚤缀属	蚤缀	*Arenaria serpyllifolia* L.
石竹科	蚤缀属	兴安蚤缀	*A. capillaris* Poir.
石竹科	蚤缀属	毛轴蚤缀	*A. juncea* Bieb.

（续）

目名	科名	种名	学名全名
石竹科	卷耳属	卷耳	*Cerastium arvense* L.
石竹科	卷耳属	细叶卷耳	*C. arvense* L. var. angustifolium Fenzl
石竹科	卷耳属	无毛卷耳	*C. arvense* L var. glabellum (Turcz.) Fenzl
石竹科	米努草属	石米努草	*Minuartia laricina* (L.) Mattf.
石竹科	莫石竹属	莫石竹	*Moehringia lateriflora* (L.) Fenzl
石竹科	繁缕属	垂梗繁缕	*Stellaria radians* L.
石竹科	繁缕属	繁缕	*S. media* (L.) Cyrllus
石竹科	繁缕属	兴安繁缕	*S. cherleriae* (Fisch. Ex Ser.) Williams
石竹科	繁缕属	叉繁缕	*S. dichotoma* L.
石竹科	繁缕属	伞繁缕	*S. longifolia* Muehl.
石竹科	繁缕属	翻白繁缕	*S. discolor* Turcz. ex Fenzl.
石竹科	繁缕属	雀舌繁缕	*S. alsine* Gnmm
石竹科	繁缕属	沼繁缕	*S. palustris* Fhrh.
石竹科	繁缕属	细叶繁缕	*S. filicaulis* Makino.
石竹科	石竹属	瞿麦	*Dianthus superbus* L.
石竹科	石竹属	石竹	*D. chinensis* L.
石竹科	石竹属	簇茎石竹	*D. repens* Willd.
石竹科	石竹属	兴安石竹	*D. chinensis* L. var. veraicolor (Fisch. Ex Link) Ma
石竹科	石竹属	蒙古石竹	*D. chinensis* L. var. subulifolius (Kitag.) Y. C. Ma.
石竹科	丝石竹属	北丝石竹	*Gypsophila davurica* Turcz. Ex Fenzl
石竹科	丝石竹属	狭叶草原丝石竹	*G. darurica* Turcz. ex Fenzl. var. angustifolia Fenzl.
石竹科	丝石竹属	荒漠丝石竹	*G. desertorum* Fenzl.
石竹科	麦毒草属	麦毒草	*Agrostenmma githago* L.
石竹科	剪秋萝属	狭叶剪秋萝	*Lychnis sibirica* L.
石竹科	剪秋萝属	大花剪秋萝	*L. fulgens* Fisch.
石竹科	女娄菜属	长冠女娄菜	*Melandrium apricum* (Turcz. Ex Fisch. Et Mey.) Rohrb. Var. oldhamianium (Miq.) Y. C. Chu
石竹科	女娄菜属	女娄菜	*M. apricum* (Turcz. Ex Fisch. Et Mey.) Rohrb.
石竹科	女娄菜属	兴安女娄菜	*M. brachypetalum* (Horn.) Fenzl
石竹科	麦瓶草属	狗筋麦瓶草	*Silene venosa* (Gilib.) Aschers.
石竹科	麦瓶草属	丝叶旱麦瓶草	*S. jenisseensis* Willd. F. setifolia (Turcz.) Schischk.
石竹科	麦瓶草属	小花旱麦瓶草	*S. jenisseensis* Willd. F. parviflora (Turcz.) Schischk.
石竹科	麦瓶草属	东方麦瓶草	
石竹科	麦瓶草属	毛萼麦瓶草	*S. repens* Patr.
石竹科	麦瓶草属	细叶毛麦瓶草	*S. repens* Patr. var. angustifolia Turcz.
石竹科	麦瓶草属	旱麦瓶草	*S. jenisseensis* Willd.
石竹科	王不留行属	王不留行	*Vaccaria segetalis* (Neck.) Garcke
金鱼藻科	金鱼藻属	五针金鱼藻	*Ceratophyllum demersum* L. var. qadrispinum Makino.
毛茛科	驴蹄草属	白花驴蹄草	*Caltha natans* Pall.
毛茛科	驴蹄草属	薄叶驴蹄草	*C. membranacea* (Turcz.) Schipcz.
毛茛科	驴蹄草属	驴蹄草	*C. palustris* L. var. sibirica Regel.
毛茛科	乌头属	兴安乌头	*Aconitum ambiguum* Reichb.
毛茛科	乌头属	草乌头	*A. kusnczoffii* Reichb.

（续）

目名	科名	种名	学名全名
毛茛科	银莲花属	草玉梅	*Anemone dichotoma* L.
毛茛科	银莲花属	大花银莲花	*A. silvestris* L.
毛茛科	银莲花属	长毛银莲花	*A. narcissiflora* L. var. Crinita（Juz.）Tamura.
毛茛科	耧斗菜属	耧斗菜	*Aguilegia viridiflora* Pall.
毛茛科	耧斗菜属	尖萼耧斗菜	*A. oxysepala* Trautv.
毛茛科	耧斗菜属	铁山耧斗菜	*A. viridiflora* Pall. F. atropurpurea（Willd.）Kitag.
毛茛科	铁线莲属	棉团铁线莲	*Clematis hexapetala* Pall. Reise
毛茛科	铁线莲属	芹叶铁线莲	*C. aethusifolia* Turcz.
毛茛科	铁线莲属	短尾铁线莲	*C. brevicaudata* DC.
毛茛科	铁线莲属	西伯利亚铁线莲	*C. sibirica*（L.）Mill.
毛茛科	翠雀属	翠雀	*Delphinium grandiflorum* L.
毛茛科	翠雀属	东北高翠雀	*D. Kershinskyanum* Nevski.
毛茛科	翠雀属	唇花翠雀	*D. cheilanthum* Fisch. DC.
毛茛科	兰堇草属	兰堇草	*Leptopyrum fumarioides*（L.）Reichb.
毛茛科	芍药属	芍药	*Paeonia lactiflora* Pall.
毛茛科	芍药属	毛果芍药	*P. lactiflora* Pall. Var. trichocarpa（Bunge）Stern
毛茛科	白头翁属	白头翁	*Pulsatilla chinensis*（Bunge）Regel.
毛茛科	白头翁属	蒙古白头翁	*P. ambigua* Turcz. Ex Pritz.
毛茛科	白头翁属	兴安白头翁	*P. dahurica*（Fisch. Ex DC.）Spreng.
毛茛科	白头翁属	掌叶白头翁	*P. patens*（L.）Mill. Var. multifida（Pritz.）S. H. Li et Y. H. Huang
毛茛科	白头翁属	细叶白头翁	*P. turczaninovii* Kryl. Et Serg.
毛茛科	侧金盏花属	北侧金盏花	*Adonis sibricus* Patr. ex Ledeb.
毛茛科	毛茛属	毛茛	*Ranunculus japonicus* Thunb.
毛茛科	毛茛属	毛柄水毛茛	*R. trichophylus* Chaix.
毛茛科	毛茛属	长叶碱毛茛	*R. ruthenicus* Jacq.
毛茛科	毛茛属	圆叶碱毛茛	*R. cymbalaria* Pursh.
毛茛科	毛茛属	小叶毛茛	*R. gmelinii* DC.
毛茛科	毛茛属	匍枝毛茛	*R. repens* L.
毛茛科	毛茛属	掌裂毛茛	*R. rigescens* Turcz. ex Ovcz.
毛茛科	毛茛属	石龙芮	*R. sceleratut* L.
毛茛科	毛茛属	褐毛毛茛（大叶毛茛）	*R. Smirnovii* Ovcz.
毛茛科	毛茛属	浮毛茛	*R. natans* C. A. Mey.
毛茛科	毛茛属	沼地毛茛	*R. radicans* C. A. Mey.
毛茛科	毛茛属	小水毛茛	*R. eradicatus*（Laest.）F. Johans.
毛茛科	唐松草属	肾叶唐松草	*Thalictrum petaloideum* L.
毛茛科	唐松草属	展枝唐松草	*T. Squarrosum* Stephen ex Willd.
毛茛科	唐松草属	腺毛唐松草	*T. foetidum* L.
毛茛科	唐松草属	小果唐松草	*T. thunbergii* DC.
毛茛科	唐松草属	箭头唐松草	*T. simplex* L.
毛茛科	唐松草属	翼果唐松草	*T. aquilegifolium* L. var. sibiricum Regel et Tiling.
毛茛科	唐松草属	卷叶唐松草	*T. petaloicleum* L. var. suprade composisum（Nakai）Kitag.
毛茛科	唐松草属	东亚唐松草	*T. minus* L. var. hypoleucum（Sieb. et Zucc.）Miq.

（续）

目名	科名	种名	学名全名
毛茛科	金莲花属	短瓣金莲花	*Trollius chinensis* Bunge
防己科	蝙蝠葛属	蝙蝠葛	*Menispermum dahuricum* DC.
罂粟科	白屈菜属	白屈菜	*Chelidonium majus* L.
罂粟科	罂粟属	野罂粟	*Papaver nudicaule* L.
罂粟科	罂粟属	岩罂粟	*P. nudicaule* L. var. saxatile Kitag.
罂粟科	紫堇属	北紫堇	*Corydalis sibirica* （L. f. ） Pers.
罂粟科	紫堇属	齿瓣延胡索	*C. turtschaninovii* Ress.
罂粟科	角茴香属	角茴香	*Hypecoum erectum* L.
十字花科	菘蓝属	东亚菘蓝	*Isatis oblongata* DC. var. yezoensis （Ohwi） Y. L. Chang.
十字花科	独行菜属	北独行菜	*Lepidium sibiricum* Schweigg.
十字花科	独行菜属	独行菜	*L. apetalum* Willd.
十字花科	独行菜属	宽叶独行菜	*L. latifolium* L.
十字花科	独行菜属	碱独行菜	*L. cartilagineum* （J. May. ） Thell.
十字花科	荠属	荠菜	*Capsella bursa-pastoris* （L. ） Medic.
十字花科	遏兰菜属	山遏兰菜	*Thlaspi thlaspidioides* （Pall. ） Kitag.
十字花科	遏兰菜属	遏兰菜	*T. arvense* L.
十字花科	球果芥属	球果芥	*Neslia paniculata* （L. ） Desv.
十字花科	匙荠属	匙荠	*Bunias cochlearioides* Murr.
十字花科	蔊菜属	风花菜	*Rorippa islandica* （Oder. ） Borbas.
十字花科	庭荠属	庭荠	*Alyssum sibiricum* Willd.
十字花科	庭荠属	条叶庭荠	*A. lenense* Adams var. leiocarpum （C. A. Mey） N.
十字花科	燥原荠属	燥原荠	*Ptilotrichum canescens* （DC） C. A. Mey.
十字花科	葶苈属	葶苈	*Draba nemorosa* L.
十字花科	葶苈属	光果葶苈	*D. nemorosa* L. var. leiocarpa. Lindbi.
十字花科	南芥属	垂果南芥	*Arabis pendula* L.
十字花科	南芥属	毛南芥	*A. hirsuta* （L. ） Scop.
十字花科	曙南芥属	曙南芥	*Stevenia cheiranthoides* DC.
十字花科	大蒜芥属	多型蒜芥	*Sisymbrium polymorphum* （Murr. ） Roth.
十字花科	花旗竿属	花旗竿	*Dontostemon dentatus* （Bunge） Ledeb.
十字花科	花旗竿属	线叶花旗竿	*D. integrifolius* （L. ） Ledeb.
十字花科	花旗竿属	无腺花旗竿	*D. eglandulosus* （DC. ） Ledeb.
十字花科	花旗竿属	小花花旗竿	*D. micranthus* C. A. Mey.
十字花科	碎末荠属	水田碎末荠	*Cardamine lyrata* Bunge.
十字花科	糖芥属	草地糖芥	*Erysimum polymorphum* （Murr. ） Roth.
十字花科	糖芥属	蒙古糖芥	*E. flavum* （Georgi） Bobrov
十字花科	糖芥属	兴安糖芥	*E. flavum* var. shinganicum （Y. L. Chang） K. C. Kuan
十字花科	糖芥属	小花糖芥	*E. cheiranthoides* L.
十字花科	播娘蒿属	播娘蒿	*Descurainia sophia* （L. ） Webb. Ex Prantl
十字花科	裂叶芥属	裂叶芥	*Smelowskia alba* （Pall. ） Regel
景天科	景天属	白景天	*Sedum pallescens* （Freyn） H. Ohba
景天科	景天属	紫景天	*S. purpurcum* （L. ） Holub
景天科	景天属	土三七	*S. aizoon* L.
景天科	景天属	宽叶费菜	*S. aizoon* L. var. latifolium Maxim.

（续）

目名	科名	种名	学名全名
景天科	景天属	狭叶土三七	*S. aizoon* L. var. angustifolium (A. Bor.) Chu.
景天科	景天属	兴安景天	*Sedum hsinganicum* Chu
景天科	瓦松属	钝叶瓦松	*Orostachys malacophyllus* (Pall.) Fisch.
景天科	瓦松属	瓦松	*O. fimbriatus* (Turcz.) Berger
景天科	瓦松属	黄花瓦松	*O. spinosus* (L.) C. A. Mey.
景天科	瓦松属	狼爪瓦松	*O. cartilaginea* A. Bor.
虎耳草科	虎耳草属	刺虎耳草	*Saxifraga spinulosa* Adams.
虎耳草科	虎耳草属	点头虎耳草	*S. cernua* L.
虎耳草科	金腰属	互叶金腰	*Chrysosplenium alternifolium* L.
虎耳草科	茶藨属	楔叶茶藨	*Ribes diacantha* Pall.
虎耳草科	茶藨属	小叶茶藨	*R. pulchellum* Turcz.
虎耳草科	茶藨属	兴安茶麇	*R. pauciflorum* Turcz.
虎耳草科	梅花草属	梅花草	*Parnassia palustris* L.
蔷薇科	假升麻属	假升麻	*Aruncus sylvester* Kostel. Ex Maxim.
蔷薇科	绣线菊属	窄叶绣线菊	*Spiraca dahurica* Maxim.
蔷薇科	绣线菊属	欧亚乡线菊	*S. media* Schmidt.
蔷薇科	绣线菊属	土庄绣线菊	*S. aquilegifolia* Pall.
蔷薇科	绣线菊属	海拉尔绣线菊	*S. hailarensis* Liou.
蔷薇科	绣线菊属	绢毛绣线菊	*S. sericea* Turcz.
蔷薇科	绣线菊属	毛果绣线菊	*S. trichocarpa* Nakai.
蔷薇科	龙芽草属	龙芽草	*Agrimonia pilosa* Ledeb.
蔷薇科	龙芽草属	圆叶龙芽草	*A. rotundifolia* Liou et C. Y. Li
蔷薇科	地蔷薇属	地蔷薇	*Chamaerhodos erecta* (L.) Bunge
蔷薇科	地蔷薇属	毛地蔷薇	*C. canescens* J. Krause
蔷薇科	地蔷薇属	矮地蔷薇	*C. trifida* Ledeb.
蔷薇科	李属	山杏	*Prunus sibirica* L.
蔷薇科	李属	稠李	*P. padus* L. var. pubescens Regel et Tiling.
蔷薇科	李属	欧李	*P. humilis* (Bunge) Bar. et Liou.
蔷薇科	蚊子草属	蚊子草	*Filipeudula palmata* (Pall.) Maxim.
蔷薇科	蚊子草属	翻白蚊子草	*F. intermedia* (Glehn) Juz.
蔷薇科	蚊子草属	细叶蚊子草	*F. angustiloba* (Turcz.) Maxim.
蔷薇科	悬钩子属	库页悬钩子	*Rubus sachalinensis* Leveille.
蔷薇科	悬钩子属	石生悬钩子	*R. saxatilis* Leveille.
蔷薇科	悬钩子属	北悬钩子	*R. arcticus* Leveille.
蔷薇科	草莓属	东方草莓	*Fragaria orientalis* Losinsk.
蔷薇科	水杨梅属	水杨梅	*Geum aleppicum* Jacq.
蔷薇科	金老梅属	小叶金老梅	*Potentilla parvifolia* Fisch.
蔷薇科	金老梅属	金老梅	*P. fruticosa* L.
蔷薇科	金老梅属	银老梅	*P. glabra* Lodd.
蔷薇科	委陵菜属	鹅绒委陵菜	*Potentilla anserina* L.
蔷薇科	委陵菜属	蔓委陵菜	*P. flagellaris* Willd. Ex Schlecht.
蔷薇科	委陵菜属	星毛委陵菜	*P. acaulis* L.
蔷薇科	委陵菜属	三出委陵菜	*P. betonicaefolia* Poir.

（续）

目名	科名	种名	学名全名
蔷薇科	委陵菜属	白花委陵菜	*P. rupestris* L.
蔷薇科	委陵菜属	莓叶委陵菜	*P. fragarioides* L.
蔷薇科	委陵菜属	翻白委陵菜	*P. discolor* Bunge
蔷薇科	委陵菜属	灰白委陵菜	*P. strigosa* Pall. Ex Pursh
蔷薇科	委陵菜属	大萼委陵菜	*P. conferta* Bunge
蔷薇科	委陵菜属	轮叶委陵菜	*P. verticillaris* Steph. Ex Willd.
蔷薇科	委陵菜属	委陵菜	*P. chinensis* Ser.
蔷薇科	委陵菜属	毛叶委陵菜	*P. dasyphylla* Bunge
蔷薇科	委陵菜属	伏毛委陵菜	*P. paradoxa* Nutt.
蔷薇科	委陵菜属	多裂委陵菜	*P. multifida* L.
蔷薇科	委陵菜属	北委陵菜	*P. sanguisorba* Willd. Et Schlecht.
蔷薇科	委陵菜属	二裂委陵菜	*P. bifurca* L.
蔷薇科	委陵菜属	铺地委陵菜	*P. supina* L.
蔷薇科	委陵菜属	掌叶委陵菜	
蔷薇科	委陵菜属	菊叶委陵菜	*P. tanacetifolia* Willd. Ex Schlecht.
蔷薇科	委陵菜属	红茎委陵菜（大委陵菜）	*P. nudicaulis* Willd. Ex Schlecht.
蔷薇科	委陵菜属	腺毛委陵菜	*P. longifolia* Willd. Ex Schlecht.
蔷薇科	委陵菜属	等齿委陵菜	*P. simulatrix* Wolf.
蔷薇科	委陵菜属	多茎委陵菜	*P. multicaulis* Bunge.
蔷薇科	地榆属	小白花地榆	*Sanguisorba tenuifolia* Fisch. Var. alba Trautu. Et Mey.
蔷薇科	地榆属	地榆	*S. officinalis* L.
蔷薇科	地榆属	腺地榆	*S. officinalis* L. var. glandulosa (Kom.) Worcsch.
蔷薇科	地榆属	垂穗粉花地榆	*S. tenuifolia* Fisch. Ex Link.
蔷薇科	地榆属	直穗粉花地榆	*S. grandiflora* (Maxim.) Makino
蔷薇科	蔷薇属	大叶蔷薇	*Rosa acicularis* Lindl.
蔷薇科	蔷薇属	山刺玫	*R. davurica* Pall.
蔷薇科	山莓草属	伏毛山莓草	*Sibbaldia adpressa* Bunge
蔷薇科	山莓草属	山莓草	*S. procumbens* L.
蔷薇科	绣线菊属	柳叶绣线菊	*Spiraca salicifolia* L.
蔷薇科	绣线菊属	楼斗叶绣线菊	*S. aquilegifolia* Pall.
蔷薇科	珍珠梅属	珍珠梅	*Sorbaria sorbifolia* A. Br.
蔷薇科	栒子属	全缘栒子	*Cotoneaster integerrimus* Medic.
蔷薇科	栒子属	黑果栒子	*C. melanocarpus* Lodd.
蔷薇科	山楂属	辽宁山楂	*Crataegus sanguinea* Pall.
蔷薇科	山楂属	山里红	*C. pinnatifida* Bunge.
蔷薇科	花楸属	花楸树	*Sorbus pohuashanensis* (Hance.) Hedll.
蔷薇科	苹果属	山荆子	*Malus baccata* (L.) Borkh.
蔷薇科	沼委陵菜属	东北沼委陵菜	*Comarum palustre* L.
豆科	野决明属	披针叶黄华	*Thermopsis lanceolata* R. Br.
豆科	槐属	苦参	*Sophora flavescens* Soland.
豆科	岩黄芪属	山岩黄芪	*Hedysarum alpinum* L.
豆科	岩黄芪属	山竹岩黄芪	*H. fruticosum* Pall.

（续）

目名	科名	种名	学名全名
豆科	岩黄芪属	刺岩黄芪	*H. dahuricum* Turcz.
豆科	胡枝子属	胡枝子（笤条）	*Lespedeza bicolor* Turca.
豆科	胡枝子属	绒毛胡枝子	*L. tomentosa* (Thunb.) Sieb. Ex Maxim.
豆科	胡枝子属	细叶胡枝子	*L. hedysaroides* (Pall.) Kitag. Var. subsericea (Kom.) Kitag.
豆科	胡枝子属	达乌里胡枝子	*L. davurica* (Laxm.) Schindl.
豆科	胡枝子属	尖叶胡枝子	*L. hedysaroides* (Pall.) Kitag.
豆科	车轴草属	野火球	*Trifolium lupinaster* L.
豆科	车轴草属	白车轴草	*T. repens* L.
豆科	车轴草属	红车轴草	*T. pratense* L.
豆科	苜蓿属	天蓝苜蓿	*Medicago lupulina* L.
豆科	苜蓿属	黄花苜蓿	*M. falcata* L.
豆科	草木樨属	草木樨	*Melilotus suaveolens* Ledeb.
豆科	草木樨属	细齿草木樨	*M. dentatus* (Wald. et Kit.) Pers.
豆科	扁蓿豆属	扁蓿豆	*Melilotoides ruthenica* (L.) Sojak
豆科	锦鸡儿属	狭叶锦鸡儿	*Caragana stenophylla* Pojark.
豆科	锦鸡儿属	小叶锦鸡儿	*C. microphylla* Lam.
豆科	野豌豆属	东方野豌豆	*Vicia japonica* A. Gray
豆科	野豌豆属	大叶野豌豆	*V. pseduoorobus* Fisch. Et C. A. Mey.
豆科	野豌豆属	山野豌豆	*V. amoena* Fisch.
豆科	野豌豆属	狭叶山野豌豆	*V. amoena* Fisch. Var. oblongifolia Regel
豆科	野豌豆属	多茎野豌豆	*V. multicaulis* Ledeb.
豆科	野豌豆属	大野豌豆	*V. gigantea* Bunge
豆科	野豌豆属	广布野豌豆	*V. cracca* L.
豆科	野豌豆属	北野豌豆	*V. ramuliflora* (Maxim.) Ohwi
豆科	野豌豆属	歪头菜	*V. unijuga* R. Br.
豆科	野豌豆属	灰野豌豆	*V. cracca* L. f. canescens Maxim.
豆科	野豌豆属	黑龙江野豌豆	*V. amurensis* Oett.
豆科	野豌豆属	贝加尔野豌豆	*V. ramuliflora* (Maxim.) Ohwi.
豆科	山黎豆属	五脉山黎豆	*Lathyrus quinquenervius* (Miq.) Litv.
豆科	山黎豆属	矮山黎豆	*L. humilis* Fisch. ex DC.
豆科	苦马豆属	苦马豆	*Sphaerophysa salsula* (Pall.) DC.
豆科	甘草属	甘草（甜草）	*Glycyrrhiza uralensis* Fisch.
豆科	棘豆属	线棘豆	*Oxytropis filiformis* DC. Astrag.
豆科	棘豆属	兰花棘豆	*O. mandshurica* Bunge
豆科	棘豆属	大花棘豆	*O. grandiflora* (Pall.) DC.
豆科	棘豆属	薄叶棘豆	*O. leptophyla* (Pall.) DC.
豆科	棘豆属	多叶棘豆	*O. myriophylla* (Pall.) DC.
豆科	棘豆属	海拉尔棘豆	*O. hailarensis* Kitag.
豆科	棘豆属	砂珍棘豆	*O. gracilima* Bunge
豆科	棘豆属	硬毛棘豆	*O. hirta* Bunge
豆科	棘豆属	小花棘豆	*O. glabra* (Lsm.) DC.
豆科	棘豆属	二色棘豆	*O. bicolor* Bunge.
豆科	米口袋属	少花米口袋	*Gueldenstaedtia verna* (Georgi) Boriss.

（续）

目名	科名	种名	学名全名
豆科	米口袋属	狭叶米口袋	*G. stenophylla* Bunge
豆科	黄芪属	小米黄芪	*Astragalus satoi* Kitag.
豆科	黄芪属	草木樨状黄芪	*A. melilotoides* Pall.
豆科	黄芪属	草原黄芪	*A. dalaiensis* Kitag.
豆科	黄芪属	黄芪	*A. membranaceus* Bunge
豆科	黄芪属	蒙古黄芪	*A. membranaceus* Bunge var. mongholicus (Bunge) Hsiao
豆科	黄芪属	小叶黄芪	*A. tataricus* Franch.
豆科	黄芪属	兴安黄芪	*A. dahuricus* (Pall.) DC.
豆科	黄芪属	糙叶黄芪	*A. scaberrimus* Bunge
豆科	黄芪属	斜茎黄芪	*A. adsuigens* Pall.
豆科	黄芪属	乳白花黄芪	*A. galactites* Pall.
豆科	黄芪属	华黄蓍	*A. chinensis* L.
豆科	黄芪属	细叶黄蓍	*A. melilotoiles* Pall. var. tenuis Ledeb.
豆科	黄芪属	新巴黄蓍	*A. hsinbaticus* P. Y. Fuet Y. A. Chen.
豆科	黄芪属	细茎黄蓍	*A. miniatus* Bunge.
豆科	黄芪属	湿地黄蓍	*A. uliginosus* L.
牻牛儿苗科	牻牛儿苗属	牻牛儿苗	*Erodium stephanianum* Willd.
牻牛儿苗科	老鹳草属	毛蕊老鹳草	*Geranium eriostemon* Fisch. Ex DC.
牻牛儿苗科	老鹳草属	北方老鹳草	*G. erianthum* DC.
牻牛儿苗科	老鹳草属	草甸老鹳草	*G. pratense* L.
牻牛儿苗科	老鹳草属	大花老鹳草	*G. transbaicalicum* Serg.
牻牛儿苗科	老鹳草属	突节老鹳草	*G. japonicum* Franch. Et Sav.
牻牛儿苗科	老鹳草属	灰背老鹳草	*G. wlassowianum* Fisch. Ex Link
牻牛儿苗科	老鹳草属	兴安老鹳草	*G. maximowiczii* Regle et Maack
牻牛儿苗科	老鹳草属	块根老鹳草	*G. dahuricum* DC.
牻牛儿苗科	老鹳草属	鼠掌草	*G. sibiricum* L.
亚麻科	亚麻属	野亚麻	*Linum stelleroides* Planch.
亚麻科	亚麻属	黑水亚麻	*L. perenne* L.
亚麻科	亚麻属	贝加尔亚麻	*L. baicalense* Juz.
蒺藜科	白刺属	小果白刺	*Nitraria sibirica* Pall.
蒺藜科	蒺藜属	蒺藜	*Tribulus terrestris* L.
蒺藜科	骆驼蓬属	骆驼蓬	*Peganum harmala* L.
芸香科	假芸香属	假芸香（草芸香）	*Haplophyllum dauricum* (L.) Juss.
芸香科	白藓属	白藓	*Dictamnus albus* L. subsp. Dasycarpus (Turcz.) Wint.
远志科	远志属	细叶远志	*Polygala tenuifolia* Willd.
远志科	远志属	西伯利亚远志	*P. sibirica* L.
大戟科	大戟属	地锦	*Euphorbia humifusa* Willd.
大戟科	大戟属	狼毒大戟	*E. fischeriana* Steud.
大戟科	大戟属	乳浆大戟	*E. esula* L.
大戟科	大戟属	猫眼草	*E. lunulata* Bunge
大戟科	一叶萩属	一叶萩	*Securinega saffruticosa* (Pall.) Rehd.
卫矛科	卫矛属	桃叶卫矛	*Euonymus bungeanus* Maxim.
水马齿科	水马齿属	沼生水马齿	*Callitriche palustris* L.

（续）

目名	科名	种名	学名全名
凤仙花科	凤仙花属	水金凤	*Impatiens noli-tangere* L.
鼠李科	鼠李属	鼠李	*Rhamnus dahurica* Pall.
鼠李科	鼠李属	柳叶鼠李	*R. erythroxylon* Pall.
锦葵科	木槿属	野西瓜苗	*Hibiscus trionum* L.
锦葵科	锦葵属	北锦葵	*Malva mohileviensis* Downar
锦葵科	苘麻属	苘麻	*Abutilon theophrasti* Medicus.
金丝桃科	金丝桃属	长柱金丝桃	*Hypericum ascyron* L.
金丝桃科	金丝桃属	短柱金丝桃	*H. gebleri* Ledeb.
金丝桃科	金丝桃属	乌腺金丝桃	*H. attenuatum* Choisy.
柽柳科	红砂属	红砂	*Reaumuria soongorica* (Pall.) Maxim.
堇菜科	堇菜属	双花堇菜	*Viola biflora* L.
堇菜科	堇菜属	鸡腿堇菜	*V. acuminata* Ledeb.
堇菜科	堇菜属	掌叶堇菜	*V. dactyloides* Roem. et Schult.
堇菜科	堇菜属	裂叶堇菜	*V. dissecta* Ledeb.
堇菜科	堇菜属	兴安圆叶堇菜	*V. brachyceras* Turcz.
堇菜科	堇菜属	奇异堇菜	*V. mirabilis* L.
堇菜科	堇菜属	堇菜	*V. verecunda* A. Gray
堇菜科	堇菜属	球果堇菜	*V. collina* Bess.
堇菜科	堇菜属	溪堇菜	*V. epipsila* Ledeb.
堇菜科	堇菜属	斑叶堇菜	*V. varieata* Fisch. Ex Link.
堇菜科	堇菜属	兴安堇菜	*V. gmeliniana* Roem.
堇菜科	堇菜属	紫花地丁	*V. yedoensis* Makino
瑞香科	草瑞香属	草瑞香	*Diarthron linifolium* Turcz.
瑞香科	狼毒属	狼毒	*Stellera chamaejasme* L.
千屈菜科	千屈菜属	千屈菜	*Lythrum salicaria* L.
柳叶菜科	柳兰属	柳兰	*Epilobium angustifolium* L.
柳叶菜科	柳兰属	沼生柳叶菜	*E. palustre* L.
柳叶菜科	柳兰属	柳叶菜	*E. hirsutum* L.
小二仙草科	狐尾藻属	狐尾藻	*Myriophyllum spicatum* L.
杉叶藻科	杉叶藻属	杉叶藻	*Hippuris vulgaris* L.
伞形科	迷果芹属	迷果芹	*Sphallerocarpus gracilis* (Bess.) K. - Pol.
伞形科	峨参属	刺果峨参	*Anthriscus nemorosa* (M. Bieb.) Spreng.
伞形科	山茴香属	山茴香	*Carlesia sinensis* Dunn.
伞形科	柴胡属	兴安柴胡	*Bupleurum sibiricum* Vest
伞形科	柴胡属	锥叶柴胡	*B. bicaule* Helm
伞形科	柴胡属	细叶柴胡	*B. scorzonerifolium* Willd.
伞形科	柴胡属	大叶柴胡	*B. longiradiatum* Turcz.
伞形科	蛇床属	兴安蛇床	*Cnidium dahuricum* (Jacq.) Turcz. Ex Mey.
伞形科	蛇床属	蛇床	*C. monnieri* (L.) Cuss.
伞形科	蛇床属	碱蛇床	*C. salinum* Turcz.
伞形科	胀果芹属	胀果芹	*Phlojodicarpus sibiricus* (Steph. Ex Spreng.) K. -Pol.
伞形科	独活属	短毛独活	*Heracleum moellendorffij* Hance
伞形科	山芹属	全叶山芹	*Ostericum maximowiczii* (Fr. Schmidt ex Maxim.) Kitag.

（续）

目名	科名	种名	学名全名
伞形科	山芹属	丝叶山芹	*O. filisectum* Chu.
伞形科	当归属	狭叶当归	*Angelica anomala* Lall.
伞形科	当归属	大活	*A. dahurica* (Fisch.) Benth. Et Hook.
伞形科	当归属	黑水当归	*A. amurensis* Schischk.
伞形科	毒芹属	毒芹	*Cicuta vircsa* L.
伞形科	葛缕子属	田葛缕子	*Carum buriaticum* Turcz.
伞形科	茴芹属	东北茴芹	*Pimpinella thellungiana* Wolff
伞形科	羊角芹属	东北羊角芹	*Aegopodium alpestre* Ledeb.
伞形科	香芹属	香芹	*Libanotis seseloides* (Fisch. Et Mey. Ex Turcz.) Turcz.
伞形科	防风属	防风	*Saposhnikovia divaricata* (Turcz.) Schischk.
山茱萸科	山茱萸属	红瑞山茱萸	*Swida alba* Opiz
鹿蹄草科	鹿蹄草属	鹿蹄草	*Pyrola rotundifolia* L.
鹿蹄草科	鹿蹄草属	红花鹿蹄草	*P. lnarnata* Fisch. ex DC.
杜鹃花科	杜香属	狭叶杜香	*Ledum palustre* L. var. angustum N Pusch .
杜鹃花科	杜鹃花属	兴安杜鹃	*Rhododendron daurium* L.
杜鹃花科	毛蒿豆属	毛蒿豆	*Oxycoccus microcarpus* Trucz. ex Rupr.
杜鹃花科	越橘属	越橘	*Vaccinium vitis-idaea* L.
杜鹃花科	越橘属	笃斯越橘	*V. uliginosum* L.
报春花科	报春花属	粉报春	*Primula farinosa* L.
报春花科	报春花属	天山报春	*P. sibirica* Jacq.
报春花科	报春花属	段报春	*P. maximowiczii* Regel.
报春花科	假报春属	假报春	*Cortusa matthioli* L.
报春花科	点地梅属	点地梅	*Androsace umbellata* (Lour.) Merr.
报春花科	点地梅属	小点地梅	*A. gmelinii* (Gaertn) Roem. Et Schult.
报春花科	点地梅属	东北点地梅	*A. fillformis* Retz.
报春花科	点地梅属	北点地梅	*A. septentrionalis* L.
报春花科	点地梅属	白花点地梅	*A. incana* Lam.
报春花科	海乳草属	海乳草	*Glaux maritima* L.
报春花科	珍珠菜属	黄连花	*Lysimachia davurica* Ledeb.
报春花科	珍珠菜属	狼尾花	*L. barystachys* Bunge
报春花科	珍珠菜属	球尾花	*L. thyrsiflora* L.
报春花科	七瓣莲属	七瓣莲	*Trientalis europaea* L.
蓝血科	棱枝草属	棱枝草	*Goniolimon speciosum* (L.) Boiss.
蓝血科	补血草属	黄花补血草	*Limonium aureum* (L.) Hill
蓝血科	补血草属	曲枝补血草	*L. flexuosum* (L.) O. Kuntze
蓝血科	补血草属	二色补血草	*L. bicolor* (L.) O. Kuntze
龙胆科	百金花属	百金花	*Centaurium meyeri* (Bunge) Druce.
龙胆科	龙胆属	鳞叶龙胆	*Gentiana squarrosa* Ledeb.
龙胆科	龙胆属	大叶龙胆	*G. macrophylla* Pall.
龙胆科	龙胆属	达乌里龙胆	*G. dahurica* Fisch.
龙胆科	龙胆属	龙胆	*G. scabra* Bunge
龙胆科	龙胆属	三花龙胆	*G. triflora* Pall.
龙胆科	龙胆属	东北龙胆	*G. manshurica* Kitag.

（续）

目名	科名	种名	学名全名
龙胆科	扁蕾属	扁蕾	*Gentianopsis barbata*（Froel.）Ma
龙胆科	扁蕾属	中国扁蕾	*G. barbata*（Froel.）Ma var. sinensis Ma
龙胆科	獐牙菜属	淡花獐牙菜	*Swettia diluta*（Turcz.）Benth. Et Hook.
龙胆科	獐牙菜属	瘤毛獐牙菜	*S. pseudochinensis* Hara
龙胆科	獐牙菜属	藜芦獐牙菜	*S. veratroides* Maxim. Ex Kom.
龙胆科	獐牙菜属	腺鳞草	*S. dichotoma* L.
龙胆科	花锚属	花锚	*Halenia corniculata*（L.）Cornaz
龙胆科	莕菜属	莕菜	*Nymphoides Peltata*（S. G. Gmel.）Kuntze.
萝藦科	萝藦属	萝藦	*Metaplexis japonica*（Thunb.）Makino
萝藦科	白前属	合掌消	*Cynanchum amplexicaule*（Sieb. Et Zucc.）Hemsl.
萝藦科	白前属	紫花杯冠藤	*C. purpureum*（Pall.）K. Schum.
萝藦科	白前属	徐长卿	*C. paniculatum*（Bunge）Kitag.
萝藦科	白前属	地梢瓜	*C. thesioides*（Freyn）K. Schum.
旋花科	打碗花属	藤长苗	*Calystegia pellita*（Ledeb.）G. Don
旋花科	打碗花属	日本打碗花	*C. japonica* Choisy
旋花科	打碗花属	宽叶打碗花	*C. sepium*（L.）R. Br.
旋花科	打碗花属	打碗花	*C. haderacea* Wall. Ex Roxb.
旋花科	旋花属	银灰旋花	*Convolvulus ammannii* Desi.
旋花科	旋花属	田旋花	*C. arvensis* L.
旋花科	菟丝子属	菟丝子	*Cuscuta chinensis* Lam.
旋花科	菟丝子属	日本菟丝子	*C. japoica* Choisy.
旋花科	菟丝子属	大菟丝子	*C. europaea* L.
花荵科	花荵属	中华花荵	*Polemonium chinense*（Brand）Brand
紫草科	砂引草属	狭叶砂引草	*Messerschmidia sibirica* L. var. angustior（DC.）W. T. Wang
紫草科	紫筒草属	紫筒草	*Stenosolenium saxatile*（Pall.）Turcz.
紫草科	狼紫草属	狼紫草	*Lycopsis orientalis* L.
紫草科	琉璃草属	大果琉璃草	*Cynoglossum divaricatum* Steph.
紫草科	鹤虱属	鹤虱	*Lappula myosotis* V. Wolf.
紫草科	鹤虱属	东北鹤虱	*L. redowskii*（Horn.）Greene
紫草科	鹤虱属	劲直鹤虱	*L. stricta*（Ledeb.）Ourke.
紫草科	鹤虱属	异刺鹤虱	*L. heteracantha*（Leleep.）Gurke.
紫草科	假鹤虱属	丘假鹤虱	*Hackelia deflexum*（Wahlenb）Lian et J. Q. Wang
紫草科	假鹤虱属	假鹤虱	*Hacklia thymifolium*（DC）Lian
紫草科	齿缘草属	东北齿缘草	*Eritrichium mandshuricum* M. Pop.
紫草科	齿缘草属	兴安齿缘草	*E. maackii* Maxim.
紫草科	钝背草属	钝背草	*Amblynotus obovatus*（Ledb.）Johnst.
紫草科	附地菜属	附地菜	*Trigonotis peduncularis*（Trev.）Benth. Ex Baker et Moore
紫草科	勿忘草属	草原勿忘草	*Myosotis suaveolens* Wald et Kit.
紫草科	勿忘草属	勿忘草	*M. sylvatica* Hoffm.
紫草科	勿忘草属	湿地勿忘草	*M. caespitosa* Schultz.
马鞭草科	莸属	蒙古莸	*Caryopteris mongholica* Bunge
唇形科	筋骨草属	多花筋骨草	*Ajuga multiflora* Bunge
唇形科	水棘针属	水棘针	*Amethystea coerulea* L.

（续）

目名	科名	种名	学名全名
唇形科	黄芩属	黄芩	*Scutellaria baicalensis* Georgi
唇形科	黄芩属	狭叶黄芩	*S. regeliana* Nakai
唇形科	黄芩属	并头黄芩	*S. scodifolia* Fisch. Ex Schrank
唇形科	黄芩属	盔状黄芩	*S. galericulata* L.
唇形科	黄芩属	薄叶黄芩	*S. ikonnikovii* Juz.
唇形科	裂叶荆芥属	多裂叶荆芥	*Schizonepeta multifida* （L. ）Briq.
唇形科	青兰属	光萼青兰	*Dracocephalum argunense* Fisch. Ex Link
唇形科	青兰属	青兰	*D. ruyschiana* L.
唇形科	青兰属	香青兰	*D. moldavica* L.
唇形科	糙苏属	块根糙苏	*Phiomis tuberoda* L.
唇形科	糙苏属	蒙古糙苏	*P. mongolica* Turcz.
唇形科	鼬瓣花属	鼬瓣花	*Galeopsis bifida* Boenn.
唇形科	野芝麻属	野芝麻	*Lamium album* L.
唇形科	益母草属	益母草	*Leonurus japonicus* Houtt.
唇形科	益母草属	细叶益母草	*L. sibiricus* L.
唇形科	连钱草属	活血丹	*Glechoma hederarea* L. var. longituba Nakai
唇形科	水苏属	毛水苏	*Stachys riederi* Cham. Ex Benth.
唇形科	水苏属	华水苏	*S. riederi* Chammisso var. hispidula（Regel. ）Hara.
唇形科	风轮菜属	风轮菜	*Clinopodium chinense* （Benth. ）O. Ktze. Subsp. Grandiflorum（Maxim. ）Hara
唇形科	薄荷属	兴安薄荷	*Mentha dahurica* Fisch. Ex Benth.
唇形科	薄荷属	野薄荷	*M. haplocalyx* Briq.
唇形科	地瓜苗属	地瓜苗	*Lycopus lucidus* Turcz.
唇形科	百里香属	百里香	*Thymus serpyllum* L. var. mongolicus Ronn.
唇形科	地笋属	地笋	*Lycopus lucidus* Turcz. ex Benth.
唇形科	香薷属	香薷	*Elsholtzia ciliata* （Thunb. ）Hyland
唇形科	香薷属	细穗香薷	*E. densa* Benth. var. ianthi-na（Maxim. et Kanitz. ）C. Y. Wu et S. C. Huang.
唇形科	香茶菜属	蓝萼香茶菜	*Rabdosia japonica* （Burm. f. ） Hara var. glaucocalyx（Maxim. ）Hara
茄科	茄属	龙葵	*Solanum nigrum* L. Sp. Pl.
茄科	曼陀罗属	曼陀罗	*Datura stramonium* L.
茄科	天仙子属	天仙子	*Hyoscyamus niger* L.
茄科	泡囊草属	泡囊草	*Physochlaina physaloides* （L. ）G. Don
玄参科	腹水草属	草本威灵仙	*Veronicastrum sibiricum* （L. ）Pennell
玄参科	腹水草属	管花腹水草	*V. tubiflorum*（Fisch. Et Mey. ）Hara.
玄参科	水茫草属	水茫草	*Limosella aquatica* L.
玄参科	婆婆纳属	水蔓菁	*Veronica linariifolia* Pall. ex Linkva dilatata Nakai. ex Kitag.
玄参科	婆婆纳属	北水苦荬	*V. anagallis-aquatica* L.
玄参科	婆婆纳属	细叶婆婆纳	*V. linariifolia* Pall. Ex Link
玄参科	婆婆纳属	白婆婆纳	*V. incana* L.
玄参科	婆婆纳属	大婆婆纳	*V. dahurica* Stev.
玄参科	婆婆纳属	柳叶婆婆纳	*V. tubiflora* Fisch.

（续）

目名	科名	种名	学名全名
玄参科	婆婆纳属	兔儿尾苗	*V. longifolia* L.
玄参科	婆婆纳属	蚊母草	*V. peregrina* L.
玄参科	柳穿鱼属	多枝柳穿鱼	*Linaria buriatica* Turcz. Ex Benth.
玄参科	柳穿鱼属	柳穿鱼	*L. vulgaris* Mill. Subsp. Sinensis (Bebeaux) Hong
玄参科	玄参属	砾玄参	*Scrophularia incisa* Weinm
玄参科	火焰草属	火焰草	*Castilleja pallida* (L.) Kunth
玄参科	鼻花属	鼻花	*Rhinanthus glaber* Lam.
玄参科	齿叶草属	齿叶草	*Odontites serotina* (Lam.) Dum.
玄参科	小米草属	小米草	*Euphrasia pactinata* Ten.
玄参科	芯芭属	芯芭	*Cymbaria dahurica* L.
玄参科	马先蒿属	红色马先蒿	*Pedicularis rubens* Steph. Ex Willd.
玄参科	马先蒿属	黄花马先蒿	*P. flava* Pall.
玄参科	马先蒿属	秀丽马先蒿	*P. venusta* Schangan ex Bunge
玄参科	马先蒿属	红纹马先蒿	*P. striata* Pall.
玄参科	马先蒿属	返顾马先蒿	*P. resupinata* L.
玄参科	马先蒿属	穗花马先蒿	*P. spicata* Pall.
玄参科	马先蒿属	轮叶马先蒿	*P. verticillata* L.
玄参科	马先蒿属	旌节马先蒿	*P. sceptrum-carolinum* L.
玄参科	马先蒿属	卡氏沼生马先蒿	*P. palustris* L.
玄参科	阴行草属	阴行草	*Siphonostegia chinensis* Benth.
紫葳科	角蒿属	角蒿	*Incarvillea sinensis* Lam.
列当科	列当属	列当	*Orobanche coerulescens* Steph.
列当科	列当属	黄花列当	*O. pycnostachya* Hance
列当科	列当属	黑水列当	*O. pycnostachya* Hance var. amurensis (Kom.) G. Beck
狸藻科	狸藻属	狸藻	*Vtricularia vulgris* L.
狸藻科	狸藻属	细叶狸藻	*V. minor* L.
车前科	车前属	北车前	*Plantago media* L.
车前科	车前属	平车前	*P. depressa* Willd.
车前科	车前属	车前	*P. asiatica* L.
车前科	车前属	盐生车前	*P. maritima* L. var. salsa (Pall.) Pilger.
茜草科	拉拉藤属	北方拉拉藤	*Galium boreale* L.
茜草科	拉拉藤属	蓬子菜	*G. verum* L.
茜草科	茜草属	中国茜草	*Rubia chinensis* Regel. Et Maack
茜草科	茜草属	茜草	*R. cordifolia* L.
茜草科	茜草属	黑果茜草	*R. cordifolia* L. var. pratensis Maxim.
忍冬科	北极花属	北极花	*Linnaea borealis* L. f. arctica Wittr.
忍冬科	荚蒾属	蒙古荚蒾	*Viburnum mongolicum* Rehd.
忍冬科	接骨木属	毛接骨木	*Sambucus sieboldiana* (Miq.) Blume ex Gaebner var. miquelii (Nakai) Hara.
忍冬科	接骨木属	接骨木	*S. williamsii* Hance
败酱科	败酱属	黄花龙芽	*Patrinia scabiosaefolia* Fisch. Ex Trev.
败酱科	败酱属	西伯利亚败酱	*P. sibirica* Juss.
败酱科	败酱属	糙叶败酱	*P. rupestris* (Pall.) Juss. Subsp. Scabra (Bunge) H. J. Wang

（续）

目名	科名	种名	学名全名
败酱科	缬草属	缬草	*Valeriana alternifolia* Bunge
败酱科	败酱属	岩败酱	*Patrinia rupestris* (Pall.) Juss.
山萝卜科	蓝盆花属	窄叶蓝盆花	*Scabiosa comosa* Fisch. Ex Roem. Et Schult.
山萝卜科	蓝盆花属	华北蓝盆花	*S. tschiliensis* Grunning
桔梗科	桔梗属	桔梗	*Platycodon grandiflorum* (Jacq.) A. DC.
桔梗科	风铃草属	聚花风铃草	*Campanula glomerata* L. subsp. Cephalotes (Nakai) Hong
桔梗科	沙参属	展枝沙参	*Adenophora divaricata* Franch. Et Savat.
桔梗科	沙参属	丘沙参	*A. stenanthina* (Ledeb.) Kitag. Var. collina (Kitag.) Y. Z. Zhao
桔梗科	沙参属	石沙参	*A. polyantha* Nakai
桔梗科	沙参属	细叶沙参	*A. stenophylla* Hemsl.
桔梗科	沙参属	狭叶沙参	*A. gmelinii* (Spreng.) Fisch.
桔梗科	沙参属	多歧沙参	*A. wawreana* A. Zahlbr.
桔梗科	沙参属	锯齿沙参	*A. tricuspidata* (Fisch. Ex Roem. Et Schult.) A. DC.
桔梗科	沙参属	轮叶沙参	*A. tetraphylla* (Thunb.) Fisch.
桔梗科	沙参属	长柱沙参	*A. stenanthina* (Ledeb.) Kitag.
菊科	一枝黄花属	兴安一枝黄花	*Solidago virgaurea* L. var. dahurica Kitag.
菊科	马兰属	全叶马兰	*Kalimeris integrifolia* Turcz. Ex DC.
菊科	马兰属	山马兰	*K. lautureana* (Debx.) Kitam.
菊科	马兰属	裂叶马兰	*K. incisa* (Fisch.) DC.
菊科	马兰属	北方马兰	*K. mongolica* (Franch.) Kitam.
菊科	狗哇花属	阿尔泰狗哇花	*Heteropappus altaicus* (Will.) Novopokr
菊科	狗哇花属	狗哇花	*H. hispidus* (Thunb.) Less.
菊科	狗哇花属	细枝狗哇花	*H. tataricus* (Lindl.) Tamamsch.
菊科	东风菜属	东风菜	*Doellingeria scaber* (Thunb.) Nees.
菊科	女菀属	女菀	*Turczaninowia fastigiata* (Fisch.) DC.
菊科	紫菀属	高山紫菀	*Aster alpinus* L.
菊科	紫菀属	紫菀	*A. tataricus* L.
菊科	紫菀属	西伯利亚紫菀	*A. sibiricus* L.
菊科	紫菀属	圆苞紫菀	*A. maackii* Regel
菊科	乳菀属	兴安乳菀	*Galatella dahurica* DC.
菊科	莎菀属	莎菀	*Arctogeron gramineum* (L.) DC.
菊科	碱菀属	碱菀	*Tripolium vulgage* Nees
菊科	短星菊属	短星菊	*Brachyactis ciliata* Ledeb.
菊科	飞蓬属	长茎飞蓬	*Erigeron elongatus* Ledeb.
菊科	飞蓬属	勘察加飞蓬	*E. kamtschaticus* DC.
菊科	飞蓬属	飞蓬	*E. acer* L.
菊科	火绒草属	火绒草	*Leontopodium leonto* [pdioides (Willd.) Beauv.
菊科	火绒草属	团球火绒草	*L. conglobatum* (Turcz.) Hand. -Mazz.
菊科	鼠匊草属	湿生鼠麦匊草	*Gnaphalium tranzschelii* Kirp.
菊科	旋覆花属	旋覆花	*Inula britanica* L. var. japonica (Thunb.) Franch. et Sav.
菊科	旋覆花属	少花旋覆花	*I. britanica* L. var. chinensis (Rupk.) Regel.
菊科	旋覆花属	绵毛旋覆花	*I. britanica* L. var. sublanata Kom.
菊科	旋覆花属	柳叶旋覆花	*I. salicina* L.

（续）

目名	科名	种名	学名全名
菊科	旋覆花属	线叶旋覆花	*I. lineariifolia* Turcz.
菊科	旋覆花属	欧亚旋覆花	*I. britanica* L.
菊科	苍耳属	苍耳	*Xanthium sibiricum* Patrin ex Widder
菊科	苍耳属	蒙古苍耳	*X. mongolicum* Kitag.
菊科	鬼针草属	小花鬼针草	*Bidens parviflora* Willd.
菊科	鬼针草属	羽叶鬼针草	*B. maximovicziana* Oett.
菊科	鬼针草属	柳叶鬼针草	*B. cernua* L.
菊科	鬼针草属	狼杷草	*B. tripartita* L.
菊科	蓍属	亚洲蓍	*Achillea asiatica* Serg.
菊科	蓍属	单叶蓍	*A. acuminata* (Ledeb) Sch. -Bip.
菊科	蓍属	丝叶蓍	*A. setacea* L.
菊科	蓍属	千叶蓍	*A. millefolium* L.
菊科	蓍属	短瓣蓍	*A. ptarmicoides* Maxim.
菊科	蓍属	蓍	*A. alpina* L.
菊科	菊属	菊花	*Dendranthema grandiflorum* (Ramat) Kitam.
菊科	菊属	紫花野菊	*D. zawadskii* (Herb.) Tzvel.
菊科	菊属	山野菊（小红菊）	*D. chanetii* (Levl.) Shih
菊科	菊蒿属	菊蒿（艾菊）	*Tanacetum vulgare* L.
菊科	亚菊属	蓍状亚菊	*Ajania achilleoides* (Turcz.) Ling.
菊科	线叶菊属	线叶菊	*Filifolium sibiricum* (L.) Kitam.
菊科	蒿属	变蒿	*A. pubescens* Ledeb.
菊科	蒿属	东北牡蒿	*A. manshurica* (Kom.)
菊科	蒿属	狭叶青蒿	*A. dracunculus* L.
菊科	蒿属	猪毛蒿	*A. scoparia* Waldst. Et Kit.
菊科	蒿属	南牡蒿	*A. eriopoda* Bunge
菊科	蒿属	茵陈蒿	*A. capillaris*
菊科	蒿属	细叶蒿	*A. macilenta* (Maxim.) Krasch.
菊科	蒿属	光沙蒿	*A. oxycephala* Kitag.
菊科	蒿属	差巴嘎蒿	*A. halodendron* Turcz.
菊科	蒿属	山蒿	*A. brachyloba* Franch.
菊科	蒿属	漠蒿	*A. desertorum* Spreng.
菊科	蒿属	柳蒿	*A. integrifolia*
菊科	蒿属	林地蒿	*A. sylvatica* Maxim.
菊科	蒿属	水蒿	*A. selengensis* Turcz. Ex Bess.
菊科	蒿属	红足蒿	*A. rubripes* Nakai
菊科	蒿属	蒙古蒿	*A. mongolica* (Fisch. Ex Bess.) Nakai
菊科	蒿属	艾蒿	*A. argyi* Levl. Et Van.
菊科	蒿属	野艾蒿	*A. lavandulaefolia* DC.
菊科	蒿属	丝叶蒿	*A. adamsii* Bess.
菊科	蒿属	黑蒿	*A. palustris* L.
菊科	蒿属	黄花蒿	*A. annua* L.
菊科	蒿属	宽叶蒿	*A. latifolia* Ledeb.
菊科	蒿属	裂叶蒿	*A. tanacetifolia* L.

（续）

目名	科名	种名	学名全名
菊科	蒿属	万年蒿（铁杆蒿）	*A. sacrorum* Ledeb.
菊科	蒿属	莳萝蒿	*A. anethoides* Mattf.
菊科	蒿属	碱蒿	*A. anethifolia* Web. Ex Stechm.
菊科	蒿属	大籽蒿	*A. sieversiana* Ehrhart ex Willd.
菊科	蒿属	冷蒿	*A. frigida* Willd.
菊科	蒿属	绢毛蒿	*A. sericea* Web. Ex Stechm.
菊科	栉叶蒿属	栉叶蒿	*Neopallasia pectinata* (Pall.) Poljak.
菊科	绢蒿属	东北蛔蒿	*Seriphidium finitum* (Kitag.) Ling et Y. R Ling.
菊科	千里光属	麻叶千里光	*Senecio cannabifolius* Less.
菊科	千里光属	羽叶千里光	*S. argunensis* Turcz.
菊科	千里光属	林阴千里光	*S. nemorensis* L.
菊科	千里光属	红轮千里光	*Tephroseris flammea* (Turcz. Ex DC.) Holub
菊科	千里光属	狗舌草	*T. kirilowii* (Turcz. Ex DC.) Holub
菊科	千里光属	湿生千里光	*Senecio arctious* Rupr.
菊科	橐吾属	全缘橐吾	*Ligularia mongolica* (Turcz.) DC.
菊科	橐吾属	蹄叶橐吾	*L. fischeri* (Ledeb.) Turcz.
菊科	蟹甲草属	山尖子	*Cacalia hastala* L.
菊科	蓝刺头属	砂蓝刺头	*Echinops gmelini* Turcz.
菊科	蓝刺头属	蓝刺头	*E. latifolius* Tausch.
菊科	苍术属	苍术	*Atractylodes lancea* (Thunb.) DC.
菊科	蓟属	莲座蓟	*Cirsium esculentum* (Sievers) C. A. Mey.
菊科	蓟属	烟管蓟	*C. pendulum* Fisch. Ex DC.
菊科	蓟属	蓟	*C. japonicum* Fisch. Ex DC.
菊科	蓟属	刺儿菜（小蓟）	*C. segetum* Bunge
菊科	蓟属	大刺儿菜（大蓟）	*C. setosum* (Willd.) MB.
菊科	蓟属	野蓟	*C. maackii* Maxim.
菊科	蓟属	绒背蓟	*C. vlassovianum* Fisch.
菊科	飞廉属	飞廉	*Carduus crispus* L.
菊科	蝟菊属	蝟菊	*Olgaea lomonosowii* (Trautv.) Iljin
菊科	蝟菊属	鳍蓟	*O. leucophylla* (Turcz.) Iljin var. angregata Ling.
菊科	山牛蒡属	山牛蒡	*Synurus deltoides* (Ait.) Nakai
菊科	麻花头属	球苞麻花头	*Serratula marginata* Tausch.
菊科	麻花头属	伪泥胡菜	*S. coronata* L.
菊科	麻花头属	麻花头	*S. centauroides* L.
菊科	麻花头属	草地麻花头	*S. komarovii* Iljin.
菊科	麻花头属	多头麻花头	*S. polycephala* Iljin.
菊科	漏芦属	祁州漏芦	*Stemmacantha uniflora* (L.) Dittrich
菊科	风毛菊属	碱地风毛菊	*Saussurea runcinata* DC.
菊科	风毛菊属	美花风毛菊	*S. pulchella* (Fisch.) Fisch.
菊科	风毛菊属	草地风毛菊	*S. amara* (L.) DC.
菊科	风毛菊属	风毛菊	*S. japonica* (Thunb.) DC.
菊科	风毛菊属	篦苞风毛菊	*S. pectinata* Bunge ex DC.
菊科	风毛菊属	齿苞风毛菊	*S. odontolepis* Sch. Bip. Ex Herd.

（续）

目名	科名	种名	学名全名
菊科	风毛菊属	达乌里风毛菊	*S. davurica* Adam.
菊科	风毛菊属	柳叶风毛菊	*S. salicifolia* (L.) DC.
菊科	风毛菊属	小花风毛菊	*S. parviflora* (Poir.) DC.
菊科	风毛菊属	齿叶风毛菊	*S. japonica* (Thunb.) DC. Var. dentata Kom.
菊科	风毛菊属	盐地风毛菊	*S. salsa* (Pall.) Spreng.
菊科	风毛菊属	折苞风毛菊	*S. recurvata* (Maxim.) Lipsch.
菊科	风毛菊属	林风毛菊	*S. sinuata* Kom.
菊科	风毛菊属	羽叶风毛菊	*S. maximowiczii* Herd.
菊科	风毛菊属	乌苏里风毛菊	*S. ussuriensis* Maxim.
菊科	风毛菊属	密花风毛菊	*S. acuminata* Turcz.
菊科	风毛菊属	龙江风毛菊	*S. amurensis* Turcz.
菊科	大丁草属	大丁草	*Leibnitzia anandria* (L.) Turcz.
菊科	毛连菜属	兴安毛连菜	*Dicris davurica* Fisch.
菊科	猫儿菊属	猫儿菊	*Achyrophorus ciliatus* (Thunb.) Sch. -Bip.
菊科	鸦葱属	笔管草	*Scorzonera albicaulis* Bunge
菊科	鸦葱属	狭叶鸦葱	*S. radiata* Fisch. Alt.
菊科	鸦葱属	丝叶鸦葱	*S. curvata* (Popl.) Lipsch.
菊科	鸦葱属	桃叶鸦葱	*S. sinensis* Lipsch.
菊科	鸦葱属	东北鸦葱	*S. manshurica* Nakai
菊科	鸦葱属	鸦葱	*S. austriaca* Willd.
菊科	蒲公英属	白花蒲公英	*Taraxacum pseudo-albidum* Kitag.
菊科	蒲公英属	亚洲蒲公英	*T. leucanthum* (Ledeb.) Ledeb.
菊科	蒲公英属	兴安蒲公英	*T. falcilobum* Kitag.
菊科	蒲公英属	蒲公英	*T. mongolicum* Hand. -Mazz.
菊科	蒲公英属	东北蒲公英	*T. ohwianum* Kitam.
菊科	蒲公英属	光苞蒲公英	*T. lamprolepis* Kitag.
菊科	蒲公英属	华蒲公英	*T. sinicum* Kitag.
菊科	蒲公英属	白花碱地蒲公英	*T. sinicum* Kitag. var. alba Sato.
菊科	蒲公英属	斑叶蒲公英	*T. variegatum* Kitag.
菊科	蒲公英属	辽东蒲公英	*T. liaotungense* Kitag.
菊科	苦苣菜属	苣荬菜	*Sonchus arvensis* L.
菊科	山莴苣属	北山莴苣	*Lagedium sibiricum* (L.) Sojak
菊科	乳苣属	蒙山莴苣	*Mulgedium tataricum* (L.) DC.
菊科	莴苣属	山莴苣	*Lactuca indica* L.
菊科	山柳菊属	全缘山柳菊	*Hieracium hololeion* Maxim.
菊科	山柳菊属	山柳菊	*H. umbellatum* L.
菊科	山柳菊属	粗毛山柳菊	*H. virosum* Pall.
菊科	还阳参属	屋根草	*Crepis tectorum* L.
菊科	还阳参属	还阳参	*C. crocea* (Lam.) Babc.
菊科	苦荬菜属	抱茎苦荬菜	*Ixeris sonchifolia* (Bunge) Hance
菊科	苦荬菜属	山苦荬	*I. chinensis* (Thunb.) Nakai
菊科	苦荬菜属	丝叶山苦荬	*I. chinensis* (Thunb.) Nakai var. graminifolia (Cedeb.) H. C. Fu.

（续）

目名	科名	种名	学名全名
菊科	苦荬菜属	狭叶山苦荬	*I. chinensis*（Thunb.）Nakai var. inter-media Kitag.
菊科	黄鹌菜属	碱黄鹌菜	*Youngia stenoma*（Turcz.）Ledeb.
菊科	黄鹌菜属	细叶黄鹌菜	*Y. tenuifolia*（Willd.）Babc. Et Stebb.
香蒲科	香蒲属	东方香蒲	*Typha orientalis* Presl.
香蒲科	香蒲属	小香蒲	*T. minima* Funck.
香蒲科	香蒲属	蒙古香蒲	*T. davidiana*（Kronf.）Hand.
香蒲科	香蒲属	水烛	*T. angustifolia* L.
黑三棱科	黑三棱属	黑三棱	*Sparganium stoloniferum*（Graedn.）Buch. Ham.
黑三棱科	黑三棱属	小黑三棱	*S. simplex* Huds.
眼子菜科	眼子菜属	龙须眼子菜	*Potamogeton pectinatus* L.
眼子菜科	眼子菜属	柳叶眼子菜	*P. zosterifolius* Schum.
眼子菜科	眼子菜属	小眼子菜	*P. panormitanus* Biv.
眼子菜科	眼子菜属	小浮叶眼子菜	*P. vaseyi* Robbins.
眼子菜科	眼子菜属	眼子菜	*P. distinctus* A. Benn.
眼子菜科	眼子菜属	穿叶眼子菜	*P. perfoliatus* L.
眼子菜科	眼子菜属	菹草	*P. orispus* L.
水麦冬科	水麦冬属	海韭菜	*Trglochin maritimum* L.
水麦冬科	水麦冬属	水麦冬	*T. palustre* L.
泽泻科	泽泻属	泽泻	*Alisma orientale*（G. Sam.）Juz.
泽泻科	泽泻属	草泽泻	*A. gramineum* Lejeune.
泽泻科	慈姑属	野慈姑	*Sagittaria trifolia* L.
泽泻科	慈姑属	小慈姑	*S. natans* Pall.
花蔺科	花蔺属	花蔺	*Butomus umbellatus* L.
禾本科	菰属	菰	*Zizania latifolia*（Griseb.）Stapt.
禾本科	芦苇属	芦苇	*Phragmites australis*（Cav.）trin. Ex Steud.
禾本科	臭草属	广序臭草	*Melica onoei* French. et Saw.
禾本科	甜茅属	水甜茅	*Glyoeria debilior*（Fr. Schmidt）Kudo.
禾本科	银穗草属	银穗草	*Leucopoa albida*（Turcz.）Krecz. Et Bobr.
禾本科	梯牧草属	假梯牧草	*Phleum phleoides*（L.）Simk.
禾本科	大麦属	野黑麦（野大麦）	*Hordeum brevisubulatum*（Trin.）Link
禾本科	披碱草属	老芒麦	*Elymus sibiricus* L.
禾本科	披碱草属	肥披碱草	*E. excelsus* Turcz.
禾本科	披碱草属	披碱草	*E. dahuricus* Turcz.
禾本科	披碱草属	垂穗披碱草	*E. nutans* Griseb.
禾本科	披碱草属	圆柱披碱草	*E. cylindricus*（Franch.）Honda
禾本科	赖草属	羊草	*Leymus chinensis*（Trin.）Tzvel.
禾本科	赖草属	赖草	*L. secalinus*（Georgi）Tzvel.
禾本科	鹅观草属	缘毛鹅观草	*Roegneria ciliars*（Trin.）Nevski
禾本科	鹅观草属	直穗鹅观草	*R. turczaninovii*（Drob.）Nevski
禾本科	偃麦草属	偃麦草	*Elytrigia repens*（L.）Desv. Ex Nevski
禾本科	冰草属	冰草	*Agropyron cristatum*（L.）Gaertn.
禾本科	冰草属	沙生冰草	*A. desertorum*（Fisch.）Schult.
禾本科	虎尾草属	虎尾草	*Chloris virgata* Swartz

（续）

目名	科名	种名	学名全名
禾本科	草沙蚕属	草沙蚕	*Tragopogon chinensis*（Fr.）Hack.
禾本科	马唐属	止血马唐	*Digitaria ischaemum*（Schreb.）Schreb. ex Mubl.
禾本科	马唐属	毛马唐	*D. ciliaris*（Retz.）Koel.
禾本科	稗属	长芒稗	*Echinochloa crusgalli*（L.）Beaur. var. caudata（Roshev.）Kitag.
禾本科	野黍属	野黍	*Eriochloa villosa*（Thunb.）Kunth.
禾本科	茵草属	茵草	*Beckmannia syzigachne*（Steud.）Fernald
禾本科	拂子茅属	假苇拂子茅	*Calamagrostis pseudophragmites*（Hall. f.）Koeler.
禾本科	拂子茅属	拂子茅	*C. epigejos*（L.）Roth
禾本科	拂子茅属	大拂子茅	*C. macrolepis* Litv.
禾本科	拂子茅属	兴安野青茅	*C. turczanjnowii* Litv.
禾本科	拂子茅属	大叶章	*C. purpurea*（Trin.）Trin.
禾本科	针茅属	贝加尔针茅	*Stipa baicalensis* Roshev.
禾本科	针茅属	大针茅	*S. grandis* P. Smirn.
禾本科	针茅属	克氏针茅	*S. krylovii* Roshev.
禾本科	针茅属	小针茅	*S. klemenzii* Roshev.
禾本科	芨芨草属	芨芨草	*Achnatherum splendens*（Trin.）Nevski
禾本科	芨芨草属	西伯利亚羽茅	*A. sibiricum*（L.）Keng
禾本科	虉草属	虉草	*Phalaris arundinacea* L.
禾本科	茅香属	光稃茅香	*Hierochloe glabra* Trin.
禾本科	溚草属	溚草	*Koeleria cristata*（L.）Pers.
禾本科	三毛草属	西伯利亚三毛草	*Trisetum sibiricum* Rupr.
禾本科	燕麦属	野燕麦	*Avena sativa* L.
禾本科	剪股颖属	华北剪股颖	*Agrostis clavata* Trin.
禾本科	剪股颖属	小糠草	*A. gigantea* Roth
禾本科	翦股颖属	蒙古翦股颖	*A. mongolica* Roshev.
禾本科	翦股颖属	芒翦股颖	*A. coarctata* Ehrh. ex Hoffm. ssp. trinii（Turcz.）H. Schoiz. Willdnowia.
禾本科	异燕麦属	异燕麦	*Helictotrichon schellianum*（Hack.）Kitag.
禾本科	异燕麦属	大穗异燕麦	*H. dahuricum*（Kom.）Kitag.
禾本科	隐子草属	糙隐子草	*Cleistogenes squarrosa*（Trin.）Keng
禾本科	隐子草属	多叶隐子草	*C. polyphylla* Keng
禾本科	隐子草属	丛生隐子草	*C. caespitosa* Keng
禾本科	隐子草属	中华隐子草	*C. chinensis*（Maxim.）Keng
禾本科	冠芒草属	冠芒草	*Enneapogon borealis*（Griseb.）Honda
禾本科	画眉草属	画眉草	*Eragrostis pilosa*（L.）Beauv.
禾本科	画眉草属	小画眉草	*E. poaeoides* Beauv.
禾本科	雀麦属	无芒雀麦	*Bromus inermis* Leyss.
禾本科	雀麦属	宽穗雀麦	*B. ciliatus* L. var. richardsonii（Link）Y. Q. Jiang
禾本科	雀麦属	紧穗雀麦	*B. sibiricus* Drob.
禾本科	三芒草属	三芒草	*Aristida adscenionis* L.
禾本科	臭草属	大臭草	*Melica turczaninowiana* Ohwi
禾本科	早熟禾属	早熟禾	*Poa annua* L.

（续）

目名	科名	种名	学名全名
禾本科	早熟禾属	硬质早熟禾	*P. sphondylodes* Trin. Ex Bunge
禾本科	早熟禾属	额尔古纳早熟禾	*P. argunensis* Roshev.
禾本科	早熟禾属	散穗早熟禾	*P. subfastigiata* Trin.
禾本科	早熟禾属	渐狭早熟禾	*P. attenuata* Trin. Ex Bunge
禾本科	早熟禾属	草地早熟禾	*P. pratensis* L.
禾本科	早熟禾属	细叶早熟禾	*P. angustifolia* L.
禾本科	早熟禾属	假泽早熟禾	*P. pseudo-palustris* Keng.
禾本科	早熟禾属	西伯利亚早熟禾	*P. sibirica* Roschev.
禾本科	早熟禾属	颖早熟禾	*P. ineerta* Reng.
禾本科	早熟禾属	达乌里早熟禾	*P. dahurica* Trin.
禾本科	羊茅属	东亚羊茅	*Festuca litvinovii*（Tzvel.）E. Alexeev.
禾本科	羊茅属	达乌里羊茅	*F. dahurica*（St. -Yves）V. Krecz. Et Bobr.
禾本科	羊茅属	羊茅	*F. ovina* L.
禾本科	羊茅属	蒙古羊茅	*F. dahurica* Subsp. Mongolica Sh. R. Liou et Ma
禾本科	羊茅属	假沟羊茅	*F. subsulcata* Chang et Skv.
禾本科	羊茅属	紫羊茅	*F. rubra* L.
禾本科	看麦娘属	短穗看麦娘	*Alopecurus brachystachyus* Marsh.
禾本科	看麦娘属	苇状看麦娘	*A. arundinaceus* Poir.
禾本科	看麦娘属	大看麦娘	*A. pratensis* L.
禾本科	看麦娘属	看麦娘	*A. aequalis* Sobol.
禾本科	碱茅属	星星草	*Puccinellia tenuiflora*（Griseb.）Scribn. Et Merr.
禾本科	碱茅属	鹤甫碱茅（碱茅）	*P. hauptiana*（Krecz.）Krecz.
禾本科	碱茅属	大药碱茅	*P. macrantherc* Krcz.
禾本科	碱茅属	东北碱茅	*P. manchuriensis* Ohui.
禾本科	狗尾草属	法氏狗尾草	*Setaria faberii* Herrm.
禾本科	狗尾草属	狗尾草	*S. viridis*（L.）Beauv.
禾本科	狗尾草属	金狗尾草	*S. lutescens*（Weigel）F. T. Hubb.
禾本科	狗尾草属	紫穗狗尾草	*S. viridis*（L.）Beauv. var. Purpurascens Maxim.
禾本科	狗尾草属	断穗狗尾草	*S. arenaria* Kitag.
禾本科	狗尾草属	法氏狗尾草	*S. faberii* Herrm.
禾本科	荩草属	荩草	*Arthraxon hispidus*（Thunb.）Makino.
禾本科	野古草属	野古草	*Arundinella hirta*（Thunb.）Koidz.
禾本科	芒属	荻	*Miscanthus sacchariflorus*（Maxim.）Hack.
禾本科	大油芒属	大油芒	*Spodiopogon sibiricus* Trin.
莎草科	藨草属	矮藨草	*Scirpus pumlus* Vahj.
莎草科	藨草属	扁秆藨草	*S. planiculwiis* Fr. Schwidt.
莎草科	藨草属	单穗藨草	*S. radicans* Schkuhr.
莎草科	藨草属	东方藨草	*S. orientalis* Ohwi.
莎草科	藨草属	水葱	*S. fabernaemontani* Gmel.
莎草科	羊胡子草属	东方羊胡子草	*Eriophorum polystachion* L.
莎草科	扁穗草属	内蒙古扁穗草	*Blysmus rufus*（Huds.）Link.
莎草科	扁穗草属	扁穗草	*B. compressus*（L.）Paz.
莎草科	荸荠属	牛毛毡	*Eleocharis acicularis*（L.）Roem. et Schult. subsp. yokoscensis（Franch. et Sav.）Egor.

（续）

目名	科名	种名	学名全名
莎草科	荸荠属	卵穗荸荠	*E. ovata* (Roth) Roem. et Schult.
莎草科	荸荠属	乳头基荸荠	*E. mamillata* Lindb.
莎草科	荸荠属	中间型荸荠	*E. intersita* Zinserl.
莎草科	水莎草属	花穗水莎草	*Juncellus pannonicus* (Jacq.) C. B. Clarke.
莎草科	扁莎属	槽鳞遍莎	*Pycreus korshinskyi* (Meinsh.) V. Krecz.
莎草科	苔草属	黄囊苔	*Carex korshinskyi* Kom.
莎草科	苔草属	寸草苔	*C. duriuscula* C. A. Mey.
莎草科	苔草属	日阴菅	*C. pediformis* C. A. Mey.
莎草科	苔草属	凸脉苔草	*C. lanceolata* Boott
莎草科	苔草属	灰脉苔草	*C. appendiculata* (Trautv.) Kukenth.
莎草科	苔草属	塔头苔草	*C. tato*
莎草科	苔草属	臌囊苔草	*C. schmidtii* Meinsh.
莎草科	苔草属	额尔古纳苔草	*C. argunensis* Turcz. ex Trev.
莎草科	苔草属	翼果苔草	*C. neurocarpa* Maxim.
莎草科	苔草属	二柱苔草	*C. lithophila* Turcz.
莎草科	苔草属	无脉苔草	*C. enervis* C. A. Mey.
莎草科	苔草属	莎苔草	*C. bohemica* Schreb.
莎草科	苔草属	大穗苔草	*C. rhynchophysa* C. A. Mey.
莎草科	苔草属	膜囊苔草	*C. vesicaria* L.
莎草科	苔草属	叉齿苔草	*C. gotoi* Ohwi.
莎草科	苔草属	直穗苔草	*C. atherodes* Spreng.
莎草科	苔草属	小粒苔草	*C. karoi* (Freyn) Freyn.
莎草科	苔草属	乌拉草	*C. meyeriana* Kunth.
莎草科	苔草属	丛苔草	*C. caespitosa* L.
莎草科	苔草属	扁囊苔草	*C. coriophora* Fisch. et Mey. ex K-unth.
莎草科	苔草属	长秆苔草	*C. kirganica* Kom.
莎草科	苔草属	黑穗苔草	*C. atrata* L.
莎草科	苔草属	尖苔草	*C. vesicata* Meinsh.
莎草科	苔草属	湿苔草	*C. humida* Y. L. Chang et Y. L. Yang.
莎草科	苔草属	麻根苔草	*C. arenllii* Christ ex Schentz.
鸭跖草科	鸭跖草属	鸭跖草	*Commelina communis* L.
灯心草科	灯心草属	小灯心草	*Juncus bufonius* L.
灯心草科	灯心草属	灯心草	*J. effusus* L.
灯心草科	地杨梅属	火红地杨梅	*Luzula rufecens* Fisch. ex Mey.
天南星科	菖蒲属	菖蒲	*Acorus calamus* L.
浮萍科	浮萍属	浮萍	*Lemua minor* L.
浮萍科	紫萍属	紫萍	*Spirodela polyrrhiza* (L.) Schleid.
雨久花科	雨久花属	雨久花	*Monochoria korsakowii* Regelet Maack.
百合科	重楼属	北重楼	*Paris verticilata* M. -Bieb.
百合科	天冬属	兴安天冬	*Asparagus dauricus* Fisch. Ex Link
百合科	天冬属	南玉带	*A. oligoclonos* Maxim.
百合科	天冬属	雉隐天冬	*A. schoberioedes* Kunth
百合科	绵枣儿属	绵枣儿	*Scilla scilloides* (Lindl.) Druce

（续）

目名	科名	种名	学名全名
百合科	顶冰花属	少花顶冰花	*Gagea pauciflora* Turcz.
百合科	葱属	长梗葱	*Allium neriniflorum* (Herb.) Baker
百合科	葱属	黄花葱	*A. condensatum* Turcz.
百合科	葱属	多根葱	*A. polyrhizum* Turcz. Ex Regel
百合科	葱属	山葱	*A. senescens* L.
百合科	葱属	白头葱	*A. leucocephalum* Turcz.
百合科	葱属	野韭	*A. ramosum* L.
百合科	葱属	辉葱	*A. strictum* Schard.
百合科	葱属	小根蒜	*A. macrostemon* Bge.
百合科	葱属	野葱	*A. sacculiferum* Maxim.
百合科	葱属	双齿葱	*A. bidentatum* Fisch. Ex Prokh.
百合科	葱属	蒙古葱	*A. mongolicum* Regel
百合科	葱属	矮葱	*A. anisopodium* Ledeb.
百合科	葱属	细叶葱	*A. tenuissimum* L.
百合科	葱属	绿葱	*A. pseudotenuissimum* Skv.
百合科	铃兰属	铃兰	*Convallaria majalis* L.
百合科	鹿药属	兴安鹿药	*Smilacina dahurica* Turcz. ex Fisch. et Mey.
百合科	鹿药属	三叶鹿药	*S. trifolia* (L.) Desf.
百合科	舞鹤草属	舞鹤草	*Maianthemum bifolium* (L.) F. W. Schmidt.
百合科	百合属	毛百合	*Lilium dauricum* Ker-Gawl.
百合科	百合属	渥丹	*L. concolor* Salisb.
百合科	百合属	有斑百合	*L. concolor* Salisb. Var. Pulchellium (Fisch.) Regel
百合科	百合属	细叶百合	*L. tenuifolium* DC.
百合科	贝母属	多轮贝母	*Fritillaria kamtschatcensis* (L.) Ker-Gawl.
百合科	萱草属	小黄花菜	*Hemerocallis minor* Mill.
百合科	知母属	知母	*Anemarrhena asphodeloides* Bunge
百合科	藜芦属	兴安藜芦	*Veratrum dahuricum* (Turcz.) Loes.
百合科	藜芦属	藜芦	*V. nigrum* L.
百合科	黄精属	黄精	*Polygonatum sibiricum* Delar. Ex Redoute
百合科	黄精属	狭叶黄精	*P. stenophyllum* Maxim.
百合科	黄精属	玉竹	*P. odoratum* (Mill.) Druce
百合科	黄精属	小玉竹	*P. humile* Fisch. Ex Maxim.
鸢尾科	鸢尾属	粗根鸢尾	*Iris tigridia* Bunge
鸢尾科	鸢尾属	囊花鸢尾	*I. ventricosa* Pall.
鸢尾科	鸢尾属	细叶鸢尾	*I. tenuifolia* Pall.
鸢尾科	鸢尾属	矮鸢尾	*I. kobayashii* Kitag.
鸢尾科	鸢尾属	马蔺	*I. lactea* Pall. Var. chinensis (Fisch.) Koidz.
鸢尾科	鸢尾属	紫苞鸢尾	*I. ruthenica* Ker-Gawl.
鸢尾科	鸢尾属	单花鸢尾	*I. uniflora* Pall. Ex Link
鸢尾科	鸢尾属	射干鸢尾	*I. dichotoma* Pall.
鸢尾科	鸢尾属	溪荪	*I. sanguinea* Donn ex Hornem
鸢尾科	鸢尾属	紫花鸢尾	*I. kaempferi* Sieb.
兰科	杓兰属	大花杓兰	*Cypripedium macranthos* Sw.

（续）

目名	科名	种名	学名全名
兰科	沼兰属	沼兰	*Malaxis monophyllos*（L.）Sw.
兰科	蜻蜓兰属	蜻蜓兰	*Tulotis asiatica* Hara
兰科	手掌参属	手掌参	*Gymnadenia conopsea*（L.）R. Br.
兰科	兜被兰属	二叶兜被兰	*Neottianthe cucullata*（L.）Schltr.
兰科	绶草属	绶草	*Spiranthes sinensis*（Pes.）Ames.

4.1.2 主要观测场群落种类组成

表 4-3 2006 年辅助观测场群落种类组成

样方面积：1m×1m

样方号	取样日期	植物名称	自然高度(cm)	绝对高度(cm)	多度	鲜生物量重(g)	干生物量(g)
1	05-25	羊茅	10	12	30	61.32	51.26
1	05-25	羊草	15	15	1.8	4.64	1.61
1	05-25	细叶白头翁			81	42.97	13.06
1	05-25	变蒿	4	5	15	1.33	0.54
1	05-25	二裂委陵菜	4	4	1	<0.5	
1	05-25	星毛委陵菜	3	3	5	1.33	0.54
1	05-25	冷蒿	5	11	9	0.54	0.45
1	05-25	日阴菅	7	8	98	1.98	1.33
1	05-25	贝加尔针茅	14	14	2	<0.5	
1	05-25	狭叶青蒿	9	10	4	<0.5	
1	05-25	囊苞鸢尾	11	11	3	0.51	0.27
1	05-25	细叶葱	6	6	16	1.27	0.53
1	05-25	早熟禾	6	6	3	0.91	0.5
1	05-25	杂类草				12.71	6.65
1	05-25	枯落物				99.24	81.72
2	05-25	囊苞鸢尾	12	13	8	3.46	1.04
2	05-25	贝加尔针茅	12	13	3	<0.5	
2	05-25	羊茅	9	9	8	9.92	5.58
2	05-25	冷蒿	3	4	5	2.4	1.44
2	05-25	细叶白头翁	9	13	11	12.23	3.67
2	05-25	溚草	7	8	1	<0.5	
2	05-25	多叶棘豆	3	4	1	<0.5	
2	05-25	裂叶蒿	3	5	2	<0.5	
2	05-25	日阴菅	7	9	120	6.17	4.08
2	05-25	星毛委陵菜	1	1	6	1.86	1.11
2	05-25	羊草	9	9	5	<0.5	
2	05-25	蓬子菜	11	12	9	11	2.35
2	05-25	细叶葱	6	6	7	2.53	0.69
2	05-25	麻花头	1	1	5	1.25	0.3
2	05-25	变蒿	4	5	20	9.13	3.77

（续）

样方号	取样日期	植物名称	自然高度（cm）	绝对高度（cm）	多度	鲜生物量重（g）	干生物量（g）
2	05-25	冰草	7	8	16	6.86	3.72
2	05-25	杂类草				9.41	5.88
2	05-25	枯落物				72.23	65.84
3	05-25	羊茅	6	6	42	22.63	13.13
3	05-25	羊草	13	13	73	5.26	1.79
3	05-25	细叶白头翁			36	27.21	7.03
3	05-25	白头翁	5	5	19	10.28	3.6
3	05-25	冷蒿	11	11	18	2.34	1.25
3	05-25	早熟禾	7	7	14	3.72	2.14
3	05-25	日阴菅	5	5	417	10.32	6.38
3	05-25	细叶葱	4	4	11	5.01	1.6
3	05-25	变蒿	5	6	16	1.67	0.58
3	05-25	麻花头	5	6		<0.5	
3	05-25	杂类草				12.04	6.54
3	05-25	蓬子菜	6	7		2.67	0.51
3	05-25	伏毛山莓草	3	4		<0.5	
3	05-25	枯落物				107.57	98.19
4	05-25	羊茅	12	13	29	39.33	18.91
4	05-25	细叶白头翁	6	8	25	17.77	4.46
4	05-25	鸢尾	11	12	12	7.94	2.33
4	05-25	变蒿	5	6	46	8.18	2.55
4	05-25	细叶葱	8	9	23	6.97	1.7
4	05-25	日阴菅	7	8	17	1.65	1.3
4	05-25	多叶棘豆	3	7	12	5.13	1.74
4	05-25	星毛委陵菜	3	5	1	5.08	2.63
4	05-25	冷蒿	3	9	6	0.74	0.4
4	05-25	溚草	6	7	3	2.61	1.2
4	05-25	蒲公英	5	7	2	<0.5	
4	05-25	蓬子菜	6	12	3	2.61	1.2
4	05-25	早熟禾	7	7	40	8.96	4.77
4	05-25	羊草	10	11	9		
4	05-25	冰草	6	7	3	0.78	0.34
4	05-25	杂类草				5.39	2.96
4	05-25	枯落物				172.17	155.7
5	05-25	羊茅	6	7	48	24.99	16.27
5	05-25	细叶白头翁			26	13.31	4.27
5	05-25	羊草	9	9	23	0.81	0.35
5	05-25	鸢尾	10	11	7	1.07	0.37
5	05-25	星毛委陵菜	2	2	10	1.02	0.61
5	05-25	日阴菅	6	6	230	7.14	5.16
5	05-25	冷蒿	4	21	34	3.45	2.21
5	05-25	细叶葱	5	6	4	0.77	0.29

（续）

样方号	取样日期	植物名称	自然高度（cm）	绝对高度（cm）	多度	鲜生物量重（g）	干生物量（g）
5	05-25	变蒿	3	3	17	0.64	0.16
5	05-25	多叶棘豆	3	4	2	<0.5	
5	05-25	灯心草	3	3		<0.5	
5	05-25	扁蓿豆	3	3		<0.5	
5	05-25	早熟禾	3	4	28	3.21	2.04
5	05-25	蓬子菜	4	4	1	<0.5	
5	05-25	柴胡				<0.5	
5	05-25	杂类草				5.69	2.51
5	05-25	枯落物				95.83	87.97
1	06-26	细叶白头翁	15	15	20	53.8	17.46
1	06-26	披针叶黄华	18	19	5	4.1	0.89
1	06-26	瓣蕊唐松草	28	28	5	14.91	4.55
1	06-26	麻花头	23	26	10	51.64	10.01
1	06-26	羊茅	18	18	12	49.51	19.72
1	06-26	羊草	30	30	35	15.03	6
1	06-26	贝加尔针茅	38	41	2	17.81	8.61
1	06-26	西伯利亚羽茅	36	38	31	8.24	3.56
1	06-26	溚草	20	20	12	18.85	6.93
1	06-26	裂叶蒿	20	22	31	40.17	10.27
1	06-26	星毛委陵菜	4	5	1	0.75	0.36
1	06-26	线叶菊	28	30	6	8.75	2.22
1	06-26	山野豌豆	22	26	3	2.41	0.92
1	06-26	狗舌草	12	12	8	2.3	0.4
1	06-26	沙参	30	32	12	11.8	2.55
1	06-26	早熟禾	22	22	4	5.57	2.35
1	06-26	黄芪	16	17	3	5.31	1.37
1	06-26	双齿葱	7	8	18	11.78	3.5
1	06-26	冷蒿	22	24	1	1.64	0.69
1	06-26	柴胡	45	50	1	0.95	0.4
1	06-26	祁州漏芦	28	30	6	27.27	4.84
1	06-26	糙隐子草	5	6	4	4.03	1.61
1	06-26	蓬子菜	20	20		0.81	0.31
1	06-26	紫花鸢尾	24	25		1.63	0.6
1	06-26	苔草	6	8	320	25.69	13.25
1	06-26	枯落物				42.6	38.2
2	06-26	羊草	33	34	50	15.71	6.24
2	06-26	裂叶蒿	18	21	130	79.84	22.84
2	06-26	瓣蕊唐松草	24	25	11	17.09	4.47
2	06-26	细叶白头翁	17	18	29	61.75	41.26
2	06-26	麻花头	20	23	13	44.05	9.14
2	06-26	狭叶青蒿	33	34	1	1.02	0.73
2	06-26	披针叶黄华	19	20	1	1.4	0.37

（续）

样方号	取样日期	植物名称	自然高度（cm）	绝对高度（cm）	多度	鲜生物量重（g）	干生物量（g）
2	06-26	鸢尾	40	41	4	3.85	1.29
2	06-26	羊茅	20	22	39	79.88	41.96
2	06-26	贝加尔针茅	39	44	28	26.63	15.49
2	06-26	芯芭	11	12	6	1.46	0.43
2	06-26	狗舌草	8	9	3	1.35	0.23
2	06-26	糙隐子草	10	13	3	2.41	1.15
2	06-26	黄芩	15	21	9	6.57	1.62
2	06-26	星毛委陵菜	5	6	5	0.83	0.45
2	06-26	溚草	15	16	7	24.6	11.79
2	06-26	冷蒿	11	13	8	4.1	1.56
2	06-26	蓬子菜	8	9	6	4.51	1.27
2	06-26	双齿葱	16	17	12	16.5	5.16
2	06-26	扁蓿豆	21	22	9	3.04	0.88
2	06-26	二裂委陵菜			10	2.15	1.02
2	06-26	瓦松	2	2	2	1.49	0.09
2	06-26	轮叶委陵菜	10	11	1	0.04	
2	06-26	祁州漏芦			1	5.47	1.39
2	06-26	叉枝鸦葱	21	22	3	1.59	0.38
2	06-26	西伯利亚羽茅	35	35	23	3.18	1.26
2	06-26	麦瓶草			4	2.65	0.63
2	06-26	日阴菅	24	27	5	1.33	0.64
2	06-26	苔草	13	15	116	8.96	4.39
2	06-26	裂叶荆芥	12	15	2	0.14	
2	06-26	枯落物				86.02	75.23
3	06-26	麻花头	18	20	9	27.99	5.48
3	06-26	细叶白头翁	19	22	16	35.52	12.63
3	06-26	狗舌草	5	7	2	2.84	0.39
3	06-26	蓬子菜	18	18	2	1.12	0.27
3	06-26	西伯利亚羽茅	27	29	107	15.67	6.63
3	06-26	双齿葱	13	15	23	15.66	3.68
3	06-26	羊茅	17	17	17	38.74	21.27
3	06-26	溚草	10	10	8	9.36	3.6
3	06-26	冷蒿	12	12	13	9.07	3.77
3	06-26	鸢尾	45	45	6	45.4	15.02
3	06-26	披针叶黄华	13	13	3	1.26	0.34
3	06-26	羊草	20	20	9	2.89	1.14
3	06-26	瓣蕊唐松草	20	22	5	4.65	1.46
3	06-26	裂叶蒿	10	12	72	60.53	16.62
3	06-26	糙隐子草	10	12	7	4.48	1.78
3	06-26	祁州漏芦	30	32	1	5.64	1.19
3	06-26	黄芪	17	19	4	1.62	0.38
3	06-26	沙参	24	26	31	14.14	3.35

（续）

样方号	取样日期	植物名称	自然高度（cm）	绝对高度（cm）	多度	鲜生物量重（g）	干生物量（g）
3	06-26	防风	20	22	1	5.46	1.54
3	06-26	星毛委陵菜	3	3	1	0.13	
3	06-26	苔草	8	9	280	12.34	6.91
3	06-26	丝石竹	18	18	2	0.29	
3	06-26	二裂委陵菜	4	5	6	1.99	0.86
3	06-26	山野豌豆	10	10	1	<0.5	
3	06-26	叉枝鸦葱	20	21	3	0.57	0.14
3	06-26	曙南芥	24	25	1	<0.5	
3	06-26	贝加尔针茅	26	28	3	1.65	0.81
3	06-26	柳穿鱼	22	23		2.52	0.55
3	06-26	枯落物				53.03	47.7
4	06-26	羊草	28	28	44	17.6	7.1
4	06-26	裂叶蒿	13	15	19	12.87	3.71
4	06-26	鸢尾	35	45	19	20.83	6.74
4	06-26	瓣蕊唐松草	23	27	12	7.05	2.28
4	06-26	麻花头	29	30	9	10.9	2.91
4	06-26	多叶棘豆	15	20	5	8.36	2.49
4	06-26	冷蒿	13	14	12	22.82	9.09
4	06-26	狭叶青蒿	29	30	28	13.66	3.97
4	06-26	细叶沙参	20	23	7	3.8	0.83
4	06-26	蓬子菜	23	24	4	3.75	1.02
4	06-26	细叶白头翁	12	14	10	16.79	5.9
4	06-26	轮叶委陵菜	13	14	3	0.66	0.31
4	06-26	贝加尔针茅	32	34	27	56.37	32.96
4	06-26	羊茅	10	11	19	42.46	22.38
4	06-26	双齿葱	12	12	15	15.88	11.51
4	06-26	糙隐子草	12	13	9	10.8	4.68
4	06-26	西伯利亚羽茅	22	30	31	5.8	2.26
4	06-26	百合			3	2.07	0.44
4	06-26	黄芩	21	24	25	13	3.34
4	06-26	披针叶黄华	10	11	1	0.24	
4	06-26	星毛委陵菜	5	6	5	45.54	23.01
4	06-26	溚草	12	13	11	12.09	5.54
4	06-26	苔草	7	10		8.86	4.82
4	06-26	叉枝鸦葱	20	22	3	1.24	0.38
4	06-26	柴胡	25	27	2	0.32	
4	06-26	枯落物				45.19	41.49
5	06-26	羊草	26	26	31	12.52	4.52
5	06-26	裂叶蒿	15	19	32	23.51	6.42
5	06-26	羊茅	15	17	39	82.73	48.48
5	06-26	鸢尾	41	42	5	5.57	1.89
5	06-26	麻花头	22	22	4	9.52	1.81

（续）

样方号	取样日期	植物名称	自然高度（cm）	绝对高度（cm）	多度	鲜生物量重（g）	干生物量（g）
5	06－26	双齿葱	13	13	8	2	
5	06－26	溚草	17	19	25	25.54	12.55
5	06－26	贝加尔针茅	25	27	44	24.39	12.76
5	06－26	星毛委陵菜	1	3	2	2.13	0.9
5	06－26	大萼委陵菜	18	20	6	4.25	1.34
5	06－26	披针叶黄华	16	17	2	0.83	0.25
5	06－26	苔草	12	12	185	20.18	10.72
5	06－26	蓬子菜	16	17	2	5.71	1.51
5	06－26	细叶沙参	20	20	1	1.19	0.25
5	06－26	细叶白头翁	14	15	43	34.36	12.22
5	06－26	糙隐子草	11	12	5	8.38	3.59
5	06－26	冷蒿	13	15	8	8.28	3.08
5	06－26	展枝唐松草	25	26	8	9.46	2.46
5	06－26	西伯利亚羽茅	23	25	20	3	1.07
5	06－26	双齿葱	12	12	1		
5	06－26	草木樨状黄芪	35	39	2	5.34	0.51
5	06－26	二裂委陵菜	21	20	2	2.02	0.79
5	06－26	早熟禾	35	35		1.42	0.66
5	06－26	祁州漏芦			1	8.61	2.6
5	06－26	柴胡	30	36	3	0.78	0.27
5	06－26	轮叶委陵菜	16	13	2		
5	06－26	石竹	9	9	1		
5	06－26	蒲公英	1	4	1		
5	06－26	细叶葱	25	28	1		
5	06－26	日阴菅	13	15	1	8.85	2.36
5	06－26	杂类草				23.29	11.58
5	06－26	枯落物				27.23	25.3
1	07－22	羊草	38	38	63	27.85	12.51
1	07－22	细叶白头翁	22	23	33	58.12	22.46
1	07－22	展枝唐松草	37	39	46	28.94	9.73
1	07－22	狭叶青蒿	20	20	3	0.65	0.25
1	07－22	鸢尾	35	51	1	9.55	3.24
1	07－22	麻花头	19	21	11	25.69	6.87
1	07－22	贝加尔针茅	28	43	7	16.79	9.39
1	07－22	羊茅	18	20	20	83.52	47.42
1	07－22	多叶棘豆	16	21	1	6.11	2.21
1	07－22	瓦松	2	2	4	7.21	1.17
1	07－22	沙参			2	1.58	0.83
1	07－22	冷蒿	17	24	4	7.45	3.23
1	07－22	星毛委陵菜	4	5	2	0.92	0.49
1	07－22	山野豌豆	13	13	4	2.92	1
1	07－22	二裂委陵菜	9	11	6	2.13	0.82

（续）

样方号	取样日期	植物名称	自然高度（cm）	绝对高度（cm）	多度	鲜生物量重（g）	干生物量（g）
1	07-22	草木樨状黄芪			3	3.18	1.14
1	07-22	蓬子菜	19	20	4	2.54	0.88
1	07-22	西伯利亚羽茅	17	20	73	12.72	6.08
1	07-22	轮叶委陵菜	5	8	2	0.37	<0.5
1	07-22	裂叶蒿	15	15	2	3.24	0.97
1	07-22	鸦葱	18	20	1	0.2	
1	07-22	糙隐子草	12	14	7	6.69	3.02
1	07-22	溚草	12	22	10	8.99	4.47
1	07-22	细叶葱			3	1.56	0.48
1	07-22	双齿葱	17	19	4	1.86	0.57
1	07-22	苔草	13	19	211	13.58	7.56
1	07-22	杂类草				3.11	1.38
1	07-22	枯落物				54.66	46.96
2	07-22	羊草	27	30	38	17.33	7.97
2	07-22	麻花头	18	20	22	63.14	16.3
2	07-22	羊茅	25	28	12	62.32	35.37
2	07-22	贝加尔针茅	37	42	7	17.02	8.37
2	07-22	多叶棘豆	12	14	8	3.91	0.51
2	07-22	细叶白头翁	14	18	22	56.75	20.78
2	07-22	冷蒿	12	13	11	8.86	3.26
2	07-22	鸢尾	35	40	5	1.52	
2	07-22	瓣蕊唐松草	18	20	21	20.11	6.63
2	07-22	柴胡			3	1.13	0.39
2	07-22	二裂委陵菜	6	7	3	1.24	0.4
2	07-22	星毛委陵菜	3	4	7	3.35	1.41
2	07-22	西伯利亚羽茅	21	22	28	3.67	1.51
2	07-22	苔草	7	8	220	9.68	4.94
2	07-22	溚草	6	8	9		
2	07-22	蓬子菜	13	14	3	3.19	0.96
2	07-22	裂叶蒿	15	17	65	42.45	12.64
2	07-22	双齿葱	10	12	5	3.77	1.09
2	07-22	狗舌草	4	6	2	1	0.16
2	07-22	瓦松	2	2	2		
2	07-22	糙隐子草	6	8	3	0.57	0.29
2	07-22	沙参	20	20			
2	07-22	麦瓶草	7	8	3	6.77	0.24
2	07-22	变蒿	20	23	22	16.22	4.98
2	07-22	斜茎黄芪	15	17	6	2.2	0.65
2	07-22	枯落物				74.88	66.9
2	07-22	杂类草					9.53
3	07-22	羊草	34	35	349	128.66	59.3
3	07-22	西伯利亚羽茅	12	15	43	7.36	3.2

（续）

样方号	取样日期	植物名称	自然高度（cm）	绝对高度（cm）	多度	鲜生物量重（g）	干生物量（g）
3	07-22	细叶白头翁	23	25	4	9.81	3.75
3	07-22	星毛委陵菜	3	4	3	6.85	3.26
3	07-22	柴胡			10	3.58	1.34
3	07-22	麻花头	14	16	9	20.62	5.21
3	07-22	裂叶蒿	18	21	111	63.36	7.03
3	07-22	瓣蕊唐松草	19	20	7	7.12	2.54
3	07-22	冷蒿	13	14	6	5.37	2.34
3	07-22	羊茅	14	15	6	14.45	7.95
3	07-22	贝加尔针茅	29	30	13	5.48	2.92
3	07-22	糙隐子草	11	12	2	2.16	1.04
3	07-22	溚草	13	14	21	20.89	9.71
3	07-22	狗舌草	5	6	4	2.09	0.5
3	07-22	瓦松	8	8	1	12.79	0.88
3	07-22	沙参	10	10	4	2.64	0.78
3	07-22	二裂委陵菜	11	12	1	0.66	0.28
3	07-22	轮叶委陵菜	8	9	3	1.31	0.54
3	07-22	变蒿			3	3.82	1.27
3	07-22	斜茎黄芪	14	15	9	6.85	2.16
3	07-22	苔草	9	10	142	14.15	6.82
3	07-22	鸢尾	38	40	2	7.25	2.76
3	07-22	多叶棘豆	18	20	6	2.81	0.92
3	07-22	双齿葱	11	12	4	2.73	2.97
3	07-22	细叶葱	20	21	2	0.86	0.32
3	07-22	枯落物				90.58	84.38
4	07-22	羊草	19	22	13	5.36	2.52
4	07-22	羊茅	17	18	31	82	47.43
4	07-22	山野豌豆	16	17	5	11.32	3.92
4	07-22	披针叶黄华	12	14	2	1.4	0.42
4	07-22	麻花头	15	20	17	41.42	10.45
4	07-22	柴胡	16	21	1	0.24	<0.5
4	07-22	裂叶蒿	10	19	122	68.88	25.49
4	07-22	展枝唐松草	15	17	28	18.34	6.13
4	07-22	贝加尔针茅	31	41	14	17.44	9.41
4	07-22	细叶白头翁	15	17	14	39.7	15.98
4	07-22	山野豌豆	12	13	3	2.2	0.86
4	07-22	糙隐子草	8	10	10	8.46	4.44
4	07-22	星毛委陵菜	2	2	1	1	0.51
4	07-22	冷蒿	4	6	5	6.03	2.97
4	07-22	细叶葱			12	7.88	2.39
4	07-22	鸦葱	10	12	<0.5		
4	07-22	瓦松	2	3	1	1.58	0.11
4	07-22	西伯利亚羽茅	12	23	14	1.82	0.87

（续）

样方号	取样日期	植物名称	自然高度（cm）	绝对高度（cm）	多度	鲜生物量重（g）	干生物量（g）
4	07-22	早熟禾			1	0.57	0.28
4	07-22	狭叶青蒿	20	27	5	2.3	0.72
4	07-22	溚草	10	14	12	8.32	3.64
4	07-22	苔草	10	13		10.97	5.87
4	07-22	枯落物				39.75	35.01
5	07-22	鸢尾	38	45	3	25.21	8.98
5	07-22	羊草	26	30	55	22.62	10.49
5	07-22	柴胡			10	4.49	1.72
5	07-22	草木樨状黄芪	25	28	16	15.07	5.12
5	07-22	麻花头	22	23	4	21.03	5.84
5	07-22	山野豌豆	24	24	1	2.1	0.67
5	07-22	展枝唐松草	16	17	15	18.46	6.53
5	07-22	多叶棘豆	17	18	3	2.29	0.79
5	07-22	细叶白头翁	13	14	30	53.92	22.37
5	07-22	裂叶蒿	14	15	53	36.35	12.45
5	07-22	狗舌草	7	9	2	2.24	0.38
5	07-22	黄芩	9	10	4	3.59	1.32
5	07-22	贝加尔针茅	42	57	12	67.2	34.68
5	07-22	冷蒿	12	14	3	7.82	3.36
5	07-22	二裂委陵菜	15	16	1	0.63	0.32
5	07-22	线叶菊	18	20	1	7.14	2.44
5	07-22	蓬子菜	19	20	3	3.74	1.55
5	07-22	糙隐子草	11	13	3	1.95	1
5	07-22	西伯利亚羽茅	15	16	11	2.65	1.12
5	07-22	双齿葱	9	10	9	7.44	2.38
5	07-22	星毛委陵菜	4	5	3	3.96	2.05
5	07-22	溚草	14	15	21	9.82	4.37
5	07-22	羊茅	20	22	7	46.17	24.4
5	07-22	冰草				3.52	1.72
5	07-22	苔草				15.72	8.49
5	07-22	枯落物				46.51	39.33
1	08-22	展枝唐松草			8	16.8	6.34
1	08-22	羊草	47	47	81	53.91	33.01
1	08-22	日阴菅	31	35	2	120.82	58.41
1	08-22	细叶白头翁	17	19	33	66.92	27.2
1	08-22	裂叶蒿	21	22	96	50.65	20.97
1	08-22	针茅	30	60	4	50.38	31.97
1	08-22	蓬子菜			21	15	6.75
1	08-22	黄芪	27	28	3	1.83	0.88
1	08-22	光稃茅香	18	18	3	1.4	0.8
1	08-22	麻花头	16	19	4	2.46	0.99
1	08-22	柴胡	32	36	2	1.24	0.6

（续）

样方号	取样日期	植物名称	自然高度（cm）	绝对高度（cm）	多度	鲜生物量重（g）	干生物量（g）
1	08－22	百合			3	17.76	5.17
1	08－22	苔草	19	21	801	42.33	25.07
1	08－22	二裂委陵菜			3	1.65	0.82
1	08－22	鸢尾	45	46	1	19.48	2.7
1	08－22	乳浆大戟	24	25	3	1.05	0.27
1	08－22	芯芭	21	22	3	1.74	0.86
1	08－22	艾蒿			7	2.7	1.26
1	08－22	溚草	20	30	2	2.94	1.7
1	08－22	细叶葱	20	25	1	1.05	0.38
1	08－22	败酱		23		0.69	0.34
1	08－22	星毛委陵菜		7		1.28	0.87
1	08－22	枯落物				84.36	75.72
2	08－22	羊草	40	40	5	2.58	
2	08－22	日阴菅	25	30	3	127.55	76.96
2	08－22	麻花头			5	8.03	3.12
2	08－22	展枝唐松草	27	28	15	11.85	4.53
2	08－22	裂叶蒿	15	15	47	41.08	15.67
2	08－22	狭叶青蒿	30	30	3	1.26	1.28
2	08－22	多叶棘豆	20	22	2	3.26	1.28
2	08－22	瓦松			1	2.11	0.27
2	08－22	针茅	40	40	6	11.17	7.19
2	08－22	羊茅	20	20	7	41.52	26.41
2	08－22	双齿葱	16	18	6	5.81	1.74
2	08－22	细叶白头翁	17	17	15	40.66	1.25
2	08－22	斜茎黄芪	17	18	1		
2	08－22	狗舌草	11	12	4	2.33	0.59
2	08－22	星毛委陵菜	3	3	1	0.28	
2	08－22	冷蒿			1	1.52	0.76
2	08－22	细叶葱			1	0.24	
2	08－22	蓬子菜			2	2.06	0.89
2	08－22	沙参			20	14.9	5.33
2	08－22	乳浆大戟	13	15	1	0.18	
2	08－22	山野豌豆	22	25	3	2.26	1.2
2	08－22	西伯利亚羽茅	35	40	30	8.05	4.68
2	08－22	枯落物	15	17		72.08	64.7
2	08－22	糙隐子草	12	14	4	4.2	2.14
2	08－22	苔草			23	1.63	1.15
3	08－22	羊草	27	27	14	5.09	2.98
3	08－22	展枝唐松草	28	28	6	14.79	6.33
3	08－22	鸢尾	46	48	3	10.5	4.46
3	08－22	裂叶蒿	16	17	54	36.81	16.7
3	08－22	细叶白头翁	10	13	28	69.94	31.86

（续）

样方号	取样日期	植物名称	自然高度（cm）	绝对高度（cm）	多度	鲜生物量重（g）	干生物量（g）
3	08-22	阿尔泰狗哇花	27	28	4	7.83	3.05
3	08-22	狭叶青蒿	33	34	7	13.53	5.47
3	08-22	棉团铁线莲	44	48	1	9.87	4.01
3	08-22	披针叶黄华	17	17	2	1.17	0.45
3	08-22	多叶棘豆	18	22	8	4.66	2.26
3	08-22	麻花头	12	15	12	10.67	4.72
3	08-22	针茅	38	44	15	21.97	14.95
3	08-22	糙隐子草	11	12	9	10.46	6.51
3	08-22	羊茅	11	13	24	62.39	43.41
3	08-22	沙参	26	27	1	0.73	0.22
3	08-22	瓦松	3	3	1	1.05	0.09
3	08-22	星毛委陵菜	2	2	1	0.56	0.4
3	08-22	光稃茅香	15	16	26	4.11	1.88
3	08-22	柴胡	42	42	1	1.41	0.7
3	08-22	防风	18	18	1	3.7	1.42
3	08-22	百合	20	23	3	2.55	0.82
3	08-22	二裂委陵菜	15	16	2	0.71	0.4
3	08-22	黄芪	13	14	4	1.32	0.5
3	08-22	冷蒿	12	15	5	5.53	2.71
3	08-22	双齿葱	17	17	7	9.18	
3	08-22	草木樨状黄芪	36	36	1	1.02	0.59
3	08-22	杂类草				7.32	5.41
3	08-22	溚草	8	7	7	8.09	5
3	08-22	轮叶委陵菜	10	8	3	0.35	0.27
3	08-22	山野豌豆	36	34	1	0.47	0.26
3	08-22	苔草	8	7	80	1.69	1.05
3	08-22	枯落物				36.09	30.85
4	08-22	日阴菅	34	35	2	110.35	67.56
4	08-22	裂叶蒿	20	20	63	79.29	34.93
4	08-22	冷蒿			3	5.5	2.56
4	08-22	针茅	35	43	4	19.23	14.05
4	08-22	斜茎黄芪	35	40	5	4.69	1.91
4	08-22	狭叶青蒿	30	30	12	6.27	2.75
4	08-22	细叶白头翁	20	23	20	35.06	14.51
4	08-22	狗舌草	4	6	1	0.63	0.15
4	08-22	蓬子菜			2	2.83	1.37
4	08-22	羊茅	20	20	5	29.36	19.64
4	08-22	苔草	12	14	70	3.39	0.21
4	08-22	鸢尾	35	35	2	10.1	4.72
4	08-22	糙隐子草	17	18	4	11.82	7.18
4	08-22	双齿葱	12	12	3		
4	08-22	扁蓿豆	25	26	7	3.16	1.53

（续）

样方号	取样日期	植物名称	自然高度（cm）	绝对高度（cm）	多度	鲜生物量重（g）	干生物量（g）
4	08-22	瓦松	3	3	1	1.52	0.08
4	08-22	柴胡			2	1.2	0.62
4	08-22	披针叶黄华	24	25	3	1.05	0.43
4	08-22	阿尔泰狗哇花	18	20	1	0.31	0.11
4	08-22	展枝唐松草	18	20	4	3.98	1.74
4	08-22	光稃茅香	25	30	29	6.86	3.96
4	08-22	早熟禾			1	1.25	0.91
4	08-22	羊草	35	40	7	4.49	2.36
4	08-22	麻花头				5.12	1.87
4	08-22	枯落物				39.68	38.51
5	08-22	铁杆蒿	32	32	134	277.64	87.69
5	08-22	展枝唐松草	31	31	12	17.28	6.84
5	08-22	黄芪	38	38	10	8.98	3.71
5	08-22	麻花头	20	20	3	11.96	4.72
5	08-22	细叶白头翁	13	16	6	12.45	5
5	08-22	羊草	43	43	21	7.47	4.47
5	08-22	针茅	27	27	11	6.47	4.16
5	08-22	羊茅	20	22	4	6.2	3.5
5	08-22	柴胡			2	0.91	0.45
5	08-22	光稃茅香	20	22	12	3.87	2
5	08-22	星毛委陵菜	2	2	3	3.11	1.19
5	08-22	多叶棘豆	20	28	3	2.16	1.06
5	08-22	糙隐子草	12	13	2	1.25	0.74
5	08-22	溚草	14	15	13	10.6	6.68
5	08-22	苔草	7	9	86	11.83	7.69
5	08-22	枯落物				54.81	48.01
1	09-19	羊草	36	36	255	91.99	56.36
1	09-19	针茅	47	51	25	43.95	29.52
1	09-19	细叶白头翁	15	18	7	10.97	5.24
1	09-19	裂叶蒿	9	10	31	16.08	7.42
1	09-19	阿尔泰狗哇花	18	18	2	0.65	0.3
1	09-19	星毛委陵菜	2	3	1	1.82	1.09
1	09-19	披针叶黄华	20	21	2	1.31	0.68
1	09-19	麻花头	14	14	5	4.78	4.02
1	09-19	柴胡			13	4.87	2.73
1	09-19	日阴菅	17	25	5	6.51	4.44
1	09-19	溚草	12	20	1	0.58	0.45
1	09-19	苔草	9	10	70	9.42	6.97
1	09-19	芯芭	12	12	2	0.26	0.27
1	09-19	防风	25	25	1	1.25	0.64
1	09-19	枯落物				48.33	42.59
2	09-19	羊草	28	28	38	9.41	6.39

（续）

样方号	取样日期	植物名称	自然高度（cm）	绝对高度（cm）	多度	鲜生物量重（g）	干生物量（g）
2	09-19	针茅	40	41	15	23.6	16.24
2	09-19	羊茅	16	17	20	101.05	71.99
2	09-19	棉团铁线莲			2	1.99	1.37
2	09-19	防风	20	20	1	1.32	0.58
2	09-19	裂叶蒿	15	15	31	16.12	8.5
2	09-19	细叶白头翁	13	14	9	17.43	8.89
2	09-19	麻花头	20	20	4	4.73	3.99
2	09-19	双齿葱			11	4.2	2.96
2	09-19	细叶葱			2	0.26	
2	09-19	蓬子菜	13	13	1	0.62	0.46
2	09-19	阿尔泰狗哇花			3	0.37	0.2
2	09-19	冷蒿			2	1.88	1.06
2	09-19	溚草	15	17	2	2.18	1.54
2	09-19	苔草	9	10	70	9.42	6.82
2	09-19	芯芭	10	11	1	0.13	
2	09-19	唐松草	22	22	1	0.34	0.31
2	09-19	黄芪	10	10	2	0.5	0.21
2	09-19	轮叶委陵菜	7	9	1	0.12	
2	09-19	鸢尾	10	15	1	0.17	0.06
2	09-19	枯落物				46.5	40.95
3	09-19	日阴菅	17	23	1	31.66	22.56
3	09-19	针茅	34	45	7	26.96	19.89
3	09-19	细叶白头翁	22	23	23	45.91	23.06
3	09-19	裂叶蒿	19	19	18	6.38	2.69
3	09-19	麻花头	17	18	3	1.94	1.74
3	09-19	斜茎黄芪	27	32	3	4.81	2.3
3	09-19	菊叶委陵菜			1	1.13	0.87
3	09-19	瓦松			3	3.56	1.57
3	09-19	蓬子菜	22	26	4	2.29	1.19
3	09-19	沙参	20	22	5	0.68	0.57
3	09-19	狭叶青蒿	31	34	2	0.75	0.69
3	09-19	羊草	31	32	84	21.08	13.67
3	09-19	鸢尾	41	43	2	4.59	3.77
3	09-19	溚草	15	16	7	4.82	3.33
3	09-19	冷蒿	6	12	1	0.68	0.35
3	09-19	双齿葱	7	7	4	0.76	0.5
3	09-19	狗舌草	11	13	3	0.15	
3	09-19	苔草	4	6	1	0.8	0.21
3	09-19	展枝唐松草	7	9	234	9.76	7.69
3	09-19	二裂委陵菜	15	17	1	0.35	0.31
3	09-19	枯落物	27	29	1	0.61	0.42
4	09-19	冰草			22	51.8	34.93

（续）

样方号	取样日期	植物名称	自然高度（cm）	绝对高度（cm）	多度	鲜生物量重（g）	干生物量（g）
4	09-19	针茅	29	34	13	13.36	9.29
4	09-19	狭叶青蒿	34	35	18	8.77	4.49
4	09-19	蓬子菜	27	29	8	2.99	1.73
4	09-19	展枝唐松草	18	21	1	0.4	0.37
4	09-19	斜茎黄芪	15	17	6	4.28	1.75
4	09-19	麻花头	11	14	3	2.46	2
4	09-19	柴胡			1	0.31	0.26
4	09-19	裂叶蒿	22	22	18	6.14	2.47
4	09-19	星毛委陵菜	6	7	2	3.42	1.79
4	09-19	溚草	10	13	2	3.3	2.26
4	09-19	二裂委陵菜	18	21	1	0.93	0.54
4	09-19	细叶葱	23	27	2	0.93	0.25
4	09-19	轮叶委陵菜	15	18	1	0.14	
4	09-19	鸢尾	27	29	4	2.69	2.04
4	09-19	羊草	23	27	84	26.53	17.16
4	09-19	苔草	9	11	188	4.49	3.43
4	09-19	细叶白头翁	13	15	18	10.5	6.12
4	09-19	枯落物					
5	09-19	羊草	28	28	36	7.1	4.73
5	09-19	针茅	40	40	9	18.84	13.3
5	09-19	羊茅	15	17	12	34.18	24.42
5	09-19	鸢尾	10	13	9	7.87	6.53
5	09-19	黄芪	11	12	2	1.83	0.69
5	09-19	披针叶黄华	14	15	7	2.26	1.09
5	09-19	二裂委陵菜	12	12	5	1.15	0.66
5	09-19	细叶白头翁	13	15	16	20.72	13.81
5	09-19	裂叶蒿	15	15	36	36.12	17.56
5	09-19	麻花头	16	17	2	1.06	0.95
5	09-19	冷蒿			5	433	2.6
5	09-19	双齿葱			4	2.12	1.59
5	09-19	轮叶委陵菜	9	10	1	0.16	
5	09-19	糙隐子草	8	9	1	0.17	
5	09-19	多叶棘豆	14	14	1	2.4	1.3
5	09-19	蓬子菜	25	25	1	1.55	0.8
5	09-19	星毛委陵菜	4	4	1	0.53	0.34
5	09-19	狗舌草	2	5	1	0.74	0.28
5	09-19	柴胡			4	0.71	0.33
5	09-19	苔草	7	8	20	1.01	0.79
5	09-19	枯落物				53.38	48.1

注：表中<0.3或<0.5表示生物量极少，估计质量小于0.3或0.5g。

表 4-4　2007 年主要观测场群落种类组成

样方号	取样日期	植物名称	自然高度（cm）	绝对高度（cm）	多度	鲜生物量重（g）	干生物量（g）
1	05-23	日阴菅	5		75	14.78	6.18
1	05-23	苔草	6		114	5.28	2.52
1	05-23	双齿葱	5		6	3.18	1.32
1	05-23	冷蒿	2		1	<0.3	
1	05-23	瓣蕊唐松草	5		33	8.15	2.29
1	05-23	柴胡	6		1	<0.3	
1	05-23	狗舌草	3		3	1.73	0.34
1	05-23	星毛委陵菜	1		4	26.95	10.56
1	05-23	鸢尾	10		1	0.56	0.18
1	05-23	细叶白头翁	10		4	6.35	1.77
1	05-23	麻花头	6		4	1.34	0.26
1	05-23	二裂委陵菜	5		2	<0.3	
1	05-23	蓬子菜	5		1	<0.3	
1	05-23	羊草	13		18	2.05	0.71
1	05-23	裂叶蒿	2		16	2.33	0.66
1	05-23	狼毒大戟	3		1	1.2	0.42
1	05-23	沙参	5		8	1.37	0.27
1	05-23	冰草	4		3	0.97	0.36
1	05-23	溚草	3		8	1.5	0.53
1	05-23	庭芥	2		3	<0.3	
1	05-23	白婆婆纳	3		3	0.47	0.09
2	05-23	扁蓿豆	6		4	0.79	0.16
2	05-23	菊叶委陵菜	4		15	7.08	2.71
2	05-23	日阴菅	6		5	5.92	2.79
2	05-23	细叶白头翁	5	20	15	11.89	3.17
2	05-23	展枝唐松草	8		11	2.43	0.67
2	05-23	蓬子菜	6		3	1.53	0.32
2	05-23	麻花头	8		12	4.84	0.93
2	05-23	苔草	4		177	11.49	6.47
2	05-23	贝加尔针茅	15		19	13.4	6.17
2	05-23	裂叶蒿	3		59	6.79	1.5
2	05-23	鸢尾	7		5	2.1	0.62
2	05-23	披针叶黄华	6		1	0.4	0.25
2	05-23	狗舌草	3		2	1.08	0.31
2	05-23	溚草	3		23	4.28	1.7
2	05-23	羊草	14		16	2.4	0.75
2	05-23	叉枝鸦葱	10		4	1.08	0.19
2	05-23	双齿葱	7		9	3.4	0.82
2	05-23	披针叶黄华	3	2	1	0.97	0.3
2	05-23	柴胡	4		1	<0.3	<0.3
2	05-23	狭叶青蒿	4		3	0.8	<0.3
2	05-23	轮叶委陵菜	3	2	3	0.53	0.25
2	05-23	细叶葱	12		6	0.72	0.2

（续）

样方号	取样日期	植物名称	自然高度（cm）	绝对高度（cm）	多度	鲜生物量重（g）	干生物量（g）
2	05－23	枯落物				27.81	25.1
3	05－23	细叶白头翁	4	13	19	35.47	9.67
3	05－23	蒲公英	2	3	1	1.07	0.18
3	05－23	轮叶委陵菜	3	2	1	<0.3	<0.3
3	05－23	瓣蕊唐松草	3		22	7.22	2.06
3	05－23	双齿葱	5		10	5.28	1.17
3	05－23	冰草	6		11	2.76	1.24
3	05－23	日阴菅	4		27	6.02	2.42
3	05－23	裂叶蒿	3		14	2.5	0.73
3	05－23	麻花头	4		4	1.55	0.26
3	05－23	苔草	6		86	3.55	1.65
3	05－23	鸢尾	17		1	<0.3	
3	05－23	溚草	4		13	2.99	1.13
3	05－23	冷蒿	3		7	7.68	3.32
3	05－23	蓬子菜	3		1	<0.3	
3	05－23	羊草	10		19	1.05	0.63
3	05－23	星毛委陵菜	2		4	<0.3	
3	05－23	沙参	6		14	2.56	0.35
3	05－23	三出叶委陵菜	4		1	<0.3	
3	05－23	白婆婆纳	2		2	<0.3	
3	05－23	扁蓿豆	2		1	<0.3	
3	05－23	庭芥	4		1	<0.3	
3	05－23	狗舌草	2		1	1.56	0.1
3	05－23	光稃茅香	13		1	<0.3	
3	05－23	细叶葱	10		1	<0.3	
3	05－23	糙隐子草	2		1	<0.3	
3	05－23	枯落物				28.13	22.64
4	05－23	溚草	8		4	2.27	0.99
4	05－23	细叶白头翁	7	17	33	28.8	8.43
4	05－23	贝加尔针茅	12		8	5.34	2.7
4	05－23	麻花头	9		19	10.05	2
4	05－23	瓣蕊唐松草	6		43	6.55	1.64
4	05－23	蓬子菜	11		5	1.03	0.24
4	05－23	细叶蓼	7		48	7.45	1.42
4	05－23	乳浆大戟	6		3	2.77	0.45
4	05－23	双齿葱	7		8	5.27	1.4
4	05－23	菊叶委陵菜	4		1	0.75	0.42
4	05－23	裂叶蒿	2		43	6.35	1.94
4	05－23	沙参	1		3	<0.3	
4	05－23	蒲公英	2	2	4	2.74	0.81
4	05－23	冰草	4		1	<0.3	
4	05－23	星毛委陵菜	1	2	1	3.85	2

（续）

样方号	取样日期	植物名称	自然高度（cm）	绝对高度（cm）	多度	鲜生物量重（g）	干生物量（g）
4	05－23	羊草	12		21	2.95	1.15
4	05－23	日阴菅	8		10	3.74	0.74
4	05－23	冷蒿	2		4	0.38	0.12
4	05－23	鸢尾	7		3	5.45	1.95
4	05－23	胡枝子	4		3	<0.3	
4	05－23	山野豌豆	7		2	<0.3	
4	05－23	轮叶委陵菜	6	2	4	1.05	0.37
4	05－23	庭芥	5		1	<0.3	
4	05－23	苔草	5		11	9.23	6.54
4	05－23	防风	2		1	<0.3	
4	05－23	枯落物				45.92	42.73
5	05－23	星毛委陵菜	1	2	3	67.65	34.18
5	05－23	细叶白头翁	6	25	5	7.06	1.96
5	05－23	麻花头	5		5	2.26	1.28
5	05－23	展枝唐松草	7		6	2.76	1.32
5	05－23	细叶蓼	10		4	2.98	0.53
5	05－23	披针叶黄华	3	3	1	1.28	0.17
5	05－23	羊草	6		79	8.15	2.76
5	05－23	日阴菅	5		2	1.66	0.88
5	05－23	叉枝鸦葱	7		4	0.89	0.16
5	05－23	贝加尔针茅	12		1	1.97	0.96
5	05－23	冷蒿	4		3	0.94	0.41
5	05－23	双齿葱	6		5	2.28	0.59
5	05－23	伏毛山莓草	3		2	1.82	0.49
5	05－23	沙参	3		2	0.33	0.08
5	05－23	苔草	5		137	8.46	4.95
5	05－23	裂叶蒿	3		8	0.72	0.17
5	05－23	轮叶委陵菜	3	3	3	0.67	0.21
5	05－23	扁蓿豆	2		1	<0.3	<0.3
5	05－23	细叶葱	7		5	0.76	0.12
5	05－23	柴胡	3		1	<0.3	<0.3
5	05－23	溚草	5		7	6.48	2.9
5	05－23	冰草	8		3	1.61	0.49
5	05－23	枯落物				22.61	14.47
1	06－18	羊草	30		24	16.22	6.88
1	06－18	贝加尔针茅	36		11	14.2	9.41
1	06－18	细叶白头翁	15		14	24.13	10.56
1	06－18	瓣蕊唐松草	17		2	31.6	0.48
1	06－18	裂叶蒿	10		46	2.14	17.24
1	06－18	沙参	23		45	36.78	20.51
1	06－18	柴胡	10		2	1.23	0.32
1	06－18	菊叶委陵菜	8		3	1.04	0.31

（续）

样方号	取样日期	植物名称	自然高度（cm）	绝对高度（cm）	多度	鲜生物量重（g）	干生物量（g）
1	06－18	麻花头	18		5	34.5	15.24
1	06－18	变蒿	20		1	0.54	0.18
1	06－18	日阴菅	17		370	88.95	35.16
1	06－18	山野豌豆	36		6	7.3	2.43
1	06－18	狗舌草	5		3	2.55	0.56
1	06－18	早熟禾	22		4	1.86	0.88
1	06－18	扁蓿豆	16		1	0.33	0.1
1	06－18	二裂委陵菜	18		3	1.28	0.38
1	06－18	篷子草	10		3	1.9	0.51
1	06－18	铁干莲	12		16	14.83	4.71
1	06－18	鸢尾	8		2	1.17	0.81
1	06－18	溚草	4		2	2.72	1.25
1	06－18	枯落物				117.22	110.01
2	06－18	羊草	12		170	33.89	14.63
2	06－18	贝加尔针茅	20		1	1.9	0.93
2	06－18	叉枝鸦葱	17		3	1.5	0.48
2	06－18	瓣蕊唐松草	9		5	2.55	0.98
2	06－18	裂叶蒿	5		20	4.82	1.89
2	06－18	沙参	10		14	4.78	1.43
2	06－18	轮叶委陵菜	5	6	3	0.65	0.38
2	06－18	细叶葱	18		2	0.38	1.1
2	06－18	双齿葱	8		1	2.58	0.72
2	06－18	苔草	3		315	23.87	12.81
2	06－18	糙隐子草	4		15	12.98	6.85
2	06－18	溚草	14	14	12	4.4	2.08
2	06－18	披针叶黄华	6		1	0.66	0.2
2	06－18	星毛委陵菜	2		1	1.01	0.6
2	06－18	伏毛山莓草	4		4		
2	06－18	篷子草	14		5	1.52	0.63
2	06－18	日阴菅	17		15	3.61	1.89
2	06－18	扁蓿豆	5		2	1.46	0.66
2	06－18	裂叶荆芥	8		3	2.1	0.84
2	06－18	鸢尾	9		8	1.96	1.66
2	06－18	冷蒿	5		4	3.32	1.53
2	06－18	伏茅				2.76	1.52
2	06－18	枯落物				22.51	19.9
3	06－18	羊草	26	18	170	47.06	18.05
3	06－18	贝加尔针茅	31		2	6.92	3.26
3	06－18	细叶白头翁	17	36	7	29.83	11.55
3	06－18	叉枝鸦葱	10		35	14.42	4.47
3	06－18	瓣蕊唐松草	25		8	4.92	0.4
3	06－18	裂叶蒿	4		1	<0.3	<0.3

（续）

样方号	取样日期	植物名称	自然高度（cm）	绝对高度（cm）	多度	鲜生物量重（g）	干生物量（g）
3	06-18	沙参	5		175	12.29	6.75
3	06-18	细叶葱	7		14	6.93	4.29
3	06-18	苔草	10		1	<0.3	<0.3
3	06-18	糙隐子草	11		3	3.28	1.25
3	06-18	柴胡		52	5	8.9	3.04
3	06-18	菊叶委陵菜	19		26	13.81	4.21
3	06-18	蓬子菜	5		1	0.57	0.2
3	06-18	狭叶青蒿	15		4	24.49	11.44
3	06-18	多叶棘豆	31		1	2.5	0.83
3	06-18	日阴菅	17		5	2.36	1.03
3	06-18	鸢尾	3		1	0.81	0.33
3	06-18	二裂委陵菜	9		4	0.9	0.3
3	06-18	冷蒿	13		2	0.78	0.29
3	06-18	米口袋	2		1	0.44	0.13
3	06-18	细叶黄鹌菜	7		1	1.77	0.4
3	06-18	蒲公英	5		1	<0.3	<0.3
3	06-18	狗舌草		30	3	1.92	0.99
3	06-18	扁蓿豆				55.81	50.47
3	06-18	早熟禾					
3	06-18	枯落物					
4	06-18	羊草	33		156	59.57	23.69
4	06-18	贝加尔针茅	40		10	11.06	6.02
4	06-18	细叶白头翁	13		10	12.59	7.23
4	06-18	瓣蕊唐松草	7		8	2.81	1.08
4	06-18	裂叶蒿	10		39	16.64	6.25
4	06-18	沙参	39		35	23.32	6.25
4	06-18	轮叶委陵菜	10		3	0.41	0.23
4	06-18	细叶葱	17		1	<0.3	<0.3
4	06-18	双齿葱	16		1	0.53	0.16
4	06-18	柴胡	12		9	1.7	0.72
4	06-18	菊叶委陵菜	10		3	1.32	0.6
4	06-18	麻花头	34		11	73.09	9.92
4	06-18	日阴菅	19		60	55.17	26.41
4	06-18	狗舌草	10		2	4.72	1.03
4	06-18	细叶黄鹌菜	12		1	<0.3	<0.3
4	06-18	山野豌豆	22		2	5.5	1.84
4	06-18	蒿	26		20	23.32	
4	06-18	草木樨	28		1	1.24	0.47
4	06-18	星毛委陵菜	4		1	2.99	1.78
4	06-18	变蒿	5		1	<0.3	<0.3
4	06-18	扁蓿豆	10		1	0.31	0.12
4	06-18	鸢尾	23		2	1.87	0.57

（续）

样方号	取样日期	植物名称	自然高度（cm）	绝对高度（cm）	多度	鲜生物量重（g）	干生物量（g）
4	06-18	米口袋	10		1	0.32	0.16
4	06-18	溚草	4			1.09	0.64
4	06-18	枯落物				194.2	176.27
5	06-18	羊草	30		98	33.18	13.8
5	06-18	细叶白头翁	17		38	12.36	6.07
5	06-18	瓣蕊唐松草	17		5	36.71	15.12
5	06-18	裂叶蒿	13		27	2.71	0.84
5	06-18	沙参	19		34	10.32	9.23
5	06-18	细叶葱		26		19.22	5.58
5	06-18	双齿葱	12		2	1.05	0.35
5	06-18	苔草	7		74	1.82	0.48
5	06-18	柴胡	13			48.7	2.91
5	06-18	山野豌豆	20		3	0.67	0.3
5	06-18	麻花头	30		22	0.35	0.93
5	06-18	草木樨状黄芪	8		2	82.86	23.08
5	06-18	狗舌草	30		2	3.87	1.44
5	06-18	鸢尾	10		3	0.87	0.19
5	06-18	二裂委陵菜	25		2	2.66	0.97
5	06-18	早熟禾	6		9	0.72	0.33
5	06-18	冷蒿	12		3	2.97	1.51
5	06-18	日阴菅	2		12	1.71	0.73
5	06-18	星毛委陵菜	11		1	23.19	11.27
5	06-18	溚草	7		2	<0.3	
5	06-18	糙隐子草			5	0.98	0.38
5	06-18	枯落物				194.2	176.27
1	07-18	羊草	19		113	37.46	27.51
1	07-18	贝加尔针茅	28		7	3.82	1.96
1	07-18	糙隐子草	8		23	14.03	8.02
1	07-18	狭叶青蒿	31		2	3.35	0.76
1	07-18	细叶葱		24	4	1.17	0.66
1	07-18	细叶白头翁	5		63		78.76
1	07-18	苔草	8		206	22.22	11.98
1	07-18	沙参	11		9	5.9	3.01
1	07-18	麻花头	12		18	12.64	9.18
1	07-18	轮叶委陵菜	7		2	0.42	0.13
1	07-18	裂叶蒿	5		23	8.65	5.05
1	07-18	冷蒿	16		2	<0.3	<0.3
1	07-18	柴胡	12		15	4.61	2.08
1	07-18	叉枝鸦葱	10		7		
1	07-18	扁蓿豆	10		12	2.39	1.32
1	07-18	瓣蕊唐松草	4		3	3.1	1.47
1	07-18	星毛委陵菜	3		36	5.89	3.03

（续）

样方号	取样日期	植物名称	自然高度（cm）	绝对高度（cm）	多度	鲜生物量重（g）	干生物量（g）
1	07-18	裂叶荆芥	6		4	14.84	9.6
1	07-18	漏芦		27	11	12.37	9.04
1	07-18	芯芭	7		1	1.82	0.71
1	07-18	狗舌草	5		1	0.7	0.3
1	07-18	日阴菅	20		2	13.78	9.11
1	07-18	鸢尾	20		20	1.55	0.51
1	07-18	溚草	8		7	9.17	4.98
1	07-18	早熟禾	29		11	2.18	1.56
1	07-18	紫鸢尾	14		1	7.09	4.43
1	07-18	枯落物					29.17
2	07-18	羊草	30		13	3.27	1.37
2	07-18	贝加尔针茅	18		9	13.29	7.13
2	07-18	糙隐子草	9		16	6.89	3.75
2	07-18	狭叶青蒿	38		8	22.98	8.66
2	07-18	细叶白头翁	16		22	31.53	13.15
2	07-18	双齿葱					
2	07-18	沙参	22		9	5.98	1.87
2	07-18	蓬子菜		26	6	10.02	3.91
2	07-18	麻花头	21		13	7.08	2.45
2	07-18	裂叶蒿	16		22	22.4	7.51
2	07-18	柴胡		33	1	1.46	0.66
2	07-18	叉枝鸦葱	15		1		
2	07-18	扁蓿豆	20		13	14.08	5.62
2	07-18	瓣蕊唐松草	16		20		
2	07-18	星毛委陵菜	2		10	2.75	1.34
2	07-18	大委陵菜		35	3	9.26	3.77
2	07-18	广布野豌豆	26		1	3.71	1.55
2	07-18	地榆	10		1	0.48	0.22
2	07-18	箭头唐松草		37	13	9.32	3.49
2	07-18	火绒草		15	21	7.51	2.94
2	07-18	二裂委陵菜	9		<0.3	<0.3	<0.3
2	07-18	日阴菅	12		93	45.56	23.42
2	07-18	兔儿尾苗	31		14	9.42	3.05
2	07-18	鸢尾	15		9	5.75	2.17
2	07-18	玉竹	14		8	6.24	1.35
2	07-18	棉团铁线莲	18		2	3.18	1.27
2	07-18	风毛菊	8		3	1.3	0.32
2	07-18	裂叶荆芥		21	11	5.39	1.9
2	07-18	光稃茅香	32		36	21.91	16.5
2	07-18	披针叶黄华	11		1	0.45	0.19
2	07-18	溚草	10		1	0.97	0.47
2	07-18	野豌豆	20		2	1.2	0.47

（续）

样方号	取样日期	植物名称	自然高度（cm）	绝对高度（cm）	多度	鲜生物量重（g）	干生物量（g）
2	07-18	早熟禾	29		5	1.71	1.01
2	07-18	变蒿	5		1	<0.3	<0.3
2	07-18	枯落物				102.37	91.77
3	07-18	羊草	26		74	24.19	11.26
3	07-18	贝加尔针茅	22		2	3.03	1.68
3	07-18	糙隐子草	6		18	9.18	2.54
3	07-18	细叶葱		23	4	1.22	0.31
3	07-18	细叶白头翁	8		28	51.38	20.72
3	07-18	苔草	10		24	2.18	1.18
3	07-18	双齿葱	12		10	12.51	3.6
3	07-18	沙参	15		12	4.69	1.53
3	07-18	蓬子菜		33	8	5.41	2.21
3	07-18	麻花头	11		10	13.42	9.56
3	07-18	轮叶委陵菜	3		1	<0.3	
3	07-18	裂叶蒿	10		29	13.85	9.85
3	07-18	柴胡	17		4	5.46	3.45
3	07-18	扁蓿豆	10		2	0.95	0.28
3	07-18	瓣蕊唐松草	8		4	2.74	1.52
3	07-18	星毛委陵菜	6		11	7.09	4.13
3	07-18	日阴菅	15		2	<0.3	
3	07-18	冷蒿	16		15	35.21	16.96
3	07-18	鸢尾	23		4	1.31	0.45
3	07-18	溚草	12		13	5.49	2.18
3	07-18	西伯利亚羽茅	20		40	12.78	5.91
3	07-18	披针叶黄华	6		2	1.88	0.52
3	07-18	狗舌草	3		1	<0.3	..
3	07-18	裂叶荆芥	3		1	<0.3	
3	07-18	土三七	7		2	2.96	0.19
3	07-18	阿尔泰狗哇花	12		3	1.1	0.64
3	07-18	芯芭	4		3	0.88	0.2
3	07-18	细叶黄鹌菜	10		1	1	0.66
3	07-18	早熟禾	11		8	0.88	0.3
3	07-18	腺毛委陵菜	3		<0.3	<0.3	
3	07-18	紫鸢尾	15		6	1.33	0.21
4	07-18	羊草	16		85	30.03	13.66
4	07-18	贝加尔针茅	34		4	10.93	5.9
4	07-18	糙隐子草	13		22	12.43	5.89
4	07-18	细叶葱		30	6	3.45	1.09
4	07-18	细叶白头翁	8		10	8.22	3.16
4	07-18	苔草	13		476	31.67	6.96
4	07-18	双齿葱	19		4	8.04	2.31
4	07-18	沙参	17	20	5	9.07	2.71

（续）

样方号	取样日期	植物名称	自然高度（cm）	绝对高度（cm）	多度	鲜生物量重（g）	干生物量（g）
4	07-18	蓬子菜	21		1	0.65	0.3
4	07-18	麻花头	11		5	12.56	4.55
4	07-18	裂叶蒿	16		122	44.69	15.68
4	07-18	冷蒿	22		12	34.73	13.98
4	07-18	菊叶委陵菜	15		1	1.34	0.63
4	07-18	柴胡	35	35	3	3.44	1.53
4	07-18	叉枝鸦葱	17		5	3.11	0.98
4	07-18	瓣蕊唐松草	6		15	7.83	2.48
4	07-18	星毛委陵菜	2		1	0.63	0.48
4	07-18	鸢尾	28		3	4.6	1.92
4	07-18	披针叶黄华	19		4	5.55	0.79
4	07-18	早熟禾	27		3	1.42	0.78
4	07-18	二裂委陵菜	13		2	1.9	0.71
4	07-18	苜蓿	19		2	1.33	0.56
4	07-18	光稃茅香	19		1	<0.3	
4	07-18	西伯利亚羽茅	19		8	8.82	4.1
4	07-18	日阴菅	18		4	10.53	5.29
4	07-18	溚草	11		6	8.28	4.67
4	07-18	细叶黄鹌菜	6		1	0.17	<0.3
4	07-18	枯落物				40.86	35.19
5	07-18	羊草	27		37	16.63	12.08
5	07-18	贝加尔针茅	30		5	6.65	3.36
5	07-18	糙隐子草	9		11	18.62	8.61
5	07-18	细叶葱		27	8	5.05	1.6
5	07-18	细叶白头翁	11		13	36.54	15.27
5	07-18	苔草	16		221	18.02	9.51
5	07-18	双齿葱	11	11	2	1.55	0.44
5	07-18	沙参	20	30	8	6.85	2.03
5	07-18	蓬子菜	16		3	3.82	1.67
5	07-18	麻花头	14		4	12.06	3.88
5	07-18	轮叶委陵菜	3		5	3.47	1.56
5	07-18	裂叶蒿	9		23	11.75	4.2
5	07-18	冷蒿	10		3	5.86	2.73
5	07-18	菊叶委陵菜	10	19	7	27.8	11.92
5	07-18	柴胡	13	21	6	4.77	2.09
5	07-18	扁蓿豆	15		12	10.25	4.49
5	07-18	瓣蕊唐松草	7		6	6.32	3.64
5	07-18	星毛委陵菜	3		2	7.27	2.58
5	07-18	披针叶黄华	15		2	1.89	0.67
5	07-18	变蒿		34	18	5.81	1.99
5	07-18	日阴菅	16		3	20.07	10.11
5	07-18	野豌豆	21		1	0.84	0.43

（续）

样方号	取样日期	植物名称	自然高度（cm）	绝对高度（cm）	多度	鲜生物量重（g）	干生物量（g）
5	07－18	早熟禾	35		<0.3		
5	07－18	蒲公英	1		<0.3		
5	07－18	裂叶荆芥	5	23	4	3.15	1.28
5	07－18	冰草	16		2	<0.3	
5	07－18	鸢尾	21		3	1.32	0.55
5	07－18	细叶黄鹌菜	10		4	2.2	0.85
5	07－18	紫鸢尾	11		1	1.1	0.47
5	07－18	腺毛委陵菜	13		22	12.82	5.72
6	07－18	羊草	24		256	72.96	51.59
6	07－18	狭叶青蒿	32		2	2.82	0.99
6	07－18	细叶葱	35		4	3.37	0.92
6	07－18	沙参	13		1	33.58	16
6	07－18	蓬子菜	31	31	4	0.66	0.28
6	07－18	麻花头	31		8	2	1.18
6	07－18	裂叶蒿	9		29	13.98	5.08
6	07－18	柴胡	7		2	18.55	11.33
6	07－18	扁蓿豆	16		3	1.41	0.58
6	07－18	瓣蕊唐松草	16		7	1.66	0.59
6	07－18	二裂委陵菜	9		5	8.76	4.77
6	07－18	披针叶黄华	13		2	8.43	6.1
6	07－18	裂叶荆芥	3		1	1.54	0.81
6	07－18	西伯利亚羽茅	36		74	20.4	10.26
6	07－18	苔草	8				
6	07－18	日阴菅	12		35	43.27	35.66
6	07－18	石竹	15		2	<0.5	
6	07－18	腺毛委陵菜	5		1	<0.5	
6	07－18	溚草	5		8	2.89	1.6
6	07－18	枯落物				42.08	39.28
7	07－18	羊草	32		79	47.26	21.99
7	07－18	贝加尔针茅	37		12	27.52	14.74
7	07－18	糙隐子草	9		3	2.85	1.45
7	07－18	羊茅	10		1	<0.3	
7	07－18	狭叶青蒿	27		3	5.7	2.24
7	07－18	细叶葱		29	1	0.67	0.22
7	07－18	细叶白头翁	13		8	25.92	10.5
7	07－18	苔草	8		4	2.14	1.14
7	07－18	双齿葱	13		9	9.09	2.64
7	07－18	沙参	17		5	4.54	1.32
7	07－18	麻花头		30	9	31.24	10.35
7	07－18	裂叶蒿	13		17	15.76	5.28
7	07－18	冷蒿	8		17	3.88	1.17
7	07－18	菊叶委陵菜	10		3	9.72	4.03

（续）

样方号	取样日期	植物名称	自然高度（cm）	绝对高度（cm）	多度	鲜生物量重（g）	干生物量（g）
7	07-18	柴胡		30	5	5.53	2.45
7	07-18	扁蓿豆	18		18	17.01	6.63
7	07-18	瓣蕊唐松草	17		11	9.57	3.42
7	07-18	日阴菅	27		56	61.8	30.27
7	07-18	光稃茅香	20		3	8.5	4.24
7	07-18	早熟禾	25		9	1.62	0.84
7	07-18	凤毛菊	11		2	1.75	0.53
7	07-18	堇菜	3		1	<0.3	
7	07-18	鸢尾	47		2	3.04	1.23
7	07-18	紫鸢尾	5		3	0.98	0.32
7	07-18	无名草	20		2	8.71	
7	07-18	溚草	10		3	6.13	3.3
7	07-18	裂叶荆芥	6		1	0.73	0.34
7	07-18	二裂委陵菜	4		<0.3		
7	07-18	枯落物				214.41	198.4
8	07-18	羊草	27		164	60.34	27.5
8	07-18	贝加尔针茅	31		35	48.84	26.11
8	07-18	糙隐子草	9		31	21.28	9.97
8	07-18	细叶葱		23	1	0.44	0.13
8	07-18	细叶白头翁	8		10	9.44	4.06
8	07-18	双齿葱	11		1	3.1	0.93
8	07-18	沙参	22		6	6.34	2.04
8	07-18	麻花头	8		11	7.16	2.56
8	07-18	轮叶委陵菜	11		8	1.65	0.77
8	07-18	裂叶蒿	8		7	4.73	3.34
8	07-18	菊叶委陵菜		22	8	13.43	5.91
8	07-18	柴胡		12	2	0.37	0.24
8	07-18	叉枝鸦葱	13		3	1.19	0.39
8	07-18	扁蓿豆				5.47	2.18
8	07-18	瓣蕊唐松草	12		6	3.22	1.36
8	07-18	星毛委陵菜	3		1	<0.3	
8	07-18	裂叶荆芥	12		4	0.46	0.11
8	07-18	披针叶黄华	14		2	3.33	1.13
8	07-18	溚草		22	39	8.74	4.16
8	07-18	日阴菅	13		3	3.27	1.6
8	07-18	土三七	8		8	10.66	1.27
8	07-18	苜蓿	14		7	5.47	
8	07-18	芯芭	12		10	4.17	1.77
8	07-18	西伯利亚羽茅	28		22	13.4	6.72
8	07-18	石竹	15	15	7	2.19	0.78
8	07-18	二裂委陵菜	13		1	0.55	0.24
8	07-18	米口袋	10		1	0.58	0.17

（续）

样方号	取样日期	植物名称	自然高度（cm）	绝对高度（cm）	多度	鲜生物量重（g）	干生物量（g）
9	07-18	羊草	20	38	107	32.67	
9	07-18	贝加尔针茅	19		4	0.56	
9	07-18	糙隐子草	6		78	41.68	
9	07-18	细叶葱		25	8	2.96	
9	07-18	细叶白头翁	12		28	24.33	
9	07-18	苔草	4			11.83	
9	07-18	双齿葱		14	7	9.62	
9	07-18	沙参	9		6	4.66	
9	07-18	蓬子菜	10		3	<0.3	
9	07-18	麻花头	6		4	6.16	
9	07-18	裂叶蒿	12		2	0.7	
9	07-18	冷蒿		24	12	5.13	
9	07-18	柴胡		20	2	9.66	
9	07-18	瓣蕊唐松草	12	17	6	1.86	
9	07-18	星毛委陵菜	3		7	4.91	
9	07-18	囊花鸢尾	32		1	7.96	
9	07-18	变蒿			1	3.32	
9	07-18	伏毛山莓草	3		1	2.71	
9	07-18	披针叶黄华	6		2	1.1	
9	07-18	溚草		23	12	0.36	
9	07-18	紫苞鸢尾			4	4.43	
9	07-18	细叶百合	11			1.12	
9	07-18	光稃茅香	9		2	0.31	
9	07-18	早熟禾	14		6	3.47	
9	07-18	日阴菅	29		2	1.32	
9	07-18	大叶野豌豆			1	0.39	
0	08-12	羊草	36		41	32.66	18.72
0	08-12	贝加尔针茅	46	51	7	11.69	8.84
0	08-12	细叶白头翁	11		9	9.98	6.28
0	08-12	沙参	16		23	7.26	2.95
0	08-12	蓬子菜	25		1	<0.3	
0	08-12	麻花头	19		5	9.08	3.79
0	08-12	轮叶委陵菜	3		2	<0.3	
0	08-12	裂叶蒿	10		62	28.57	13.83
0	08-12	冷蒿	22		2	2.03	1.53
0	08-12	柴胡			2	1.01	0.75
0	08-12	扁蓿豆	18	19	2	0.8	0.64
0	08-12	瓣蕊唐松草	12		3	1.75	1.01
0	08-12	星毛委陵菜	3		1	<0.3	
0	08-12	米口袋	3		1	<0.3	
0	08-12	早熟禾		30	1	<0.3	
0	08-12	溚草	10		23	12.08	9.48

（续）

样方号	取样日期	植物名称	自然高度（cm）	绝对高度（cm）	多度	鲜生物量重（g）	干生物量（g）
0	08－12	日阴菅	14		6	20.77	16.28
0	08－12	芯芭	11		2	0.49	0.45
0	08－12	裂叶荆芥	6		2	0.94	0.74
0	08－12	阿尔泰狗哇花	16		5	3.53	2.57
0	08－12	鸢尾	24		1	1.39	0.59
0	08－12	山野豌豆	30		1	2.8	1.28
0	08－12	多叶棘豆	19		1	2.34	1.58
0	08－12	披针叶黄华	19		1	2.05	0.84
0	08－12	二裂委陵菜	13		1	0.64	0.42
0	08－12	枯落物				31.75	29.51
1	08－12	羊草	31		39	14.2	8.27
1	08－12	贝加尔针茅	49	55	5	22.51	17.77
1	08－12	细叶葱	25	26	3	0.42	0.17
1	08－12	细叶白头翁	12		50	36.02	20.15
1	08－12	苔草	11		4	4.66	3.43
1	08－12	双齿葱		18	1	<0.3	
1	08－12	沙参	22	36	10	5.08	1.87
1	08－12	蓬子菜	14		1	<0.3	
1	08－12	麻花头	16		16	22.22	8.71
1	08－12	裂叶蒿	11		34	15.81	7.43
1	08－12	菊叶委陵菜		16	2	0.96	0.71
1	08－12	柴胡	18		4	0.64	0.42
1	08－12	扁蓿豆	13		8	2.28	1.16
1	08－12	瓣蕊唐松草		16	43	7.01	5
1	08－12	冰草		51	1	0.76	0.55
1	08－12	多叶棘豆	13		7	10.32	5.29
1	08－12	地榆	13		6	6.22	2.6
1	08－12	日阴菅	10		111	28.27	7.87
1	08－12	囊花鸢尾	39		3	2.07	0.97
1	08－12	二裂委陵菜	10		1	0.54	0.33
1	08－12	山野豌豆	27		2	2.9	1.09
1	08－12	叉枝鸦葱	17		1	0.92	0.41
1	08－12	溚草	8		4	1.31	1.27
1	08－12	枯落物				69.53	58.51
2	08－12	羊草	30		104	46.2	26.57
2	08－12	贝加尔针茅	37		3	4.1	3.37
2	08－12	斜茎黄芪	8		4	<0.3	
2	08－12	细叶葱	20		2	0.85	0.56
2	08－12	细叶白头翁	10		18	12.05	8.5
2	08－12	苔草	7			8.61	7.27
2	08－12	双齿葱		32	2	<0.3	
2	08－12	沙参	14		6	3.95	1.6

（续）

样方号	取样日期	植物名称	自然高度（cm）	绝对高度（cm）	多度	鲜生物量重（g）	干生物量（g）
2	08-12	麻花头		40	1	5.22	2.81
2	08-12	裂叶蒿	5		1		
2	08-12	冷蒿	30		28	20.6	14.36
2	08-12	防风	15		1	2.03	0.98
2	08-12	柴胡		32	1	1.14	0.83
2	08-12	瓣蕊唐松草	12		4	2.27	1.39
2	08-12	星毛委陵菜	2		2	6.56	4.94
2	08-12	早熟禾	35		15	2.56	2.1
2	08-12	鸢尾	24		3	3.87	1.8
2	08-12	日阴菅	20		7	11.08	8.6
2	08-12	溚草	10		25	13.49	10.26
2	08-12	铁杆蒿	20		1	<0.3	
2	08-12	枯落物				42.61	39.12
3	08-12	羊草	19		184	44.42	26.43
3	08-12	细叶葱		22	10	1.73	1.12
3	08-12	细叶白头翁	9		37	28.07	18.25
3	08-12	苔草	7	13	230	14.12	11.36
3	08-12	蓬子菜	14		18	4.88	2.59
3	08-12	麻花头		16	1	4.46	2.42
3	08-12	裂叶蒿	8		4	1.1	0.63
3	08-12	冷蒿	8		10	0.65	0.5.
3	08-12	防风	11		1	0.87	0.4
3	08-12	叉枝鸦葱	17		4	1.36	0.58
3	08-12	瓣蕊唐松草	13		2	0.44	0.37
3	08-12	铁杆蒿	14		3	0.99	0.8
3	08-12	狭叶青蒿	18		4	1.36	0.51
3	08-12	披针叶黄华	16		2	2.25	0.84
3	08-12	二裂委陵菜	14		4	3.56	1.74
3	08-12	石竹		10	1	0.74	0.45
3	08-12	溚草	6		76	24.61	19.12
3	08-12	扁蓿豆	7		15	1.36	0.77
3	08-12	早熟禾		25	17	1.26	1.02
3	08-12	百合		25	1	<0.3	
3	08-12	鸢尾	27		1	0.37	0.3
3	08-12	枯落物				37.17	34.17
4	08-12	羊草	21		59	16.79	11.57
4	08-12	贝加尔针茅	22		4	2.51	1.82
4	08-12	斜茎黄芪	6		1	<0.3	
4	08-12	细叶葱	12		5	<0.3	
4	08-12	细叶白头翁	3		20	14.49	10.46
4	08-12	苔草	5			1.69	1.46
4	08-12	双齿葱		12	3	2	1.11

（续）

样方号	取样日期	植物名称	自然高度（cm）	绝对高度（cm）	多度	鲜生物量重（g）	干生物量（g）
4	08-12	沙参	7		2	0.33	0.18
4	08-12	蓬子菜	14		3	2.3	1.37
4	08-12	麻花头	12		3	2.53	1.41
4	08-12	裂叶蒿	5		12	<0.3	
4	08-12	冷蒿	4		1	0.94	0.76
4	08-12	柴胡		17	3	0.84	0.43
4	08-12	瓣蕊唐松草	4		1	<0.3	
4	08-12	星毛委陵菜	2		<0.3		
4	08-12	溚草	3		21	6.55	5.5.
4	08-12	鸢尾	6		1	<0.3	
4	08-12	早熟禾	20		2	<0.3	
4	08-12	变蒿	7		2	0.69	0.46
4	08-12	糙隐子草	7		5	3.08	2.72
4	08-12	日阴菅	6		3	0.44	0.31
4	08-12	铁杆蒿	10		1	<0.3	
4	08-12	枯落物				31.84	31.43
5	08-12	羊草	33		74	72.21	45.64
5	08-12	贝加尔针茅		46	5	16.1	13.01
5	08-12	细叶葱		26	2	0.64	0.31
5	08-12	细叶白头翁	12		20	24.56	15.14
5	08-12	双齿葱	9		3		
5	08-12	沙参	40		19	6.34	2.87
5	08-12	蓬子菜	29		1	0.41	0.29
5	08-12	麻花头	21		6	24.56	12.64
5	08-12	裂叶蒿	12		37	12.51	7.25
5	08-12	柴胡		32	5	1.31	0.89
5	08-12	扁蓿豆	20		2	1.85	0.83
5	08-12	瓣蕊唐松草	17		17	5.91	3.62
5	08-12	山野豌豆	36		1	2.54	1.41
5	08-12	地榆	6		2	1.87	0.87
5	08-12	日阴菅	20		7	20.86	16.88
5	08-12	二裂委陵菜	18		1	0.6	0.36
5	08-12	菊叶委陵菜	10		1	0.57	0.34
5	08-12	便蒿	19		1	0.32	0.24
5	08-12	阿尔泰狗哇花	21		6	0.59	0.48
5	08-12	鸢尾	18		1	0.39	0.13
5	08-12	裂叶荆芥	2		1	<0.3	
5	08-12	枯落物				50.53	47.93
6	08-12	羊草	15		423	77.57	44.64
6	08-12	贝加尔针茅	20		2	1.05	0.87
6	08-12	狭叶青蒿		40	3	5.42	3.01
6	08-12	细叶葱	10		2	<0.3	

（续）

样方号	取样日期	植物名称	自然高度（cm）	绝对高度（cm）	多度	鲜生物量重（g）	干生物量（g）
6	08-12	苔草	10		93	5.24	4.18
6	08-12	双齿葱	13		7	4.19	2.49
6	08-12	蓬子菜	17		4	0.57	0.45
6	08-12	麻花头	12		2	0.97	0.5
6	08-12	柴胡	24		1	<0.3	
6	08-12	披针叶黄华	5		2	0.31	0.14
6	08-12	溚草	10		31	12.64	9.39
6	08-12	囊花鸢尾	19		1	<0.3	
6	08-12	黄蒿	32		23	7.21	5.47
6	08-12	灰绿藜	10		41	2.05	1.32
6	08-12	变蒿	12		5	0.44	0.33
6	08-12	枯落物				11.65	10.06
7	08-12	羊草	35		126	68.25	40.15
7	08-12	贝加尔针茅	34		57	12.43	9.96
7	08-12	细叶葱		34	7	1.11	0.64
7	08-12	细叶白头翁	11		18	14.91	9.15
7	08-12	双齿葱		15	1	0.3	0.14
7	08-12	沙参	19		5	0.52	0.5
7	08-12	蓬子菜		39	2	1.62	0.96
7	08-12	麻花头	18	59	16	31.91	23.95
7	08-12	裂叶蒿	15		48	18.58	10.44
7	08-12	冷蒿	10		7	0.73	0.62
7	08-12	柴胡		29	2	0.91	0.63
7	08-12	扁蓿豆	15		40	7.88	4.83
7	08-12	瓣蕊唐松草	21		6	4.21	3.43
7	08-12	狭叶青蒿	37	42	33	21.88	13.84
7	08-12	披针叶黄华	13		2	1.31	0.55
7	08-12	二裂委陵菜	18		1	0.82	0.49
7	08-12	山野豌豆	17		3	0.73	0.61
7	08-12	日阴菅	15		40	40.06	30.82
7	08-12	棉团铁线莲	15		1	<0.3	
7	08-12	裂叶荆芥		20	3	1.41	1.04
7	08-12	溚草	15		9	3.85	3.17
7	08-12	枯落物				87.28	83.4
8	08-12	羊草	26	51	122	78.89	45.96
8	08-12	贝加尔针茅	28		3	2.96	2.47
8	08-12	斜茎黄芪	12				
8	08-12	细叶葱	17		2	<0.3	
8	08-12	细叶白头翁	7		21	17.4	12.02
8	08-12	苔草	9		210	13.42	11.75
8	08-12	蓬子菜	12		2	0.97	0.57
8	08-12	麻花头	16		3	8.38	5.18

（续）

样方号	取样日期	植物名称	自然高度（cm）	绝对高度（cm）	多度	鲜生物量重（g）	干生物量（g）
8	08-12	轮叶委陵菜	7		1	<0.3	
8	08-12	裂叶蒿	8		4	1.17	0.76
8	08-12	冷蒿	7		1	0.39	0.42
8	08-12	柴胡		29	2	0.74	0.5
8	08-12	叉枝鸦葱	26		1	0.46	0.3
8	08-12	二裂委陵菜		14	2	3.71	1.93
8	08-12	鸢尾	33		1	0.9	0.58
8	08-12	早熟禾		27		1.48	1.3
8	08-12	菊叶委陵菜	7		3	0.83	0.58
8	08-12	日阴菅	9		2	2.11	1.81
8	08-12	溚草	9		12	5.01	4.22
8	08-12	枯落物				40.71	38.369
9	08-12	羊草	18		105	53.7	34.93
9	08-12	贝加尔针茅	10		2	1.54	1.29
9	08-12	斜茎黄芪		7	3	1.96	1.19
9	08-12	细叶白头翁	17		5	4.63	3.78
9	08-12	苔草	5			6.01	5.44
9	08-12	双齿葱	34		3	0.77	0.55
9	08-12	裂叶蒿	9		5	0.78	0.65
9	08-12	冷蒿	22		5	5.45	4.42
9	08-12	扁蓿豆	13		6	2.48	
9	08-12	星毛委陵菜	2		1	2.87	2.43
9	08-12	鸢尾	34		3	5.06	3.25
9	08-12	二裂委陵菜	10		<0.3		
9	08-12	日阴菅	10		15	13.27	11.4
9	08-12	溚草			4	2.8	2.39
9	08-12	枯落物				48.36	48.16
0	09-16	羊草	30	49	22	11.29	7.19
0	09-16	贝加尔针茅	39	34	7	15.53	11.13
0	09-16	糙隐子草	10		2	0.27	0.66
0	09-16	细叶葱		26	6	0.82	0.59
0	09-16	细叶白头翁	13		142	16.03	10.12
0	09-16	苔草	10		45	3.38	2.77
0	09-16	沙参	33		8	6.52	3.44
0	09-16	蓬子菜		42	2	2.4	1.49
0	09-16	麻花头	34		8	5.51	4.86
0	09-16	裂叶蒿	20		3	6.4	2.8
0	09-16	冷蒿	10		7	4.58	2.93
0	09-16	柴胡		35	10	3.96	3.16
0	09-16	扁蓿豆	17		1	4.45	2.3
0	09-16	瓣蕊唐松草	18		3	1.86	1.04
0	09-16	阿尔泰狗哇花		27	10	3.84	2.16

（续）

样方号	取样日期	植物名称	自然高度（cm）	绝对高度（cm）	多度	鲜生物量重（g）	干生物量（g）
0	09-16	日阴菅	15		4	35.58	28.71
0	09-16	披针叶黄华	8		2	0.8	0.31
0	09-16	裂叶荆芥	8		10	3.1	2.14
0	09-16	早熟禾		32	3	1.24	1.02
0	09-16	鸢尾		10	9	1.95	1.13
0	09-16	枯草				4.85	37.66
1	09-16	羊草	23	48	27	11.07	7.42
1	09-16	贝加尔针茅	38	67	10	35.73	28.64
1	09-16	细叶白头翁	7		51	35.46	17.55
1	09-16	沙参		26	4	1.2	1.03
1	09-16	蓬子菜	50		4	3.43	1.92
1	09-16	麻花头	19		3	1.22	0.68
1	09-16	裂叶蒿	9		60	38.25	19.32
1	09-16	菊叶委陵菜	10		1	<0.3	
1	09-16	扁蓿豆	12		21	4.26	2.47
1	09-16	瓣蕊唐松草	10		1	0.39	0.3
1	09-16	二裂委陵菜	16		4	2.17	1.23
1	09-16	日阴菅	17		13	22.51	17.54
1	09-16	披针叶黄华	13		2	0.64	0.48
1	09-16	早熟禾	27		25	2.54	2.06
1	09-16	火绒草	4		2	0.43	0.32
1	09-16	西伯利亚羽茅	5		1	<0.3	
1	09-16	枯草				166.86	148.73
2	09-16	羊草	31		23	23.06	15.67
2	09-16	贝加尔针茅	25		8	6.39	4.6
2	09-16	狭叶青蒿	26		136	85.95	46.51
2	09-16	细叶白头翁	11		11	21.6	11.55
2	09-16	蓬子菜	30		1	0.44	0.33
2	09-16	裂叶蒿	8		16	5.38	8.76
2	09-16	扁蓿豆	20		3	2.21	1.22
2	09-16	瓣蕊唐松草	16		4	6.47	3.34
2	09-16	二裂委陵菜	18		4	2.78	1.23
2	09-16	阿尔泰狗哇花	26		3	1	0.71
2	09-16	日阴菅	6		21	16.17	12.47
2	09-16	枯草				68.7	61.78
3	09-16	羊草	25		104	48.31	29.76
3	09-16	贝加尔针茅	67		6	6.67	5.43
3	09-16	细叶白头翁	10		4	3.38	1.74
3	09-16	蓬子菜	35		1	0.98	0.69
3	09-16	麻花头	13		3	1.91	0.85
3	09-16	裂叶蒿	7		21	17.76	8.45
3	09-16	冷蒿	10		2	1.44	1.1

（续）

样方号	取样日期	植物名称	自然高度（cm）	绝对高度（cm）	多度	鲜生物量重（g）	干生物量（g）
3	09-16	柴胡	28		1	<0.3	
3	09-16	扁蓿豆	13		9	1.88	1.17
3	09-16	瓣蕊唐松草	17		4	0.87	0.63
3	09-16	披针叶黄华	7		3	1.19	0.75
3	09-16	铁杆蒿	18		2	1.58	0.97
3	09-16	早熟禾	14		1	<0.3	
3	09-16	裂叶荆芥	5		3	0.36	0.21
3	09-16	枯草				63.42	60.14
4	09-16	羊草	26		39	19.64	11.44
4	09-16	贝加尔针茅	39		2	3.27	2.31
4	09-16	糙隐子草	5		2	0.98	0.81
4	09-16	细叶葱		23	12	1.68	0.52
4	09-16	羊草	17		3	4.83	2.78
4	09-16	贝加尔针茅	5		89	19.92	15.91
4	09-16	麻花头		40	5	7.68	3.91
4	09-16	裂叶蒿	11		16	23.31	10.94
4	09-16	冷蒿	26		2	3.89	2.44
4	09-16	菊叶委陵菜	13		3	2.38	1.42
4	09-16	扁蓿豆	16		7	4.86	2.64
4	09-16	瓣蕊唐松草	17		3	1.5	0.89
4	09-16	早熟禾		40	3	4.05	3.44
4	09-16	日阴菅			15	25.03	20.28
4	09-16	狼毒	19		1	1.41	1.28
4	09-16	溚草		18	2	0.96	0.76
4	09-16	枯草				54.07	49.75
5	09-16	羊草	30		125	86.27	50.23
5	09-16	贝加尔针茅	32		6	11.72	8.64
5	09-16	细叶白头翁	17			11.4	8.74
5	09-16	苔草	9			5.3	3.1
5	09-16	双齿葱		18	1	24.47	18.81
5	09-16	裂叶蒿	12			<0.3	3.02
5	09-16	冷蒿	11	33		6.08	1.64
5	09-16	柴胡	42			2.78	1.42
5	09-16	扁蓿豆	12		17	1.81	2.14
5	09-16	瓣蕊唐松草	20			3.36	0.45
5	09-16	星毛委陵菜	2			0.6	4.44
5	09-16	披针叶黄华	11		2	6.77	0.96
5	09-16	二裂委陵菜		16	2	1.73	0.97
5	09-16	石竹		6	2	1.66	0.13
5	09-16	早熟禾		36	4	0.3	1.92
5	09-16	叉枝鸦葱	20		3	2.35	0.38
5	09-16	黄蒿		22	1	0.71	<0.3

（续）

样方号	取样日期	植物名称	自然高度（cm）	绝对高度（cm）	多度	鲜生物量重（g）	干生物量（g）
5	09－16	鸢尾	25		1	0.55	0.43
5	09－16	枯草				98.05	86
6	09－16	羊草	12		52	28.03	17.26
6	09－16	贝加尔针茅	21		1	2.83	2.24
6	09－16	狭叶青蒿	42		27	46.57	23.6
6	09－16	细叶葱	17		4	0.9	0.36
6	09－16	细叶白头翁	15		4	3.32	1.86
6	09－16	苔草	5		134	9.9	7.85
6	09－16	蓬子菜	35		2	1.28	0.71
6	09－16	麻花头		33	2	3.31	2.11
6	09－16	裂叶蒿	12		3	3.82	0.58
6	09－16	冷蒿	4		1	1.24	0.95
6	09－16	菊叶委陵菜	6		1	0.68	0.19
6	09－16	防风	10		1	3.47	1.68
6	09－16	柴胡	10		2	0.71	0.51
6	09－16	叉枝鸦葱	7		1	0.93	0.4
6	09－16	披针叶黄华	12		1	0.86	0.33
6	09－16	早熟禾	26		3	0.9	0.82
6	09－16	二裂委陵菜	10		2	2.41	1.25
7	09－16	羊草	34		54	21.12	143.82
7	09－16	贝加尔针茅	40	58	12	23.71	17.48
7	09－16	糙隐子草	9		1	1.03	0.82
7	09－16	狭叶青蒿	22		1	0.78	0.47
7	09－16	细叶葱		42	1	0.3	0.21
7	09－16	细叶白头翁	11		53	54.02	28.71
7	09－16	沙参		45	8	1.74	1.46
7	09－16	蓬子菜	8		1	0.45	0.38
7	09－16	麻花头	9		1	＜0.3	
7	09－16	裂叶蒿	12	32	9	4.66	2.49
7	09－16	冷蒿	15		2	1.43	0.95
7	09－16	柴胡		32	4	2.07	1.67
7	09－16	扁蓿豆	11		2	0.42	0.36
7	09－16	二裂委陵菜	12		5	4.44	2.12
7	09－16	披针叶黄华	10		1	0.36	0.16
7	09－16	日阴菅	15		49	20.64	15.23
7	09－16	鸢尾	42		3	2.52	2
7	09－16	枯草				107.91	85.98
8	09－16	羊草	18		46	14.42	8.86
8	09－16	贝加尔针茅	27		4	1.64	1.12
8	09－16	糙隐子草	11		11	4.76	3.92
8	09－16	细叶白头翁	5		5	7.79	4.32
8	09－16	苔草	4		102	6.58	5.22

（续）

样方号	取样日期	植物名称	自然高度（cm）	绝对高度（cm）	多度	鲜生物量重（g）	干生物量（g）
8	09-16	蓬子菜	15		1	0.85	0.52
8	09-16	裂叶蒿	14		35	29.06	14.63
8	09-16	冷蒿	23		2	0.64	0.48
8	09-16	菊叶委陵菜	8		1	1.13	0.83
8	09-16	柴胡	27		1	<0.3	
8	09-16	扁蓿豆	15		12	5.56	3.39
8	09-16	瓣蕊唐松草	16		5	1.78	1.05
8	09-16	星毛委陵菜	2		1	<0.3	
8	09-16	早熟禾	28		5	1.2	1.03
8	09-16	披针叶黄华	15		2	3.35	1.5
8	09-16	阿尔泰狗哇花	8		2	0.32	0.33
8	09-16	日阴菅	10		16	13.5	9.75
8	09-16	枯草				12.2	10.73
9	09-16	羊草	33		89	48.5	27.86
9	09-16	狭叶青蒿	31		17	6.34	4.08
9	09-16	苔草	8		306	18.53	14.66
9	09-16	双齿葱	11		1	0.67	0.51
9	09-16	蓬子菜	21		1	0.42	0.29
9	09-16	麻花头	18		2	0.87	0.85
9	09-16	裂叶蒿	10		22	11.91	6.68
9	09-16	菊叶委陵菜	17		3	3.24	2.17
9	09-16	柴胡	17		7	2.6	0.84
9	09-16	扁蓿豆	10		16	7.27	4.35
9	09-16	瓣蕊唐松草	20		7	2.44	1.84
9	09-16	披针叶黄华	16		7	5.9*3	2.52
9	09-16	日阴菅	13		19	8.3	6.67
9	09-16	阿尔泰狗哇花	13		2	0.42	0.35
9	09-16	早熟禾	21		1	<0.3	
9	09-16	枯草				65.4	58.79
0	05-22	细叶白头翁	15	16	46	29.46	7.26
0	05-22	鸢尾	16		6	1.71	0.54
0	05-22	裂叶蒿	6		56	14.01	3.6
0	05-22	麻花头	10		7	2.34	0.47
0	05-22	羊草	14		94	8.28	2.6
0	05-22	多叶棘豆	8		4	2.08	0.64
0	05-22	羊茅	9		25	30.51	18.52
0	05-22	贝加尔针茅	10		3	0.79	0.37
0	05-22	冷蒿	12		15	1.87	0.91
0	05-22	日阴菅	10		2	1.21	0.48
0	05-22	细叶蓼	5		15	2.21	0.34
0	05-22	麦瓶草	6		4	3.59	1.31
0	05-22	双齿葱	7		17	4.89	1.25

（续）

样方号	取样日期	植物名称	自然高度（cm）	绝对高度（cm）	多度	鲜生物量重（g）	干生物量（g）
0	05－22	柴胡	7		4	0.31	0.09
0	05－22	溚草	8		25	7.08	3.69
0	05－22	蓬子菜	6		4	0.36	0.07
0	05－22	沙参	3		2	<0.3	<0.3
0	05－22	细叶葱	7		8	2.13	0.75
0	05－22	披针叶黄华	2		2	<0.3	<0.3
0	05－22	轮叶委陵菜	6		5	0.42	0.17
0	05－22	糙隐子草	2		1	<0.3	<0.3
0	05－22	早熟禾	9		2	<0.3	<0.3
0	05－22	冰草	9		4	1.56	0.3
0	05－22	苔草	7		101	8.8	4.39
0	05－22	枯落物				140.13	123.76
1	05－22	羊茅	10		16	9.85	5.69
1	05－22	贝加尔针茅	11		11	1.75	0.82
1	05－22	细叶白头翁	10		12	28.16	6.78
1	05－22	羊草	11		46	5.13	1.7
1	05－22	山野豌豆	14		7	2.8	0.61
1	05－22	裂叶蒿	7		25	5.23	0.34
1	05－22	双齿葱	5		14	3.71	0.86
1	05－22	冷蒿	6		3	2.07	1.06
1	05－22	星毛委陵菜	2		2	3.62	1.5
1	05－22	麻花头	10		3	1.67	0.24
1	05－22	多叶棘豆	9		1	<0.3	<0.3
1	05－22	苔草	8		170	12.59	7.44
1	05－22	溚草	7		22	2.58	0.96
1	05－22	柴胡	13		2	<0.3	<0.3
1	05－22	轮叶委陵菜	8		1	<0.3	<0.3
1	05－22	叉枝鸦葱	10		1	<0.3	<0.3
1	05－22	鸢尾	9		2	0.8	0.18
1	05－22	狭叶青蒿	12		1	0.31	0.08
1	05－22	细叶葱	16		7	1.63	0.32
1	05－22	瓦松	1		2	1.52	0.12
1	05－22	菊叶委陵菜	5		1	0.51	0.25
2	05－22	贝加尔针茅	8		16	2.43	1.3
2	05－22	细叶白头翁	7	19	36	40.08	9.55
2	05－22	羊茅	14		12	13.03	7.24
2	05－22	羊草	9		20	3.46	1.02
2	05－22	鸢尾	16		6	3.29	0.97
2	05－22	冷蒿	10		5	2.79	1.2
2	05－22	日阴菅	3		1	0.87	0.39
2	05－22	溚草	7		17	3.26	1.57
2	05－22	麻花头	5		8	2.85	0.51

（续）

样方号	取样日期	植物名称	自然高度（cm）	绝对高度（cm）	多度	鲜生物量重（g）	干生物量（g）
2	05-22	狗舌草	9		2	0.8	0.11
2	05-22	苔草	3		156	6.73	4.26
2	05-22	瓦松	2		6	3.48	0.4
2	05-22	菊叶委陵菜	3		1	<0.3	<0.3
2	05-22	狭叶青蒿	6		5	0.8	0.17
2	05-22	蓬子菜	12		1	2.18	0.43
2	05-22	山野豌豆	4		<0.3	<0.3	<0.3
2	05-22	二裂委陵菜	7		3	0.67	0.12
2	05-22	麦瓶草	5		15	2.66	0.67
2	05-22	双齿葱	4		6	2.78	0.66
2	05-22	柴胡	3		<0.3	<0.3	<0.3
2	05-22	细叶蓼	3		<0.3	<0.3	<0.3
2	05-22	轮叶委陵菜	2		<0.3	<0.3	<0.3
2	05-22	枯落物				153.5	140.37
3	05-22	细叶白头翁	6	21	29	25.2	6.66
3	05-22	狗舌草	7		3	1.11	0.25
3	05-22	裂叶蒿	7		34	9.99	3
3	05-22	多叶棘豆	7		3	1.02	0.33
3	05-22	羊草	10		9	0.78	0.31
3	05-22	星毛委陵菜	2		1	<0.3	<0.3
3	05-22	麻花头	7		1	<0.3	<0.3
3	05-22	蓬子菜	7		6	2.82	0.58
3	05-22	羊茅	13		30	34.34	19.73
3	05-22	鸢尾	13		1	<0.3	<0.3
3	05-22	漏芦	4		9	4.67	1.02
3	05-22	瓦松	2		4	5.43	0.54
3	05-22	菊叶委陵菜	5		3	0.68	0.56
3	05-22	蒲公英	4	2	2	2.22	0.5
3	05-22	山野豌豆	13		1	0.33	0.1
3	05-22	二裂委陵菜	7		1	<0.3	<0.3
3	05-22	冷蒿	4		2	<0.3	<0.3
3	05-22	双齿葱	8		7	1.37	0.4
3	05-22	麦瓶草	5		2	0.9	0.3
3	05-22	柴胡	7		1	<0.3	<0.3
3	05-22	沙参	6		2	<0.3	<0.3
3	05-22	溚草	8		5	2.7	1.25
3	05-22	细叶葱	12		2	<0.3	<0.3
3	05-22	冰草	8		2	0.42	0.38
3	05-22	细叶蓼	6		2	0.33	0.09
3	05-22	米口袋	2		1	<0.3	<0.3
3	05-22	苔草	3		200	6.98	3.82
3	05-22	枯落物				134.74	124.16

（续）

样方号	取样日期	植物名称	自然高度（cm）	绝对高度（cm）	多度	鲜生物量重（g）	干生物量（g）
4	05－22	羊草	6		12	0.9	0.29
4	05－22	细叶白头翁	13	16	31	35.88	9.63
4	05－22	星毛委陵菜	2		1	2.02	0.84
4	05－22	麻花头	12		15	5.2	1.02
4	05－22	裂叶蒿	5		42	12.02	3.05
4	05－22	狭叶婆婆纳	9		2	0.42	0.1
4	05－22	冷蒿	5		5	3.11	1.51
4	05－22	狭叶青蒿	6		2	<0.3	<0.3
4	05－22	麦瓶草	5		1	0.68	0.1
4	05－22	蓬子菜	13		3	1.8	0.35
4	05－22	渃草	5		7	3.29	1.66
4	05－22	早熟禾	10		4	1.29	0.49
4	05－22	瓦松	2		2	2	0.13
4	05－22	轮叶委陵菜	2		<0.3	<0.3	<0.3
4	05－22	羊茅	7		12	13.68	6.38
4	05－22	阿尔泰狗哇花	6		6	0.96	0.21
4	05－22	贝加尔针茅	11		8	1.73	0.88
4	05－22	苔草	5		156	4.23	2.21
4	05－22	双齿葱	5		1	<0.3	<0.3
4	05－22	枯落物				92.53	80.21
5	05－22	细叶白头翁	10	21	12	12.62	3.2
5	05－22	麻花头	10		15	12.7	2.25
5	05－22	羊茅	10		11	34.15	20.76
5	05－22	贝加尔针茅	12		6	21.18	1.11
5	05－22	星毛委陵菜	2		3	11.36	4.83
5	05－22	蓬子菜	12		3	0.66	0.14
5	05－22	裂叶蒿	7		18	4.9	1.46
5	05－22	羊草	10		74	11.98	3.71
5	05－22	二裂委陵菜	4		1	<0.3	<0.3
5	05－22	冷蒿	4		4	2.29	1.15
5	05－22	光稃茅香	10		1	<0.3	<0.3
5	05－22	狭叶婆婆纳	6		4	1.66	0.33
5	05－22	渃草	7		7	2.4	1.16
5	05－22	鸢尾	21		5	1.09	0.43
5	05－22	双齿葱	7		3	0.92	0.21
5	05－22	早熟禾	10		2	<0.3	<0.3
5	05－22	细叶葱	13		1	<0.3	<0.3
5	05－22	苔草	4		82	1.93	1.15
5	05－22	枯落物				169.58	143.84
6	05－22	贝加尔针茅	12		7	0.69	0.37
6	05－22	细叶白头翁	10	24	16	41.85	10.59
6	05－22	羊茅	9		18	34.61	21.95

（续）

样方号	取样日期	植物名称	自然高度（cm）	绝对高度（cm）	多度	鲜生物量重（g）	干生物量（g）
6	05 - 22	羊草	14		16	1.79	0.57
6	05 - 22	裂叶蒿	5		32	10.71	2.82
6	05 - 22	西伯利亚羽茅	14		1	<0.3	<0.3
6	05 - 22	麻花头	8		1	1.02	0.19
6	05 - 22	伏毛山莓草	3		1	<0.3	<0.3
6	05 - 22	双齿葱	4		11	3.86	1.08
6	05 - 22	狗舌草	3		1	<0.3	<0.3
6	05 - 22	冷蒿	4		1	0.4	0.04
6	05 - 22	蓬子菜	5		1	<0.3	<0.3
6	05 - 22	苔草	4		84	3.38	1.92
6	05 - 22	鸢尾	8		2	0.72	0.19
6	05 - 22	星毛委陵菜	2		2	4.47	2.07
6	05 - 22	唐松草	5		1	<0.3	<0.3
6	05 - 22	柴胡	9		1	<0.3	<0.3
6	05 - 22	狭叶青蒿	5		1	0.35	0.08
6	05 - 22	细叶葱	13		2	<0.3	<0.3
6	05 - 22	苦卖菜	3		1	<0.3	<0.3
6	05 - 22	溚草	6		11	2.67	1.31
6	05 - 22	轮叶委陵菜	5		2	0.62	0.24
6	05 - 22	光稃茅香	4		1	<0.3	<0.3
6	05 - 22	日阴菅	4		1	<0.3	<0.3
6	05 - 22	瓦松	1		1	<0.3	<0.3
6	05 - 22	枯落物				98.22	80.21
7	05 - 22	白头翁	16	13	11	18.53	4.8
7	05 - 22	狗舌草	4		1	0.3	0.08
7	05 - 22	麻花头	9		10	5.48	1.2
7	05 - 22	伏毛山莓草	4		7	1.81	0.48
7	05 - 22	羊草	9		67	3.92	1.42
7	05 - 22	裂叶蒿	7		130	21.23	6.72
7	05 - 22	羊茅	12		11	6.45	3.3
7	05 - 22	蓬子菜	6		5	1.37	0.37
7	05 - 22	冷蒿	10		12	0.94	0.45
7	05 - 22	瓣蕊唐松草	5		4	0.54	0.09
7	05 - 22	轮叶委陵菜	6		3	0.34	0.1
7	05 - 22	贝加尔针茅	16		1	0.36	0.1
7	05 - 22	双齿葱	7		4	1	0.27
7	05 - 22	鸢尾	12		5	0.56	0.19
7	05 - 22	蒲公英	4		1	0.39	0.11
7	05 - 22	西伯利亚羽茅	6		28	1.29	0.56
7	05 - 22	溚草	8		8	2.53	1.23
7	05 - 22	星毛委陵菜	2		1	0.4	0.15
7	05 - 22	苔草	6		248	10.68	6.19

（续）

样方号	取样日期	植物名称	自然高度（cm）	绝对高度（cm）	多度	鲜生物量重（g）	干生物量（g）
7	05-22	枯落物				142.18	106.9
8	05-22	细叶白头翁	9	19	27	14.81	3.9
8	05-22	多叶棘豆	9		1	2.51	0.71
8	05-22	羊茅	13		5	5.48	2.58
8	05-22	裂叶蒿	6		21	3.35	0.83
8	05-22	麻花头	8		4	3.14	0.63
8	05-22	溚草	7		6	2.81	1.32
8	05-22	星毛委陵菜	2		1	0.85	0.37
8	05-22	苔草	5			7.12	4
8	05-22	艾蒿	5		7	5.32	1.3
8	05-22	针毛	17		24	11.3	6.17
8	05-22	狭叶青蒿	13		2	0.93	0.23
8	05-22	蒲公英	6	2	2	1.5	0.34
8	05-22	冷蒿	4		2	0.8	0.38
8	05-22	展枝唐松草	3		3	0.63	0.08
8	05-22	线叶菊	6		1	1.06	0.33
8	05-22	鸢尾	22		1	0.36	0.11
8	05-22	瓦松	1		2	0.83	0.06
8	05-22	羊草	14		5	0.44	0.16
8	05-22	枯落物				123.22	108.44
9	05-22	星毛委陵菜	2		3	13.26	4.78
9	05-22	贝加尔针茅	10		2	<0.3	
9	05-22	羊草	9		15	3.58	1.03
9	05-22	蓬子菜	15		2	4.12	0.92
9	05-22	细叶白头翁	6		11	9.18	2.49
9	05-22	裂叶蒿	9		46	11.98	2.82
9	05-22	冰草	5		<0.3	<0.3	
9	05-22	狗舌草	2		1	0.55	0.09
9	05-22	苔草	5		64	1.64	0.82
9	05-22	溚草	5		4	3.54	1.53
9	05-22	羊茅	10		10	5.76	2.86
9	05-22	山野豌豆	2		<0.3	<0.3	
9	05-22	伏毛山莓草	3		<0.3	<0.3	
9	05-22	双齿葱	5		2	1.48	0.43
9	05-22	二裂委陵菜	3		1	0.41	0.13
9	05-22	狭叶青蒿	14		3	0.52	0.13
9	05-22	麻花头	6		2	1.7	0.33
9	05-22	细葱	14		2	<0.3	
9	05-22	鸢尾	13		2	1.65	0.44
9	05-22	柴胡	13		2	<0.3	
9	05-22	枯落物				98.22	86
0	06-16	羊草	20		33	7.47	3.92

（续）

样方号	取样日期	植物名称	自然高度（cm）	绝对高度（cm）	多度	鲜生物量重（g）	干生物量（g）
0	06-16	贝加尔针茅	30		13	18.99	12.05
0	06-16	细叶白头翁	13	27	40	64.34	28.1
0	06-16	瓣蕊唐松草	15		4	5.43	2.23
0	06-16	裂叶蒿	8		90	31.67	14.1
0	06-16	沙参	18		1	<0.3	<0.3
0	06-16	双齿葱	11		12	7.67	2.47
0	06-16	苔草	6			8.65	5.48
0	06-16	柴胡	24		3	0.45	0.09
0	06-16	麻花头	36		4	9.48	3.09
0	06-16	多叶棘豆	10		27	12.13	5.44
0	06-16	披针叶黄华	14	20	4	2.13	0.89
0	06-16	蓬子菜	26		3	4.56	1.98
0	06-16	羊茅	12		21	14.63	11.62
0	06-16	贝加尔针茅立枯	33		10	8.19	7.54
0	06-16	羊草立枯	33		3	0.42	0.27
0	06-16	米口袋	8		3	0.32	0.2
0	06-16	星毛委陵菜	4		2	1.16	0.77
0	06-16	冷蒿	10		2	3.43	2.04
0	06-16	伏毛山莓草	11		7	1.69	1.1
0	06-16	瓦松	1		1	0.98	0.11
0	06-16	麦瓶草	12		1	0.91	0.47
0	06-16	鸢尾	16		1	0.33	0.12
0	06-16	苦荬菜	12		3	0.49	0.24
0	06-16	溚草	11		5	3.81	2.95
0	06-16	羊茅立枯	12		15	6.96	6.4
0	06-16	枯落物				47.35	40.79
1	06-16	羊草	21		32	4.88	2.31
1	06-16	贝加尔针茅	31		5	2.56	1.28
1	06-16	细叶白头翁	16		24	33.35	14.22
1	06-16	瓣蕊唐松草	18		2	0.79	0.33
1	06-16	裂叶蒿	9		42	16.59	0.88
1	06-16	沙参	17		8	7.77	2.88
1	06-16	轮叶委陵菜	13		<0.3	<0.3	<0.3
1	06-16	双齿葱	12		1	2.67	0.75
1	06-16	苔草	7		135	7.72	4.51
1	06-16	柴胡	21		2	<0.3	<0.3
1	06-16	菊叶委陵菜	21		2	4.38	1.76
1	06-16	麻花头			5	26.82	8.13
1	06-16	鸢尾	40		1	1.49	0.69
1	06-16	羊茅	11		11	11.63	8.6
1	06-16	狗舌草	5		1	1.11	0.31
1	06-16	山野豌豆	15		1	0.6	0.24

（续）

样方号	取样日期	植物名称	自然高度（cm）	绝对高度（cm）	多度	鲜生物量重（g）	干生物量（g）
1	06-16	冷蒿	2		<0.3	<0.3	<0.3
1	06-16	婆婆娜	13	14	7	0.87	0.47
1	06-16	芯芭	7		8	2.12	0.93
1	06-16	蓬子菜	27		5	3.26	1.68
1	06-16	星毛委陵菜	3		1	2.7	1.61
1	06-16	黄芪	8		2	0.26	
1	06-16	石竹	15		2	<0.3	<0.3
1	06-16	光稃茅香	14		<0.3	<0.3	<0.3
1	06-16	麦瓶草	5		2	0.47	0.14
1	06-16	羊茅立枯	19		31	5.29	4.88
1	06-16	枯落物				16.06	14.65
2	06-16	羊草	24		17	25.9	4.03
2	06-16	贝加尔针茅	20		15	26.5	14.45
2	06-16	细叶白头翁	11		46	84.94	34.59
2	06-16	叉枝鸦葱	22		1	<0.3	<0.3
2	06-16	瓣蕊唐松草	22		4	4.1	1.46
2	06-16	沙参	30		15	11.52	2.8
2	06-16	双齿葱	11		20	13.79	4.23
2	06-16	苔草	6		115	14.82	9.31
2	06-16	柴胡	25		3	1.93	0.86
2	06-16	羊草立枯	32		17	3.67	3.48
2	06-16	贝加尔针茅立枯	24		15	12.42	12.43
2	06-16	沙参立枯	25		4	0.66	0.55
2	06-16	狭叶青蒿立枯	14		11	0.86	0.72
2	06-16	山野豌豆	23		2	3.01	1.18
2	06-16	蓬子菜	23	23	2	4.55	1.64
2	06-16	鸢尾	41		2	6.57	2.35
2	06-16	二裂委陵菜	20	21	2	2.28	0.87
2	06-16	冷蒿	13		4	4.42	2.6
2	06-16	麻花头	30		22	57.36	16.2
2	06-16	冰草	24	29	7	10.57	5.7
2	06-16	披针叶黄华	16		1	0.59	0.21
2	06-16	狗舌草	10		1	1.73	0.49
2	06-16	狭叶青蒿	25		15	4.42	1.54
2	06-16	早熟禾	27	27	2	0.33	0.22
2	06-16	羊茅	16		3	1.88	0.48
2	06-16	芯芭	12		1	0.42	0.06
2	06-16	细叶蓼	17		2	1.47	0.44
2	06-16	星毛委陵菜	3		1	0.52	0.29
2	06-16	溚草	14		1	0.9	0.6
2	06-16	枯落物				56.8	52.85
3	06-16	羊草	27		8	2.66	1.29

（续）

样方号	取样日期	植物名称	自然高度（cm）	绝对高度（cm）	多度	鲜生物量重（g）	干生物量（g）
3	06-16	贝加尔针茅	26		15	4.34	4.15
3	06-16	细叶白头翁	21		32	35.45	16.13
3	06-16	叉枝鸦葱	13		2	0.68	0.24
3	06-16	瓣蕊唐松草	17		6	4.61	1.88
3	06-16	裂叶蒿	11		24	5.85	2.78
3	06-16	沙参	12		25	8.6	2.46
3	06-16	轮叶委陵菜	2		1	<0.3	<0.3
3	06-16	细叶葱	5		1	<0.3	<0.3
3	06-16	双齿葱	12		10	5.99	2.15
3	06-16	苔草	7		41	3.15	2.05
3	06-16	狭叶青蒿立枯	35		4	0.54	0.46
3	06-16	麻花头立枯	42		3	2.86	2.57
3	06-16	羊草立枯	25		8	1.39	1.23
3	06-16	贝加尔针茅立枯	30		15	4.88	4.5
3	06-16	冷蒿立枯	32		5	0.61	0.52
3	06-16	沙参立枯	21		6	0.51	0.48
3	06-16	蓬子菜		27	8	14.52	5.53
3	06-16	星毛委陵菜	2		1	11.69	8.03
3	06-16	冷蒿	13		5	6.47	4.15
3	06-16	乳浆大戟	11		2	0.64	0.29
3	06-16	羊茅	16		17	41.18	29.31
3	06-16	细叶黄鹌菜	20		1	1.09	0.42
3	06-16	麻花头	30		5	24.84	7.55
3	06-16	溚草	7		12	3.24	2.19
3	06-16	狭叶青蒿	30		3	1.98	0.9
3	06-16	山野豌豆	17		1	0.66	0.27
3	06-16	芯芭	4		1	0.37	0.18
3	06-16	铁杆蒿	18		2	1.59	0.65
3	06-16	枯落物				41.44	38.36
4	06-16	羊草	22		28	7.63	3.43
4	06-16	贝加尔针茅	37		9	6.77	3.63
4	06-16	细叶白头翁	13		45	60.71	24.53
4	06-16	瓣蕊唐松草	24		4	2.95	1.18
4	06-16	裂叶蒿	11		62	31.04	11.65
4	06-16	细叶葱	13		7	0.96	0.39
4	06-16	双齿葱	13		4	0.69	
4	06-16	苔草	9		242	13.91	8.39
4	06-16	柴胡	27		1	<0.3	
4	06-16	麻花头	7		9	19.52	5.89
4	06-16	早熟禾		23	2	0.67	0.41
4	06-16	星毛委陵菜	3		1	1.31	0.73
4	06-16	鸢尾	35		1	1.84	0.86

（续）

样方号	取样日期	植物名称	自然高度（cm）	绝对高度（cm）	多度	鲜生物量重（g）	干生物量（g）
4	06－16	羊茅	13		3	5.83	4.13
4	06－16	黄芪	13		4	1.67	0.56
4	06－16	多叶棘豆	14		1	0.74	0.26
4	06－16	光稃茅香	12		7	0.76	0.44
4	06－16	二裂委陵菜	17		1	0.28	0.18
4	06－16	蓬子菜	17		9	6.87	2.49
4	06－16	山野豌豆	13		1	0.67	0.31
4	06－16	溚草		25	2	0.77	0.58
4	06－16	披针叶黄华	4		＜0.3	＜0.3	
4	06－16	百合	15		1	0.33	0.11
4	06－16	伏毛山莓草	7		2	0.69	0.44
4	06－16	冷蒿	4		1	0.38	0.25
4	06－16	贝加尔针茅立枯	27		4	0.8	0.76
4	06－16	羊草立枯	21		31	4.1	3.81
4	06－16	枯落物				22.5	20.41
5	06－16	羊草	36		85	19.9	9.76
5	06－16	贝加尔针茅	27		3	2.37	1.54
5	06－16	细叶白头翁	16		48	82.33	38.96
5	06－16	叉枝鸦葱	23		4	2.29	0.81
5	06－16	瓣蕊唐松草	19		15	8.18	3.36
5	06－16	裂叶蒿	7		27	7.6	3.71
5	06－16	沙参				0.32	0.11
5	06－16	双齿葱	13		3	4.56	1.5
5	06－16	山野豌豆	22		2	2.59	1.16
5	06－16	棉团铁线莲	36		1	2.96	1.53
5	06－16	防风	23		2	7.1	2.76
5	06－16	麻花头	30		7	10.09	3.5
5	06－16	日阴菅	20		16	55.18	35.65
5	06－16	羊茅	13		5	5.56	4.18
5	06－16	星毛委陵菜	3		1	4.26	3.11
5	06－16	米口袋	14		2	0.68	0.12
5	06－16	日阴菅枯	20		16	31.7	30.41
5	06－16	狗舌草	10		1	1.01	0.36
5	06－16	羊草立枯	21		15	3.98	3.62
5	06－16	麻花头立枯	44		1		
5	06－16	羊草立枯	36		27		
5	06－16	蓬子菜			1	＜0.3	
5	06－16	多叶豆	12		1	＜0.3	
5	06－16	扁蓿豆	16		1	＜0.3	
5	06－16	沙参	6		1	＜0.3	
5	06－16	早熟禾		23	1	0.54	0.46
5	06－16	芯芭	11		1	＜0.3	

（续）

样方号	取样日期	植物名称	自然高度（cm）	绝对高度（cm）	多度	鲜生物量重（g）	干生物量（g）
5	06-16	枯落物				70.82	61.72
1	07-17	羊草	36		10	16.85	7.93
1	07-17	贝加尔针茅	43		4	18.54	11.26
1	07-17	羊茅	24		84	63.79	28.53
1	07-17	斜茎黄芪	15		1	<0.3	
1	07-17	狭叶青蒿	38		8	10.2	4.3
1	07-17	细叶白头翁	14		19	52.57	21.38
1	07-17	苔草	11		139	20.32	10.72
1	07-17	双齿葱	15		22	14.84	0.77
1	07-17	沙参	21		25	34.95	10.22
1	07-17	蓬子菜	32		25	10.67	6.91
1	07-17	麻花头	38		4	6.71	2.24
1	07-17	轮叶委陵菜	13		1	<0.3	
1	07-17	裂叶蒿	16		20	20.78	9.6
1	07-17	冷蒿	14		20	19.3	9.2
1	07-17	柴胡		28	4	1.77	0.68
1	07-17	叉枝鸦葱	25		2	1.68	0.48
1	07-17	瓣蕊唐松草	22		25	25.72	9.66
1	07-17	披针叶黄华	22		11	9.36	3.15
1	07-17	鸢尾	33		1	0.79	0.43
1	07-17	多叶棘豆	17		1	7.18	2.35
1	07-17	芯芭	15		17	3.81	1.66
1	07-17	狗舌草	12		1	2.45	0.52
1	07-17	铁杆蒿		32	1	16.19	5.41
1	07-17	白花草木犀		35	1	3.14	1.15
1	07-17	西伯利亚羽茅	26		27	5.2	2.43
1	07-17	羊草立枯	23		40	9.6	8.53
1	07-17	贝加尔针茅立枯	43		3	3.32	7.06
1	07-17	阿尔泰狗哇花	21		10	2.45	0.99
1	07-17	细叶百合	21		6	6.92	2.42
1	07-17	漏芦	18		2	8.13	3.26
1	07-17	裂叶荆芥	11		1	<0.3	
1	07-17	早熟禾	38		3	1.16	0.87
1	07-17	溚草	20		9	10.77	6.19
1	07-17	紫包鸢尾	15		1	0.46	
1	07-17	枯落物				140.84	113.02
2	07-17	羊草	40		20	8.55	4.01
2	07-17	贝加尔针茅	41		17	16.04	8.56
2	07-17	斜茎黄芪		26	5	9.23	2.93
2	07-17	细叶葱	20		4	0.96	0.29
2	07-17	细叶白头翁	22		28	38	14.52
2	07-17	瓦松	2		12	2.17	0.27

（续）

样方号	取样日期	植物名称	自然高度（cm）	绝对高度（cm）	多度	鲜生物量重（g）	干生物量（g）
2	07-17	双齿葱	20		7	40.86	24.13
2	07-17	沙参	84	84	12	6.79	2.04
2	07-17	蓬子菜		50	6	20.42	6.11
2	07-17	麻花头	15		9	13.74	5.2
2	07-17	轮叶委陵菜	8		1	25.23	6.92
2	07-17	裂叶蒿	17		51	69.06	24.5
2	07-17	菊叶委陵菜	26		4	3.32	1.42
2	07-17	瓣蕊唐松草	14		30	38.39	14.05
2	07-17	星毛委陵菜	3			19.28	10.88
2	07-17	二裂委陵菜	21		4	2.26	0.77
2	07-17	山叶豌豆	17		3	2.75	1.08
2	07-17	狭叶青蒿	32		14	13.13	4.89
2	07-17	西伯利亚羽茅	40		25	31.2	16.29
2	07-17	草芸香	20		6	10.81	3.27
2	07-17	披针叶黄华	20		4	4.234	1.39
2	07-17	阿尔泰狗哇花	19		4	0.96	0.31
2	07-17	鸢尾	50		1	2.17	0.88
2	07-17	羊草立枯	40		20	2.5	2.19
2	07-17	贝加尔针茅立枯	35		17	4.38	4
2	07-17	多叶棘豆	10		1	<0.3	
2	07-17	并头黄芪	12		1	<0.3	
2	07-17	溚草	15		3	1.89	0.98
2	07-17	枯落物				131.18	105.55
3	07-17	羊草	26		35	12.62	5.73
3	07-17	贝加尔针茅	38		27	10.62	5.73
3	07-17	糙隐子草	8		8	3.05	1.6
3	07-17	羊茅	17		5	13.95	7.73
3	07-17	斜茎黄芪	15		4	1.07	0.45
3	07-17	狭叶青蒿	36		24	13.28	4.83
3	07-17	细叶白头翁	17		31	35.01	13.05
3	07-17	苔草	14		210	12.78	6.25
3	07-17	双齿葱	12		16	16.26	4.87
3	07-17	沙参	23		54	30.64	9.59
3	07-17	麻花头	16		12	8.34	2.45
3	07-17	裂叶蒿	17		8	10.62	3.45
3	07-17	冷蒿	17		12	5.91	2.45
3	07-17	瓣蕊唐松草	15		5	3.55	1.4
3	07-17	星毛委陵菜	2		5	3.31	1.72
3	07-17	鸢尾	43		2	13.44	4.75
3	07-17	多叶棘豆	14		20	9.87	3.58
3	07-17	披针叶黄华	15		2	1.09	0.32
3	07-17	西伯利亚羽茅	23		13	2.7	1.07

（续）

样方号	取样日期	植物名称	自然高度（cm）	绝对高度（cm）	多度	鲜生物量重（g）	干生物量（g）
3	07-17	龙胆草	12		1	0.74	0.21
3	07-17	早熟禾	30		1	<0.3	
3	07-17	贝加尔针茅立枯	25		28	3.98	3.6
3	07-17	羊草立枯	17		26	3.95	3.35
3	07-17	枯落物				44.28	40.35
4	07-17	羊草	31		6	1.58	0.84
4	07-17	贝加尔针茅	46		16	15.5	9
4	07-17	羊茅	15		11	24.21	14.16
4	07-17	斜茎黄芪	16		11	4.15	1.52
4	07-17	细叶白头翁	10		38	38.86	16.15
4	07-17	苔草	10		85	8.8	5.08
4	07-17	双齿葱	13		11	7	2.26
4	07-17	沙参	20		2	0.75	0.36
4	07-17	蓬子菜		33	4	5.7	2.7
4	07-17	麻花头	20		7	10.83	3.64
4	07-17	轮叶委陵菜	10		3	0.61	0.36
4	07-17	裂叶蒿	12		87	66.39	24.65
4	07-17	冷蒿	13		5	2.75	
4	07-17	柴胡		27	1	0.42	0.33
4	07-17	瓣蕊唐松草	22		6	6.55	2.48
4	07-17	星毛委陵菜	3		2	11.46	6.64
4	07-17	鸢尾	33		3	8.13	3.08
4	07-17	光稃茅香	22		36	7.44	3.38
4	07-17	芯芭	10		8	3.65	1.57
4	07-17	早熟禾		30	3	<0.3	
4	07-17	野豌豆	19		3	1.22	0.63
4	07-17	阿尔泰狗哇花	21		6	2.2	0.99
4	07-17	草木樨	19		2	0.84	0.4
4	07-17	溚草	14		18	9.26	5.26
4	07-17	羊草立枯				0.51	0.4
4	07-17	枯落物				92.63	83.63
5	07-17	羊草	30		27	17.84	8.15
5	07-17	贝加尔针茅	33		6	3.84	1.89
5	07-17	羊茅	17		3	4.56	2.74
5	07-17	斜茎黄芪	11		3	0.58	0.23
5	07-17	狭叶青蒿	22	36	3	7.25	2.64
5	07-17	细叶葱		37	3	3.51	1.19
5	07-17	细叶白头翁	18		19	36.84	15.21
5	07-17	苔草	13		156	16	6.68
5	07-17	双齿葱	14		3	3.24	0.96
5	07-17	蓬子菜		30	2	2.36	0.93
5	07-17	麻花头	27		2	4.85	1.68

（续）

样方号	取样日期	植物名称	自然高度（cm）	绝对高度（cm）	多度	鲜生物量重（g）	干生物量（g）
5	07－17	轮叶委陵菜	8		3	0.54	0.26
5	07－17	裂叶蒿	12		19	25.23	9.06
5	07－17	冷蒿	8		7	7.49	3.44
5	07－17	菊叶委陵菜		15	21	54.16	22.97
5	07－17	柴胡		30	5	2.13	0.96
5	07－17	叉枝鸦葱	17		1	0.78	0.26
5	07－17	瓣蕊唐松草	23		7	8.03	2.29
5	07－17	星毛委陵菜	3		4	21.66	13.22
5	07－17	羊草立枯	28		7	2.52	2.19
5	07－17	光稃茅香	12		9	1.96	0.95
5	07－17	披针叶黄华	19		6	6.43	2.26
5	07－17	阿尔泰狗哇花	23		16	4.48	1.77
5	07－17	鸢尾	27		3	20.36	7.56
5	07－17	漏芦		36	1	10.94	4.02
5	07－17	早熟禾		36	3	1.61	1.07
5	07－17	溚草	10		3	3.73	2.3
5	07－17	狗舌草	3		1	<0.3	
5	07－17	二裂委陵菜	17		1	1.05	0.48
5	07－17	细叶黄鹌菜	8		1	4.98	0.32
5	07－17	糙隐子草				<0.3	
5	07－17	枯落物				74.58	67.44
1	08－13	羊草	37		53	20	15.87
1	08－13	贝加尔针茅	35		9	15.18	12.36
1	08－13	羊茅	16		12	25.04	23.45
1	08－13	斜茎黄芪	17		2	0.74	0.47
1	08－13	细叶葱		42	2		
1	08－13	细叶白头翁	13		28	41.13	30
1	08－13	瓦松	2		1	<0.3	
1	08－13	苔草	15			5.35	4.41
1	08－13	双齿葱	14		6	2	0.94
1	08－13	蓬子菜	35		8	9.02	6.03
1	08－13	麻花头	33		5	12.66	8.08
1	08－13	裂叶蒿	15		20	12.35	7.37
1	08－13	冷蒿	12		7	1.47	1.28
1	08－13	叉枝鸦葱	13		1	0.74	0.4
1	08－13	瓣蕊唐松草	24		5	5.6	3.28
1	08－13	披针叶黄华	16		1	0.36	0.23
1	08－13	日阴菅	14		1	0.82	0.77
1	08－13	芯芭	10		25	4.62	3.16
1	08－13	羊草立枯	12		75	11.57	10.12
1	08－13	贝加尔针茅立枯			3	4.08	3.87
1	08－13	紫苞鸢尾			<0.3		

（续）

样方号	取样日期	植物名称	自然高度（cm）	绝对高度（cm）	多度	鲜生物量重（g）	干生物量（g）
1	08-13	枯落物				46.39	46
2	08-13	羊草	35		8	2.38	1.87
2	08-13	贝加尔针茅	27		37	20.63	16.87
2	08-13	羊茅	18		21	64.8	61.47
2	08-13	斜茎黄芪	15		1	<0.3	
2	08-13	细叶葱		14	2	0.31	0.14
2	08-13	细叶白头翁	14		37	30.35	19.12
2	08-13	苔草	10		30	2.22	1.77
2	08-13	蓬子菜		42	5	5.04	3.47
2	08-13	麻花头		48	4	17.55	9.93
2	08-13	裂叶蒿	9		81	29.13	16.68
2	08-13	冷蒿	15			1.87	1.67
2	08-13	柴胡		17	1	4.3	
2	08-13	瓣蕊唐松草	27		4	4.04	2.7
2	08-13	披针叶黄华	19		1	2.1	1.01
2	08-13	鸢尾	44		2	7.25	3.97
2	08-13	二裂委陵菜	13		2	<0.3	
2	08-13	贝加尔针茅立枯	34		7	10.69	10.19
2	08-13	日阴菅	17		6	18.34	15
2	08-13	白桦草木樨	20		2	1.74	0.87
2	08-13	羊草立枯	33		8	1.39	1.46
2	08-13	枯落物				58.77	58.13
3	08-13	羊草	27		3	<0.3	
3	08-13	贝加尔针茅	20		19	17.2	13.84
3	08-13	羊茅	10		21	54.91	50.77
3	08-13	细叶葱		15	5	1.72	0.7
3	08-13	细叶白头翁	17		35	41.44	30.17
3	08-13	苔草	14		10	0.94	0.86
3	08-13	沙参	20		3	0.72	0.44
3	08-13	蓬子菜		37	4	2.19	1.4
3	08-13	麻花头	27		6	9.82	4.7
3	08-13	裂叶蒿	18		90	43.11	25.71
3	08-13	冷蒿	7		7	2.84	2.12
3	08-13	柴胡		24	4	0.99	0.76
3	08-13	瓣蕊唐松草	14		1	0.82	0.73
3	08-13	棉团铁线莲	30		2	9.87	4.84
3	08-13	西伯利亚羽茅	43		8	17.15	9.34
3	08-13	二裂委陵菜	10		5	3.51	1.83
3	08-13	日阴菅	14		2	4.8	4
3	08-13	贝加尔针茅立枯	20		8	4.14	3.65
3	08-13	枯落物				30.55	28.75
4	08-13	羊草	25		16	2.92	2.27

（续）

样方号	取样日期	植物名称	自然高度（cm）	绝对高度（cm）	多度	鲜生物量重（g）	干生物量（g）
4	08-13	贝加尔针茅	40		7	4.9	3.79
4	08-13	羊茅	18		26	29.17	25.57
4	08-13	斜茎黄芪	24		4	2.7	1.29
4	08-13	细叶葱		30	2	1.33	0.49
4	08-13	细叶白头翁	18		68	46.89	31.15
4	08-13	苔草	7		21	1.1	1.01
4	08-13	蓬子菜	20		3	0.36	0.24
4	08-13	麻花头	44		14	15.03	8.51
4	08-13	裂叶蒿	17		121	49.28	30.82
4	08-13	冷蒿	10		4	3.12	2.77
4	08-13	柴胡		19	5	0.67	0.42
4	08-13	扁蓿豆	21		2	0.42	0.26
4	08-13	瓣蕊唐松草	23		14	5.33	2.79
4	08-13	囊花鸢尾	35		2	2.82	2.12
4	08-13	早熟禾	27		1	0.46	0.4
4	08-13	披针叶黄华	20		5	5.33	2.31
4	08-13	羊草立枯	29		43	4.02	3.81
4	08-13	紫苞鸢尾	11		2	<0.3	
5	08-13	羊草	22		5	1.29	0.93
5	08-13	贝加尔针茅	32		4	4.68	3.5
5	08-13	羊茅	14		21	37.67	33.59
5	08-13	斜茎黄芪	20		1	0.48	0.23
5	08-13	细叶白头翁	16		20	16.7	10.44
5	08-13	苔草	12			1.76	1.53
5	08-13	双齿葱	15		6	2.37	0.9
5	08-13	蓬子菜		25	3	2.6	1.65
5	08-13	麻花头		22	4	9.25	5.49
5	08-13	裂叶蒿	16		36	27.84	16.78
5	08-13	冷蒿	10		5	5.25	4.09
5	08-13	柴胡	30		3	1.5	0.99
5	08-13	叉枝鸦葱	14			<0.3	
5	08-13	瓣蕊唐松草		12	6	4.5	2.24
5	08-13	星毛委陵菜	3		3	1.82	1.56
5	08-13	羊草立枯			12	2.34	2.17
5	08-13	紫苞鸢尾	12		3	1.2	0.48
5	08-13	贝加尔针茅立枯			3	1.13	1.01
5	08-13	伏毛山莓草	7		2	2.03	1.29
5	08-13	枯落物				78.95	72.44
1	09-18	羊草	35		157	77.7	47.12
1	09-18	贝加尔针茅	35		24	23.66	14.08
1	09-18	斜茎黄芪	20		4	1.84	0.91
1	09-18	细叶白头翁	15		1	1.65	0.76

（续）

样方号	取样日期	植物名称	自然高度（cm）	绝对高度（cm）	多度	鲜生物量重（g）	干生物量（g）
1	09-18	双齿葱	5		3	0.66	0.18
1	09-18	沙参	39		4	0.86	0.66
1	09-18	蓬子菜	28		1	0.53	0.28
1	09-18	麻花头	12		1	0.68	0.38
1	09-18	裂叶蒿	20		30	21.43	9.96
1	09-18	冷蒿	11		1	0.57	0.23
1	09-18	阿尔泰狗哇花		27	12	2.96	1.3
1	09-18	狭叶青蒿	32		2	0.99	0.61
1	09-18	伏毛山莓草	12		1	0.9	0.4
1	09-18	羊草立枯			145	73.29	52.06
1	09-18	鸢尾	12		2	0.46	0.31
1	09-18	溚草	13		23	7.1	4.62
1	09-18	枯草				632.62	426.53
2	09-18	羊草	25		12	2.68	1.92
2	09-18	贝加尔针茅	30		12	5.3	3.65
2	09-18	羊茅	17		13	27.45	18.22
2	09-18	斜茎黄芪	5		2	0.3	0.1
2	09-18	狭叶青蒿	10		3	1.36	0.92
2	09-18	细叶白头翁	19		14	19.03	10.5
2	09-18	苔草	6		247	2.35	1.72
2	09-18	双齿葱	10		1	0.3	0.2
2	09-18	蓬子菜	18		1	0.4	0.14
2	09-18	麻花头	2		1	<0.3	
2	09-18	裂叶蒿	15		67	60.59	30.56
2	09-18	冷蒿	7		12	4.41	2.61
2	09-18	瓣蕊唐松草	25		5	9.29	7.98
2	09-18	早熟禾	36		2	0.4	0.3
2	09-18	草木樨状黄芪	22		4	1.99	0.92
2	09-18	线叶菊	16		1	2.78	1.55
2	09-18	贝加尔针茅立枯	24		8	1.67	0.82
2	09-18	羊草立枯	16		6	3.6	3
2	09-18	羊茅立枯	9		4	6.77	4.94
2	09-18	二裂委陵菜	9		4	0.66	0.43
2	09-18	枯草				63.27	40.16
3	09-18	羊草	33		8	2.91	2.17
3	09-18	贝加尔针茅	30		15	14.32	10.5
3	09-18	羊茅	15		39	35.65	27.9
3	09-18	斜茎黄芪	20		3	1.63	0.7
3	09-18	狭叶青蒿	38	40	29	16.6	8.15
3	09-18	细叶葱	17		4	0.83	0.4
3	09-18	细叶白头翁	12		25	27.28	15.42
3	09-18	瓦松	1		1	<0.3	

（续）

样方号	取样日期	植物名称	自然高度（cm）	绝对高度（cm）	多度	鲜生物量重（g）	干生物量（g）
3	09-18	双齿葱	14		2	1.12	0.73
3	09-18	麻花头	30		4	1.92	3.83
3	09-18	轮叶委陵菜	3		1	<0.3	
3	09-18	裂叶蒿	9		25	19.9	10.46
3	09-18	冷蒿	10	24	39	13.39	8.44
3	09-18	柴胡	4		1	<0.3	
3	09-18	鸢尾	30		2		
3	09-18	披针叶黄华	15		1	<0.3	
3	09-18	枯草				175.36	151.49
4	09-18	羊草	31		84	23.85	18.25
4	09-18	贝加尔针茅	27		9	5.85	3.9
4	09-18	羊茅	13		3	3.74	2.99
4	09-18	斜茎黄芪	12		3	1.02	0.51
4	09-18	细叶葱	24		2	0.39	0.28
4	09-18	细叶白头翁	13		22	24.28	13.13
4	09-18	苔草	7		127	3.48	2.49
4	09-18	双齿葱	11		1	0.96	0.53
4	09-18	沙参	27		1	0.3	0.19
4	09-18	裂叶蒿	7		44	18.85	9.34
4	09-18	冷蒿	7		11	4.61	3
4	09-18	瓣蕊唐松草	16		2	1.06	0.57
4	09-18	星毛委陵菜	4		1	3.89	2.47
4	09-18	线叶菊	16		4	10.2	5.7
4	09-18	多叶棘豆	17		1	<0.3	
4	09-18	披针叶黄华	13		3	2.49	0.98
4	09-18	鸢尾	19		1	0.54	0.34
4	09-18	贝加尔针茅立枯	17		4	3.16	2.08
4	09-18	羊草立枯	19		46	13.13	11.35
4	09-18	枯草				139.94	115.48
5	09-18	羊草	32		76	26.9	17.7
5	09-18	贝加尔针茅	50	26	16	16.09	11.08
5	09-18	羊茅	5			23.84	18.38
5	09-18	斜茎黄芪	17		1	0.9	0.49
5	09-18	细叶葱		30	1	<0.3	
5	09-18	细叶白头翁	19		14	14.22	7.15
5	09-18	苔草	6		45	2.85	2.18
5	09-18	蓬子菜	25		18	8.36	4.4
5	09-18	麻花头	23	40	3	7.6	4.75
5	09-18	裂叶蒿	16		50	27.39	15.4
5	09-18	冷蒿	20		9	2.02	1.23
5	09-18	防风	12		1	1.47	0.76
5	09-18	柴胡		33	3	0.53	0.71

（续）

样方号	取样日期	植物名称	自然高度（cm）	绝对高度（cm）	多度	鲜生物量重（g）	干生物量（g）
5	09-18	瓣蕊唐松草	25		3	2.12	1.39
5	09-18	星毛委陵菜	3			13.2	8
5	09-18	早熟禾	37		4	1.21	0.91
5	09-18	阿尔泰狗哇花	18		1	<0.3	
5	09-18	羊草立枯	18		56	11.34	10.1
5	09-18	枯草				134.76	119.12

注：表中<0.3或<0.5表示生物量极少，估计质量小于0.3或0.5g。

表4-5　2008年主要观测场群落种类组成

样方号	取样日期	植物名称	自然高度（cm）	绝对高度（cm）	多度	鲜生物量重（g）	干生物量（g）
1	05-23	羊草	8	10	10	1.39	0.59
1	05-23	贝加尔针茅	10	12	1	0.2	
1	05-23	羊茅	9	15	7	7.92	5.48
1	05-23	细叶葱	12	14	7	1.28	0.46
1	05-23	细叶白头翁	8	12	27	13.99	3.87
1	05-23	苔草	4	6	136	6.56	3.74
1	05-23	双齿葱	8	10	8	4.48	2.19
1	05-23	沙参	4	5	3	0.68	0.45
1	05-23	蓬子菜	8	10	9	2.98	1.35
1	05-23	麻花头	10	11	23	10.16	2.08
1	05-23	轮叶委陵菜	5	8	34	3	1.17
1	05-23	裂叶蒿	7	9	22	3.55	1.02
1	05-23	冷蒿	2	3	1	0.2	
1	05-23	柴胡	3	4	1	0.2	
1	05-23	叉枝鸦葱	16	20	1	0.39	0.11
1	05-23	扁蓿豆	6	7	1	0.2	
1	05-23	瓣蕊唐松草	3	4	1	0.2	
1	05-23	星毛委陵菜	2	2	5	10.02	6.4
1	05-23	山遏兰菜	13	15	1	0.34	0.12
1	05-23	狗舌草	2	4	2	0.36	0.12
1	05-23	溚草	6	8	1	0.2	
1	05-23	早熟禾	8	12	2	0.44	0.19
1	05-23	多叶棘豆	8	12	1	0.2	
1	05-23	展枝唐松草	9	11	3	0.2	
1	05-23	细叶黄鹌菜	3	4	1	0.2	
1	05-23	蒲公英	2	3	1	0.2	
1	05-23	羊草立枯	30	32	4	0.6	0.51
1	05-23	贝加尔针茅立枯	27	25	1	0.46	0.3
1	05-23	日阴菅	10	13	1	0.2	
1	05-23	立枯				37.1	34.22
2	05-23	羊草	9	11	8	0.61	0.28

（续）

样方号	取样日期	植物名称	自然高度（cm）	绝对高度（cm）	多度	鲜生物量重（g）	干生物量（g）
2	05-23	贝加尔针茅	10	13	3	0.81	0.55
2	05-23	羊茅	9	11	4	1.34	0.95
2	05-23	细叶白头翁	9	10	13	8.08	2.86
2	05-23	瓦松					
2	05-23	苔草	5	6	36	1.58	1.05
2	05-23	双齿葱	3	4		0.2	
2	05-23	蓬子菜	10	11	1	0.57	0.13
2	05-23	麻花头					
2	05-23	轮叶委陵菜	2	3	1	0.2	
2	05-23	裂叶蒿					
2	05-23	冷蒿	2	3	1	0.2	
2	05-23	星毛委陵菜	2	3	1	1.09	0.57
2	05-23	鸢尾	17	18		3.02	0.98
2	05-23	裂叶蒿	4	6		2.68	0.95
2	05-23	贝加尔针茅立枯	20	28		5.47	5.11
2	05-23	羊草立枯	19	25		3.51	3.26
2	05-23	枯落物				74.07	68.94
3	05-23	贝加尔针茅	7	12	1	0.2	
3	05-23	羊茅	5	7	4	0.2	
3	05-23	细叶葱	10	12	5	0.73	0.16
3	05-23	细叶白头翁	7	7	52	6.13	2.53
3	05-23	苔草	3	4	15	0.87	0.68
3	05-23	双齿葱	5	7	5	1.77	0.55
3	05-23	沙参	3	4	1	0.2	
3	05-23	轮叶委陵菜	2	3	1	0.2	
3	05-23	裂叶蒿	3	5	26	1.18	0.62
3	05-23	冷蒿	2	3	3	0.2	
3	05-23	星毛委陵菜	1	2	1	0.2	
3	05-23	鸢尾	10	15	6	1.41	0.65
3	05-23	山野豌豆	7	7	1	0.2	
3	05-23	羊草立枯	20	20	14	1.23	1.11
3	05-23	蒲公英	1	2	1	0.2	
3	05-23	贝加尔针茅立枯	17	15	1	0.2	
3	05-23	溚草	2	3	1	0.2	
3	05-23	多叶棘豆	1	2	1	0.2	
3	05-23	枯落物				56.81	53.04
4	05-23	羊草	6	7	16	0.72	0.27
4	05-23	糙隐子草	3	4	1	0.2	
4	05-23	羊茅	5	6	5	0.87	0.53
4	05-23	狭叶青蒿	6	7	1	0.2	
4	05-23	细叶葱	9	10	8	0.65	0.28
4	05-23	细叶白头翁	3	5	3	0.73	0.31

（续）

样方号	取样日期	植物名称	自然高度（cm）	绝对高度（cm）	多度	鲜生物量重（g）	干生物量（g）
4	05-23	苔草	3	4	76	2.21	1.59
4	05-23	双齿葱	9	10	13	4.27	1.44
4	05-23	轮叶委陵菜	1	2	1	0.2	
4	05-23	裂叶蒿	5	6	16	1.31	0.73
4	05-23	冷蒿	1	2	1	0.2	
4	05-23	羊草立枯	25	30	21	3.04	2.75
4	05-23	鸢尾	7	10	3	0.39	0.14
4	05-23	蒲公英	1	3	1	0.2	
4	05-23	早熟禾	3	4	2	0.2	
4	05-23	枯落物				78.22	77.32
5	05-23	羊草	10	11	14	0.99	0.39
5	05-23	贝加尔针茅	10	12	16	4.51	3.5
5	05-23	羊茅	5	6	4	1.27	1.01
5	05-23	细叶葱	10	12	1	0.2	
5	05-23	细叶白头翁	5	7	12	4.45	1.69
5	05-23	苔草	3	4	32	1.7	1.27
5	05-23	双齿葱	5	6	4	1.24	0.39
5	05-23	麻花头	1	2	1	0.2	
5	05-23	裂叶蒿	5	6	10	1.88	0.69
5	05-23	冷蒿	8	10	1	0.2	
5	05-23	柴胡	3	4	1	0.2	
5	05-23	叉枝鸦葱	5	7	3	1.11	0.32
5	05-23	星毛委陵菜	2	3	1	0.42	0.29
5	05-23	鸢尾	16	18	2	0.55	0.18
5	05-23	早熟禾	27	31	1	0.2	
5	05-23	伏毛山莓草	2	3	1	0.2	
5	05-23	阿尔泰狗哇花	3	4	1	0.2	
5	05-23	羊草立枯	26	28	21	3.57	3.38
5	05-23	贝加尔针茅立枯	30	34	6	7.33	6.71
5	05-23	枯落物				44.87	41.64
1	05-21	羊草	12	15	39	6.63	2.12
1	05-21	贝加尔针茅	13	18	4	3.08	1.92
1	05-21	细叶葱	13	16	4	0.41	0.4
1	05-21	细叶白头翁	11	12	23	11.82	3.12
1	05-21	苔草	3	6	52	1.68	1.06
1	05-21	双齿葱	5	7	11	4.07	1.07
1	05-21	沙参	3	4	13	2.26	0.44
1	05-21	蓬子菜	7	9	14	5.62	1.08
1	05-21	麻花头	6	8	19	8.57	1.74
1	05-21	轮叶委陵菜	2	3	170.3		
1	05-21	裂叶蒿	6	7	6	1.83	0.55
1	05-21	柴胡	4	5	170.3		

（续）

样方号	取样日期	植物名称	自然高度（cm）	绝对高度（cm）	多度	鲜生物量重（g）	干生物量（g）
1	05-21	叉枝鸦葱	6	15	2	0.32	0.09
1	05-21	扁蓿豆	2	3	9	0.68	0.22
1	05-21	星毛委陵菜	1	2	170.3		
1	05-21	狗舌草	3	4	2	0.53	0.13
1	05-21	裂叶荆芥	5	7	1	0.2	
1	05-21	二裂委陵菜	5	6	6	0.76	0.28
1	05-21	溚草	3	4	3	0.48	0.28
1	05-21	鸢尾	10	18	2	0.48	0.28
1	05-21	蒲公英	1	2	170.3		
1	05-21	日阴菅	6	8	37	8.54	4.63
1	05-21	展枝唐松草	4	5	170.3		
1	05-21	枯落物				72.54	63.75
2	05-21	羊草	13	15	58	7.33	2.49
2	05-21	贝加尔针茅	10	13	7	1.17	0.67
2	05-21	细叶葱	8	13	6	0.54	0.18
2	05-21	细叶白头翁	4	5	6	0.93	0.22
2	05-21	双齿葱	6	7	2	0.63	0.16
2	05-21	沙参	10	12	12	2.12	0.46
2	05-21	蓬子菜	7	7	15	2.53	0.57
2	05-21	麻花头	4	8	9	2.99	0.7
2	05-21	裂叶蒿	4	5	30	5.31	1.47
2	05-21	柴胡	10	11	1	0.2	
2	05-21	扁蓿豆	5	6	10	0.91	0.25
2	05-21	瓣蕊唐松草	3	4	4	0.2	
2	05-21	星毛委陵菜	1	2	1	0.2	
2	05-21	鸢尾	15	17	3	0.53	0.13
2	05-21	溚草	4	5	2	0.2	
2	05-21	日阴菅	3	4	68	18.79	90.5
2	05-21	枯落物				113.22	102.47
3	05-21	羊草	11	12	84	11.45	3.88
3	05-21	贝加尔针茅	9	10	4	1.71	0.91
3	05-21	细叶白头翁	9	10	1	0.81	0.25
3	05-21	双齿葱	5	6	7	2.94	0.77
3	05-21	沙参	5	6	20	2.11	0.96
3	05-21	蓬子菜	6	7	22	4.81	2.01
3	05-21	麻花头	7	8	3	0.58	0.15
3	05-21	裂叶蒿	4	5	10	1.88	0.64
3	05-21	柴胡	5	6	1	0.2	
3	05-21	扁蓿豆	3	4	9	0.2	
3	05-21	瓣蕊唐松草	4	4	9	0.46	0.18
3	05-21	鸢尾	16	18	3	1.15	0.43
3	05-21	二裂委陵菜	3	4	1	0.2	

（续）

样方号	取样日期	植物名称	自然高度（cm）	绝对高度（cm）	多度	鲜生物量重（g）	干生物量（g）
3	05-21	溚草	4	5	7	1.27	0.58
3	05-21	日阴菅	5	6	78	20.57	11.84
3	05-21	枯落物				80.17	73.66
4	05-21	羊草	15	15	99	12.36	4.26
4	05-21	贝加尔针茅	14	14	5	2.31	1.09
4	05-21	细叶葱	10	13	15	1.33	0.47
4	05-21	细叶白头翁	16	16	17	7.9	2.58
4	05-21	苔草	3	4	83	5.24	3.18
4	05-21	双齿葱	6	6	4	2	0.66
4	05-21	沙参	4	4	1	0.2	
4	05-21	蓬子菜	5	6	3	0.48	0.1
4	05-21	麻花头	4	5	4	0.62	0.185
4	05-21	裂叶蒿	3	4	33	5.15	1.68
4	05-21	冷蒿	3	10	2	0.63	0.38
4	05-21	扁蓿豆	5	6	6	0.37	0.14
4	05-21	星毛委陵菜	1	2	8	2.19	1.66
4	05-21	狼毒	10	10	1	5.33	1.45
4	05-21	鸢尾	17	18	1	0.36	0.14
4	05-21	展枝唐松草	7	8	7	1.03	0.27
4	05-21	伏毛山莓草	4	5	3	0.58	0.22
4	05-21	日阴菅	3	4	15	3.67	2.66
4	05-21	溚草	3	4	2	0.87	0.32
4	05-21	枯落物				61.21	55.57
5	05-21	羊草	15	16	35	3.45	1.09
5	05-21	贝加尔针茅	10	13	11	4.79	2.64
5	05-21	狭叶青蒿	11	13	19	3.76	1.04
5	05-21	细叶葱	5	7	1	0.2	
5	05-21	细叶白头翁	6	6	12	1.88	0.52
5	05-21	苔草	3	4	5	0.53	0.41
5	05-21	双齿葱	7	7	1	0.39	0.09
5	05-21	沙参	7	7	4	0.5	0.11
5	05-21	蓬子菜	13	14	1	0.44	0.11
5	05-21	麻花头	5	8	13	7.01	1.35
5	05-21	裂叶蒿	4	5	14	1.53	0.48
5	05-21	叉枝鸦葱	13	14	1	0.2	
5	05-21	扁蓿豆	2	3	1	0.2	
5	05-21	瓣蕊唐松草	5	4	15	0.73	0.23
5	05-21	二裂委陵菜	6	7	4	0.55	0.18
5	05-21	狗舌草	2	3	1	0.2	
5	05-21	鸢尾	7	8	1	0.2	
5	05-21	日阴菅	4	5	97	22.5	14.38
5	05-21	枯落物				53.47	48.83

（续）

样方号	取样日期	植物名称	自然高度（cm）	绝对高度（cm）	多度	鲜生物量重（g）	干生物量（g）
1	06-20	羊草	13	15	145	19.7	7.85
1	06-20	贝加尔针茅	37	39	16	28.54	13.13
1	06-20	细叶葱			16	3.06	0.49
1	06-20	细叶白头翁	21	22	9	15.91	5.4
1	06-20	苔草	10	12	113	7.91	3.87
1	06-20	双齿葱	15	16	1		0.2
1	06-20	蓬子菜	18	20	1	1.62	0.53
1	06-20	麻花头	16	16	1	1.18	0.29
1	06-20	冷蒿	15	17	5	6.48	2.1
1	06-20	防风	22	24	2	6.06	1.9
1	06-20	柴胡	16	19	1		0.2
1	06-20	星毛委陵菜	5	6	4	14.44	4.45
1	06-20	鸢尾	18	19	1	0.56	0.13
1	06-20	溚草	12	16	2	1.35	0.45
1	06-20	二裂委陵菜	10	12	1		0.2
1	06-20	冰草	27	28	1	4.36	1.65
1	06-20	西伯利亚羽茅	35	42	1	0.34	0.23
1	06-20	贝加尔针茅立枯	21	33		9.41	8.63
1	06-20	枯落物				122.93	99.61
2	06-20	羊草	7	8	18	2.69	1.44
2	06-20	贝加尔针茅	22	25	23	24	16.51
2	06-20	狭叶青蒿	19	21	17	10.97	3.86
2	06-20	细叶白头翁	12	14	30	45.29	18.65
2	06-20	苔草	9	10	108	13.88	7.24
2	06-20	双齿葱	12	14	4	1.89	0.49
2	06-20	沙参	3	4	1		0.2
2	06-20	蓬子菜	12	13	49	11.09	5.16
2	06-20	麻花头	7	15	5	9.35	0.99
2	06-20	轮叶委陵菜	5	10	2	0.73	0.42
2	06-20	裂叶蒿	10	11	26	7.08	2.6
2	06-20	冷蒿	10	12	5	2.74	1.31
2	06-20	柴胡	7	7	1		0.2
2	06-20	瓣蕊唐松草	11	13	3	0.43	0.34
2	06-20	星毛委陵菜	3	4	5	8.2	4.06
2	06-20	鸢尾	3	4	1		0.2
2	06-20	展枝唐松草	20	24	4	9.65	3.25
2	06-20	溚草	4	5	3	0.47	0.37
2	06-20	二裂委陵菜	15	16	1	0.37	0.29
2	06-20	西伯利亚羽茅	20	30	6	0.87	0.68
2	06-20	贝加尔针茅立枯	25	27	15	4.87	4.37
2	06-20	羊草立枯	9	11	10	1.46	1.32
2	06-20	多叶棘豆	4	5	2	0.44	0.26

（续）

样方号	取样日期	植物名称	自然高度（cm）	绝对高度（cm）	多度	鲜生物量重（g）	干生物量（g）
2	06-20	野韭	17	19	2	0.66	0.24
2	06-20	枯落物				106.47	94.63
3	06-20	羊草	19	20	21	4.77	1.77
3	06-20	贝加尔针茅	37	45	8	9.27	3.77
3	06-20	糙隐子草	6	8	1		0.2
3	06-20	细叶葱			12	3.78	1.02
3	06-20	细叶白头翁	11	13	32	48.6	15.42
3	06-20	苔草	6	7	75	3.02	2.3
3	06-20	双齿葱	20	21	5	5.17	1.05
3	06-20	蓬子菜			2	2.99	0.92
3	06-20	麻花头	6	8	6	22.21	4.68
3	06-20	轮叶委陵菜	8	12	2		0.2
3	06-20	裂叶蒿	10	11	12	6.31	1.81
3	06-20	冷蒿	9	12	3	0.92	0.45
3	06-20	柴胡	21	22	1		0.2
3	06-20	叉枝鸦葱	5	7	1		0.2
3	06-20	星毛委陵菜	2	3	5	2.07	0.55
3	06-20	鸢尾	12	13	1		0.2
3	06-20	展枝唐松草	17	19	5	3.66	1.37
3	06-20	二裂委陵菜	9	10	3	2.11	0.87
3	06-20	芯芭	9	10	5	1.38	0.55
3	06-20	冰草	16	18	1		0.2
3	06-20	细叶黄鹌菜	8	9	1		0.2
3	06-20	贝加尔针茅立枯	25	29	4	1.36	1.31
3	06-20	羊草立枯	11	12	7	3.7	3.25
3	06-20	枯落物				73.02	72.76
4	06-20	羊草	17	17	16	2.73	1.13
4	06-20	贝加尔针茅	27	28	4	2.23	1.39
4	06-20	羊茅	10	13	5	2.52	1.74
4	06-20	狭叶青蒿	7	9	1		0.2
4	06-20	细叶葱	18	20	21	4.93	1.54
4	06-20	细叶白头翁	11	13	33	52.61	19.86
4	06-20	苔草	4	5	110	8.12	4.26
4	06-20	双齿葱	11	12	9	8.66	3.03
4	06-20	沙参	11	12	21	7.52	1.77
4	06-20	蓬子菜	6	7	1		0.2
4	06-20	麻花头	15	16	16	21	0.07
4	06-20	轮叶委陵菜	11	12	7	2.29	1.18
4	06-20	冷蒿	10	11	6	8.55	4.21
4	06-20	防风	17	20	3	11.95	3.53
4	06-20	柴胡	23	24	2		0.2
4	06-20	叉枝鸦葱	4	5	1		0.2

（续）

样方号	取样日期	植物名称	自然高度（cm）	绝对高度（cm）	多度	鲜生物量重（g）	干生物量（g）
4	06 - 20	星毛委陵菜	2	3	1	5.29	2.4
4	06 - 20	鸢尾	12	14	3	0.52	0.2
4	06 - 20	展枝唐松草	12	13	5	8.33	2.88
4	06 - 20	溚草	2	4	11	4.59	3.53
4	06 - 20	披针叶黄华	10	11	4	0.54	0.29
4	06 - 20	贝加尔针茅立枯	27	30	1	0.37	0.28
4	06 - 20	羊草立枯	13	20	5	0.98	0.83
4	06 - 20	阿尔泰狗哇花	9	11	15	5.02	1.84
4	06 - 20	山野豌豆	7	8	2	0.55	0.33
4	06 - 20	枯落物				83.99	67.56
5	06 - 20	羊草	17	18	8	1.13	0.59
5	06 - 20	贝加尔针茅	20	21	4	3.5	1.77
5	06 - 20	糙隐子草	5	6	1	1.4	0.72
5	06 - 20	羊茅	9	11	1		0.2
5	06 - 20	斜茎黄芪	3	5	1		0.2
5	06 - 20	细叶白头翁	11	13	30	30.67	10.08
5	06 - 20	瓦松	2	2	1		0.2
5	06 - 20	苔草	6	7	196	12.27	6.08
5	06 - 20	双齿葱	11	12	13	4.76	0.98
5	06 - 20	沙参	8	9	6	4.37	1.08
5	06 - 20	麻花头	14	16	7	21.11	4.94
5	06 - 20	裂叶蒿	8	9	74	45.29	12.57
5	06 - 20	冷蒿	3	4	1		0.2
5	06 - 20	鸢尾	36	39	3	4.28	1.58
5	06 - 20	展枝唐松草	15	18	2	1.67	0.77
5	06 - 20	芯芭	5	7	4	1.36	0.45
5	06 - 20	狗舌草	5	6	1	0.53	0.11
5	06 - 20	早熟禾	17	18	2		0.2
5	06 - 20	多叶棘豆	11	12	2	1.23	0.49
5	06 - 20	贝加尔针茅立枯			4	0.91	0.81
5	06 - 20	羊草立枯			9	1.64	1.54
5	06 - 20	枯落物				48.25	25.63
1	06 - 23	羊草	16	22	343	78.53	29.35
1	06 - 23	糙隐子草	10	13	9	9.96	4.07
1	06 - 23	狭叶青蒿	22	23	3	3.45	0.88
1	06 - 23	细叶白头翁	13	15	1	1.77	0.61
1	06 - 23	苔草	6	10	84	6.4	3.43
1	06 - 23	双齿葱	20	12	1	1.12	4.33
1	06 - 23	沙参	17	18	3	4.11	0.93
1	06 - 23	麻花头	19	24	3	7.19	1.63
1	06 - 23	轮叶委陵菜	8	12	1	0.64	0.29
1	06 - 23	裂叶蒿	17	19	24	23.3	6.01

（续）

样方号	取样日期	植物名称	自然高度（cm）	绝对高度（cm）	多度	鲜生物量重（g）	干生物量（g）
1	06-23	冷蒿	7	12	3	8.96	3.09
1	06-23	菊叶委陵菜			1	2.62	0.98
1	06-23	叉枝鸦葱	13	16	4	2.21	0.54
1	06-23	扁蓿豆	16	20	2	4.3	1.39
1	06-23	瓣蕊唐松草	9	11	1		0.2
1	06-23	蒲公英	5	6	3	2.52	0.77
1	06-23	展枝唐松草	12	17	9	17.53	5.63
1	06-23	二裂委陵菜	18	24	5	5.45	2.06
1	06-23	日阴菅	16	16	9	31.49	12.85
1	06-23	山野豌豆	7	8	2	0.4	0.2
1	06-23	披针叶黄华	5	6	1		0.2
1	06-23	阿尔泰狗哇花	11	12	2		0.2
1	06-23	西伯利亚羽茅	21	25	19	5.86	2.54
1	06-23	枯落物				57.64	49.25
2	06-23	羊草	30	31	117	38	15.9
2	06-23	贝加尔针茅	32	35	12	25.21	0.76
2	06-23	糙隐子草	6	8	11	6.86	2.62
2	06-23	细叶葱			15	3.34	0.81
2	06-23	细叶白头翁	10	11	21	12.44	3.9
2	06-23	苔草	9	10	67	1.67	0.83
2	06-23	双齿葱	18	19	11	12.2	2.78
2	06-23	沙参	20	21	4	4.2	0.85
2	06-23	蓬子菜	4	5	2	0.99	0.23
2	06-23	麻花头	13	14	12	17.35	3.85
2	06-23	裂叶蒿	15	16	50	25.01	5.02
2	06-23	冷蒿	11	13	2	0.2	
2	06-23	叉枝鸦葱	27	28	3	1.38	0.4
2	06-23	扁蓿豆	10	12	9	5.23	1.61
2	06-23	星毛委陵菜	2	3	3	3.51	1.31
2	06-23	鸢尾	38	40	2	2.18	0.73
2	06-23	蒲公英	3	6	2	0.25	0.2
2	06-23	展枝唐松草	10	10	4	0.99	0.33
2	06-23	日阴菅	23	25	26	40.45	16.73
2	06-23	披针叶黄华	11	12	1	0.2	0.2
2	06-23	伏毛山莓草	6	8	2	0.59	0.28
2	06-23	枯落物				93.72	78.99
3	06-23	羊草	20	25	93	31.08	12.03
3	06-23	贝加尔针茅	17	18		8.66	4.38
3	06-23	糙隐子草	6	11	16	12.48	5.66
3	06-23	细叶葱	16	20	15	3.07	0.85
3	06-23	细叶白头翁	8	12	22	12.96	4.55
3	06-23	苔草	3	4	6	6.97	4.58

（续）

样方号	取样日期	植物名称	自然高度（cm）	绝对高度（cm）	多度	鲜生物量重（g）	干生物量（g）
3	06-23	沙参	15	17	2	1.3	0.44
3	06-23	蓬子菜	15	16	13	3.61	1.21
3	06-23	麻花头	14	16	11	20.8	5.72
3	06-23	轮叶委陵菜	7	9	4	0.33	0.21
3	06-23	裂叶蒿	11	14	6	21.75	8.55
3	06-23	冷蒿	5	7	6	2.24	1.06
3	06-23	菊叶委陵菜	8	10	1	0.36	0.13
3	06-23	柴胡	3	4	10	0.35	0.18
3	06-23	叉枝鸦葱	15	19	1	0.2	
3	06-23	扁蓿豆	9	12	12	1.91	0.71
3	06-23	瓣蕊唐松草	7	8	12	2.06	0.87
3	06-23	星毛委陵菜	1	2	1		0.2
3	06-23	鸢尾	31	33	3	3.89	1.49
3	06-23	蒲公英	1	4	2	0.75	0.23
3	06-23	展枝唐松草	8	17	5	4.88	1.65
3	06-23	溚草	3	4	2	0.85	0.47
3	06-23	二裂委陵菜	10	12	3	1.36	0.63
3	06-23	日阴菅	17	21	103	43.38	29.15
3	06-23	裂叶荆芥	8	10	13	0.2	
3	06-23	伏毛山莓草	5	6	5	1.19	0.91
3	06-23	山野豌豆	7	8	1	0.2	
3	06-23	西伯利亚羽茅	11	13	19	2.39	1.03
3	06-23	披针叶黄华	2	3	1		0.2
3	06-23	枯落物				68.01	57.44
4	06-23	羊草	13	15	93	41.32	17.56
4	06-23	贝加尔针茅	30	32	4	8.62	3.91
4	06-23	糙隐子草	5	6	3	0.83	0.51
4	06-23	狭叶青蒿	20	22	4	1.34	
4	06-23	细叶葱	26	26	9	3.19	0.77
4	06-23	细叶白头翁	11	13	7	8.29	2.56
4	06-23	苔草	5	7	54	4.76	1.65
4	06-23	双齿葱	16	18	6	7.94	1.67
4	06-23	蓬子菜			4	2.62	0.93
4	06-23	麻花头	16	18	5	2.61	0.8
4	06-23	裂叶蒿	9	12	36	15.15	4.06
4	06-23	冷蒿	17	19	3	0.45	0.22
4	06-23	菊叶委陵菜			2	3.77	1.52
4	06-23	叉枝鸦葱	18	21	2	0.67	0.39
4	06-23	扁蓿豆	13	15	19	10.49	3.26
4	06-23	鸢尾	35	37	3	2.09	0.77
4	06-23	展枝唐松草	6	8	7	2.99	1.06
4	06-23	二裂委陵菜	16	19	1	0.85	0.44

（续）

样方号	取样日期	植物名称	自然高度（cm）	绝对高度（cm）	多度	鲜生物量重（g）	干生物量（g）
4	06-23	日阴菅	16	19	45	43.77	21.82
4	06-23	阿尔泰狗哇花	18	20	3	2.35	0.63
4	06-23	冰草	25	30	3	1.42	1.03
4	06-23	枯落物				65.31	55.07
5	06-23	羊草	20	22	61	13.37	5.49
5	06-23	贝加尔针茅	30	41	5	8.5	3.87
5	06-23	狭叶青蒿	30	34	2	1.87	0.62
5	06-23	细叶白头翁	12	15	284	116.05	42.87
5	06-23	苔草	8	12	154	8.17	3.4
5	06-23	沙参	16	18	1	0.2	
5	06-23	蓬子菜	22	30	6	5.4	1.51
5	06-23	麻花头	14	17	6	9.17	2.3
5	06-23	裂叶蒿	10	12	28	14.4	3.86
5	06-23	柴胡	29	32	1	0.2	
5	06-23	叉枝鸦葱	13	15	2	1.17	0.29
5	06-23	扁蓿豆	5	8	1		0.2
5	06-23	星毛委陵菜	2	3	1	1.98	0.99
5	06-23	鸢尾	38	44	2	2.26	0.89
5	06-23	西伯利亚羽茅	8	10	2		0.2
5	06-23	展枝唐松草	21	24	3	0.69	0.39
5	06-23	披针叶黄华	4	5	1		0.2
5	06-23	日阴菅	10	15	4	3.76	0.91
5	06-23	裂叶荆芥	18	20	4	0.71	0.53
5	06-23	伏毛山莓草	4	7	1	0.44	0.27
5	06-23	阿尔泰狗哇花	11	14	2	0.2	
5	06-23	早熟禾	9	11	2		0.2
5	06-23	枯落物				56.76	48.09
1	07-21	羊草	40	42	70	45.31	19.6
1	07-21	贝加尔针茅	70	72	7	18.82	9.17
1	07-21	糙隐子草	18	20	35	56.26	24.56
1	07-21	细叶葱	33	34	8	7.08	2.12
1	07-21	细叶白头翁	14	33	53	65.6	23.4
1	07-21	苔草	9	9	157	12.32	6.19
1	07-21	双齿葱	13	14	1	0.98	0.33
1	07-21	沙参	14	16	9	7.59	1.92
1	07-21	蓬子菜	20	20	3	9.31	2.83
1	07-21	麻花头	30	31	25	93.23	21.39
1	07-21	轮叶委陵菜	10	12	2	0.7	0.32
1	07-21	裂叶蒿	17	18	47	35.67	10.17
1	07-21	冷蒿	52	56	2	11.28	4.5
1	07-21	柴胡	47	48	1	1.23	0.57
1	07-21	叉枝鸦葱	13	15	1	0.64	0.32

（续）

样方号	取样日期	植物名称	自然高度（cm）	绝对高度（cm）	多度	鲜生物量重（g）	干生物量（g）
1	07-21	扁蓿豆	25	26	16	17.99	5.79
1	07-21	星毛委陵菜	6	7	1	2.78	1.04
1	07-21	蒲公英	6	7	1	<0.3	
1	07-21	展枝唐松草	18	19	13	9.22	3.14
1	07-21	二裂委陵菜	14	15	1	0.8	0.38
1	07-21	日阴菅	17	15	2	1.69	0.78
1	07-21	裂叶荆芥	8	8	4	1.34	0.42
1	07-21	芯芭	10	11	2	0.75	0.26
1	07-21	百合	22	25	1	1.65	0.5
1	07-21	枯落物				35.08	29.58
2	07-21	羊草	35	40	30	35.2	15.77
2	07-21	贝加尔针茅	40	45	7	12.87	6.94
2	07-21	糙隐子草	6	7	3	1.93	1.02
2	07-21	细叶葱	15	16	2	1.16	0.24
2	07-21	细叶白头翁	18	20	33	20.68	6.51
2	07-21	沙参	65	70	5	19.89	5.91
2	07-21	蓬子菜	25	30	7	9.32	3.08
2	07-21	麻花头	12	15	12	98.76	24.36
2	07-21	轮叶委陵菜	12	13	1	<0.3	
2	07-21	裂叶蒿	10	9	22	9.5	2.48
2	07-21	冷蒿	18	22	3	3.47	1.35
2	07-21	大委陵菜	18	20	1	1.36	0.38
2	07-21	柴胡	30	48	1	1.56	0.81
2	07-21	扁蓿豆	38	42	6	7.08	0.32
2	07-21	瓣蕊唐松草	18	22	25	18.36	5.35
2	07-21	星毛委陵菜	1	1	1	<0.3	
2	07-21	鸢尾	38	42	2	5.96	1.99
2	07-21	二裂委陵菜	20	22	5	8.2	3.58
2	07-21	日阴菅	25	30	15	130.65	62.42
2	07-21	西伯利亚羽茅	40	42	35	5.21	2.38
2	07-21	米口袋	15	16	1	0.98	0.25
2	07-21	铁杆蒿	48	52	5	16.86	6.24
2	07-21	山野豌豆	30	38	15	7.09	2.56
2	07-21	百合	48	50	1	3.4	1
3	07-21	羊草	38	40	39	46.93	23.66
3	07-21	贝加尔针茅	48	50	6	18.38	9.25
3	07-21	糙隐子草	5	6	5	1.02	0.52
3	07-21	狭叶青蒿	38	42	79	119.88	44.85
3	07-21	细叶葱	16	17	2	0.56	0.16
3	07-21	细叶白头翁	18	20	36	15.37	6.03
3	07-21	苔草	6	7	45	5.11	2.35
3	07-21	双齿葱	13	14	2	1.78	0.62

（续）

样方号	取样日期	植物名称	自然高度（cm）	绝对高度（cm）	多度	鲜生物量重（g）	干生物量（g）
3	07-21	沙参	26	30	8	8.42	2.35
3	07-21	蓬子菜	30	32	3	4.34	1.38
3	07-21	麻花头			9	41.4	9.39
3	07-21	轮叶委陵菜	7	8	1	0.91	0.35
3	07-21	裂叶蒿	8	9	6	3.69	1.02
3	07-21	柴胡	50	50	2	0.92	0.26
3	07-21	扁蓿豆	25	27	9	27.08	8.84
3	07-21	鸢尾	48	50	3	4.31	1.57
3	07-21	展枝唐松草			8	15.57	5.55
3	07-21	二裂委陵菜	18	19	9	10.49	4.12
3	07-21	日阴菅	28	34	55	105.25	53.69
3	07-21	山野豌豆	9	10	2	0.33	0.2
3	07-21	披针叶黄华	19	21	6	8.95	2.33
3	07-21	裂叶荆芥	18	20	2	1.44	0.45
3	07-21	山遏兰菜	10	11	1	<0.3	
3	07-21	狼毒大戟	28	32	2	7.16	1.88
3	07-21	阿尔泰狗哇花	38	40	7	5.15	2.73
3	07-21	棉团铁线莲	38	40	1	2.9	1.14
3	07-21	枯落物				36.57	30.04
4	07-21	羊草	45	46	53	45.92	21.88
4	07-21	贝加尔针茅	70	80	35	54.02	30.29
4	07-21	细叶葱	30	32	3	1.83	0.57
4	07-21	细叶白头翁	14	16	21	23.5	8.82
4	07-21	苔草	8	9	7	<0.3	
4	07-21	沙参			1	5.81	1.87
4	07-21	蓬子菜	28	30	6	9.72	3.43
4	07-21	麻花头	18	20	6	39.77	9.54
4	07-21	裂叶蒿	18	20	20	20.29	6.4
4	07-21	冷蒿	16	19	1	0.48	0.19
4	07-21	大委陵菜	23	25	1	5.48	2.12
4	07-21	柴胡	6	8	1	<0.3	
4	07-21	叉枝鸦葱	10	12	1	<0.3	
4	07-21	扁蓿豆	24	21	31	33.92	2.01
4	07-21	瓣蕊唐松草	8	10	24	5.48	1.87
4	07-21	鸢尾	42	45	1	1.3	0.51
4	07-21	二裂委陵菜	12	14	1	0.32	0.13
4	07-21	日阴菅	32	35	23	59.58	29.83
4	07-21	铁杆蒿	30	32	1	4.94	2.19
4	07-21	披针叶黄华	30	32	5	7.23	2.32
4	07-21	狗舌草	1	3	1	<0.3	
4	07-21	阿尔泰狗哇花	24	26	4	5.24	1.69
4	07-21	棉团铁线莲	38	40	1	2.51	1.07

（续）

样方号	取样日期	植物名称	自然高度（cm）	绝对高度（cm）	多度	鲜生物量重（g）	干生物量（g）
4	07－21	多叶棘豆	18	20	1	0.86	0.27
4	07－21	枯落物				30.74	24.55
5	07－21	羊草	35	38	34	31.9	14.35
5	07－21	贝加尔针茅	38	44	19	13.69	7.79
5	07－21	糙隐子草	14	16	1	1.34	0.67
5	07－21	斜茎黄芪	11	16	3	6.18	1.68
5	07－21	狭叶青蒿	28	30	5	6.45	2.35
5	07－21	细叶白头翁	12	17	41	67.38	22.76
5	07－21	沙参	28	29	2	2.18	0.6
5	07－21	蓬子菜	26	29	7	7.04	2.29
5	07－21	麻花头	29	32	32	120.93	26.77
5	07－21	轮叶委陵菜	9	11	1	0.38	0.15
5	07－21	裂叶蒿	19	24	52	15.67	4.13
5	07－21	防风	13	14	1	2.3	0.67
5	07－21	柴胡	35	38	8	5.84	2.35
5	07－21	扁蓿豆	30	34	49	60.09	21.14
5	07－21	瓣蕊唐松草	7	10	16	8.45	2.45
5	07－21	鸢尾	40	46	2	5.66	1.95
5	07－21	二裂委陵菜	14	17	5	6.07	2.19
5	07－21	日阴菅	19	24	72	83.13	41.33
5	07－21	西伯利亚羽茅	25	29	1	3.73	2.02
5	07－21	铁杆蒿	25	28	29	52.09	19.47
5	07－21	披针叶黄华	11	12	2	1.71	0.42
5	07－21	裂叶荆芥	9	11	12	2.78	0.61
5	07－21	枯落物				34.67	29.23
1	08－24	羊草	25	26	12	4.13	1.23
1	08－24	贝加尔针茅	35	38	9	10.04	5.40
1	08－24	糙隐子草	16	18	2	4.15	1.96
1	08－24	斜茎黄芪	12	15	1		0.20
1	08－24	细叶葱			4	0.97	0.30
1	08－24	细叶白头翁	15	18	31	28.74	10.54
1	08－24	苔草	13	15	224	10.05	5.03
1	08－24	双齿葱			3	3.96	1.25
1	08－24	蓬子菜	16	20	4	6.74	2.35
1	08－24	麻花头	17	20	3	2.31	0.96
1	08－24	沙地委陵菜	9	11	2	0.45	0.13
1	08－24	裂叶蒿	15	18	27	25.47	10.13
1	08－24	冷蒿	13	20	3	3.98	1.34
1	08－24	柴胡	27	29	2	2.15	0.98
1	08－24	叉枝鸦葱	16	19	1		0.20
1	08－24	星毛委陵菜	3	3	1	5.98	2.03
1	08－24	粗根鸢尾	5	5	4	0.69	0.31

（续）

样方号	取样日期	植物名称	自然高度（cm）	绝对高度（cm）	多度	鲜生物量重（g）	干生物量（g）
1	08-24	早熟禾	19	19	1		0.20
1	08-24	展枝唐松草	17	20	2	0.47	0.25
1	08-24	二裂委陵菜	17	20	3	0.49	0.15
1	08-24	米口袋	5	6	1		0.20
1	08-24	旱麦瓶草	12	13	1	2.52	0.96
1	08-24	西伯利亚羽茅			34	27.38	9.36
1	08-24	多叶棘豆	13	13	1	1.84	0.54
1	08-24	枯落物				54.72	49.82
2	08-24	羊草	20	28	13	3.52	2.03
2	08-24	贝加尔针茅	40	48	36	72.38	20.12
2	08-24	糙隐子草	14	17	3	3.14	2.07
2	08-24	细叶葱	36	39	6	3.89	1.04
2	08-24	细叶白头翁	8	10	22	17.26	8.14
2	08-24	双齿葱	28	29	6	4.04	2.13
2	08-24	沙参	36	40	1	0.72	0.26
2	08-24	蓬子菜	22	23	2	9.14	3.27
2	08-24	麻花头	11	12	1		0.20
2	08-24	沙地委陵菜	7	8	1		0.20
2	08-24	裂叶蒿	50	50	27	8.96	4.76
2	08-24	冷蒿	5	30	5	5.94	4.89
2	08-24	星毛委陵菜	2	3	2	0.33	0.14
2	08-24	山野豌豆	40	40	1	3.01	1.06
2	08-24	展枝唐松草	27	28	12	10.06	3.24
2	08-24	二裂委陵菜	16	17	3	1.05	0.96
2	08-24	西伯利亚羽茅	44	46	40	14.06	6.27
2	08-24	米口袋	13	15	2		0.20
2	08-24	阿尔泰狗哇花	20	22	3	2.97	1.04
2	08-24	旋覆花	3	4	1		0.20
2	08-24	枯落物				51.03	33.97
3	08-24	羊草	34	35	35	8.92	3.04
3	08-24	贝加尔针茅	29	31	8	23.13	9.54
3	08-24	糙隐子草	9	11	3	0.64	0.25
3	08-24	羊茅	7	9	3	2.13	0.98
3	08-24	斜茎黄芪	13	14	2	2.95	0.87
3	08-24	细叶葱	27	29	6	0.24	0.52
3	08-24	细叶白头翁	14	15	64	25.54	9.38
3	08-24	瓦松	2	3	1	2.16	0.96
3	08-24	苔草	14	15	109	19.34	8.34
3	08-24	双齿葱	23	24	6	5.12	1.28
3	08-24	蓬子菜	20	21	6	7.22	2.14
3	08-24	麻花头	19	20	6	6.88	2.35
3	08-24	沙地委陵菜	3	4	1		0.20

（续）

样方号	取样日期	植物名称	自然高度（cm）	绝对高度（cm）	多度	鲜生物量重（g）	干生物量（g）
3	08-24	裂叶蒿	17	18	48	52.54	27.44
3	08-24	冷蒿	7	21	5	11.09	5.12
3	08-24	大委陵菜	13	14	1	1.03	0.53
3	08-24	柴胡	14	16	1	1.79	0.95
3	08-24	星毛委陵菜	3	4	2	8.92	2.34
3	08-24	山野豌豆	11	13	4	2.53	0.88
3	08-24	展枝唐松草	15	16	4	4.39	1.35
3	08-24	溚草	6	7	1		0.20
3	08-24	二裂委陵菜	15	16	3	2.88	1.01
3	08-24	西伯利亚羽茅	22	23	67	20.99	9.74
3	08-24	多叶棘豆	7	9	2	1.23	0.43
3	08-24	枯落物				50.41	41.38
4	08-24	羊草	33	35	11	4.04	1.35
4	08-24	贝加尔针茅	37	40	12	13.24	5.68
4	08-24	糙隐子草	19	21	3	7.54	2.03
4	08-24	斜茎黄芪	15	17	2	1.56	0.23
4	08-24	细叶白头翁	15	17	27	9.37	3.06
4	08-24	苔草	9	12	245	7.38	3.14
4	08-24	双齿葱	9	12	5	4.13	1.15
4	08-24	蓬子菜	9	10	1		0.20
4	08-24	沙地委陵菜	8	10	2		0.20
4	08-24	裂叶蒿	15	18	57	72.38	25.70
4	08-24	冷蒿	9	15	2	3.28	1.05
4	08-24	旱麦瓶草	9	11	2	2.14	0.70
4	08-24	柴胡			4	2.57	0.54
4	08-24	囊花鸢尾	33	37	1	3.03	1.01
4	08-24	展枝唐松草	16	18	4	3.52	1.45
4	08-24	溚草	5	7	1		0.20
4	08-24	百合	9	9	1		0.20
4	08-24	西伯利亚羽茅			37	5.04	1.95
4	08-24	山野豌豆	19	21	2	1.25	0.25
4	08-24	枯落物				57.68	49.38
5	08-24	羊草	32	33	24	14.15	6.23
5	08-24	贝加尔针茅	33	41	10	23.07	10.05
5	08-24	狭叶青蒿	36	38	7	19.73	8.43
5	08-24	细叶葱	34	37	1		0.20
5	08-24	细叶白头翁	10	13	26	15.98	5.65
5	08-24	瓦松	4	10	1	9.87	3.04
5	08-24	苔草	15	17	278	53.13	19.38
5	08-24	蓬子菜	20	35	2	7.29	2.48
5	08-24	麻花头	18	23	2	6.73	2.45
5	08-24	裂叶蒿	10	16	23	31.13	11.05

（续）

样方号	取样日期	植物名称	自然高度（cm）	绝对高度（cm）	多度	鲜生物量重（g）	干生物量（g）
5	08-24	柴胡	30	31	1		0.20
5	08-24	星毛委陵菜	3	4	2	2.45	1.05
5	08-24	山野豌豆	38	40	3	3.82	1.96
5	08-24	展枝唐松草	13	14	1		0.20
5	08-24	二裂委陵菜	12	14	2	4.75	1.45
5	08-24	西伯利亚羽茅	7	40	16	15.10	6.04
5	08-24	早熟禾	30	34	1		0.20
5	08-24	枯落物				40.10	31.45
1	08-31	羊草	37	41	93	75.15	36.82
1	08-31	贝加尔针茅	36	42	11	83.27	53.89
1	08-31	糙隐子草	22	23	3	2.58	0.51
1	08-31	狭叶青蒿	25	31	24	19.1	7.25
1	08-31	苔草	13	14	131	12.96	5.48
1	08-31	双齿葱	7	8	6	15.02	6.04
1	08-31	沙参	43	43	1		0.2
1	08-31	蓬子菜	24	27	5	5.39	0.96
1	08-31	麻花头	30	34	1	4.03	1.59
1	08-31	裂叶蒿	20	22	16	10.35	3.5
1	08-31	冷蒿	6	9	7	13.68	4.89
1	08-31	叉枝鸦葱	19	20	1	1.52	0.57
1	08-31	扁蓿豆	30	32	29	31.97	15.99
1	08-31	星毛委陵菜	2	2	1		0.2
1	08-31	囊花鸢尾	25	27	4	5.48	2.4
1	08-31	展枝唐松草	15	17	1	0.89	0.67
1	08-31	溚草	13	14	1		0.2
1	08-31	日阴菅	25	29	16	74.4	40.23
1	08-31	西伯利亚羽茅	77	84	6	7.14	3.62
1	08-31	多裂叶荆芥	8	10	5	3.6	0.65
1	08-31	阿尔泰狗哇花	20	22	3	4.1	0.56
1	08-31	枯落物				81.64	71.14
2	08-31	羊草	48	50	175	365.85	203.16
2	08-31	糙隐子草	28	33	3	5.78	1.99
2	08-31	狭叶青蒿	44	48	3	8.6	3.11
2	08-31	苔草	12	14	56	13.08	5.86
2	08-31	蓬子菜	36	46	9	6.95	2.26
2	08-31	裂叶蒿	28	30	15	13.47	4.56
2	08-31	冷蒿	54	56	11	12.96	6.12
2	08-31	大委陵菜	10	12	1	3.85	1.01
2	08-31	柴胡	48	50	4	3.79	1.29
2	08-31	扁蓿豆	48	52	16	15.86	6.76
2	08-31	展枝唐松草	36	38	1		0.2
2	08-31	阿尔泰狗哇花	28	36	2	2.52	0.26

（续）

样方号	取样日期	植物名称	自然高度（cm）	绝对高度（cm）	多度	鲜生物量重（g）	干生物量（g）
2	08－31	枯落物				48.33	38.44
3	08－31	羊草	47	52	28	19.92	9.32
3	08－31	贝加尔针茅	50	55	19	58.9	40.73
3	08－31	糙隐子草	16	18	2	3.24	0.84
3	08－31	斜茎黄芪	15	16	1		0.2
3	08－31	狭叶青蒿	44	47	34	50.24	20.58
3	08－31	细叶白头翁	18	20	3	4.32	0.47
3	08－31	阿尔泰狗哇花	30	34	3	3.54	0.73
3	08－31	苔草	7	8	1		0.2
3	08－31	棉团铁线莲	30	33	1	3.69	0.51
3	08－31	蓬子菜	27	30	11	11.96	5.3
3	08－31	麻花头	13	16	2	2.3	0.2
3	08－31	裂叶蒿	25	26	34	19.09	6.52
3	08－31	大委陵菜	3	5	1	0.66	0.24
3	08－31	扁蓿豆	27	30	17	12.61	4.54
3	08－31	星毛委陵菜	2	3	1		0.2
3	08－31	山野豌豆	32	33	5	5.63	1.89
3	08－31	展枝唐松草	26	28	5	5.78	1.22
3	08－31	溚草	8	9	1		0.2
3	08－31	披针叶黄华	20	21	1	0.91	0.37
3	08－31	日阴菅	16	20	20	94.08	51.24
3	08－31	山野豌豆	30	33	3	7.23	2.47
3	08－31	裂叶荆芥	10	12	1		0.2
3	08－31	黄花	30	33	3	3.52	0.58
3	08－31	枯落物				110.67	82.8
4	08－31	羊草	37	60	187	235.61	115.31
4	08－31	贝加尔针茅	39	41	2	3.05	0.68
4	08－31	糙隐子草	27	29	12	19.58	9.58
4	08－31	苔草	13	14	102	25.59	11.97
4	08－31	双齿葱	19	21	3	6.26	1.39
4	08－31	蓬子菜	16	17	2	5.17	1.95
4	08－31	裂叶蒿	13	25	37	28.19	9.81
4	08－31	扁蓿豆	27	36	12	8.13	2.76
4	08－31	日阴菅	19	30	89	83.57	40.93
4	08－31	阿尔泰狗哇花	30	38	6	12.3	5.54
4	08－31	枯落物				60.01	44.53
5	08－31	羊草	50	51	46	80.68	46.83
5	08－31	贝加尔针茅	48	50	7	24.56	14.9
5	08－31	糙隐子草	24	28	3	1.81	1.12
5	08－31	细叶葱	20	21	1		0.2
5	08－31	苔草	12	14	36	5.02	2.74
5	08－31	蓬子菜	28	36	6	14.61	5.78

（续）

样方号	取样日期	植物名称	自然高度（cm）	绝对高度（cm）	多度	鲜生物量重（g）	干生物量（g）
5	08-31	沙地委陵菜	8	10	1		0.2
5	08-31	裂叶蒿	24	26	26	32.78	13.85
5	08-31	冷蒿	24	36	6	3.25	1.62
5	08-31	柴胡	10	11	1		0.2
5	08-31	扁蓿豆	35	36	16	9.95	4.46
5	08-31	粗根鸢尾	5	7	1		0.2
5	08-31	二裂委陵菜	16	17	2	0.7	0.39
5	08-31	日阴菅	18	25	9	36.73	19.84
5	08-31	西伯利亚羽茅	38	46	3	1.05	0.66
5	08-31	阿尔泰狗哇花	36	38	4	4.83	2.18
5	08-31	多叶棘豆	5	8	1		0.2
5	08-31	枯落物				41.52	32.39
1	09-21	羊草	27	33	17	6.59	4.2
1	09-21	贝加尔针茅	33	38	4	17.17	11.25
1	09-21	糙隐子草	14	16	3	2.74	1.73
1	09-21	羊茅	17	19	1	1.08	0.71
1	09-21	斜茎黄芪	6	7	1		0.2
1	09-21	细叶葱	19	20	18	20.17	7.23
1	09-21	细叶白头翁	17	19	38	32.77	14.8
1	09-21	瓦松					0.57
1	09-21	苔草	12	13	35	7.52	4.72
1	09-21	双齿葱	6	7	18	4.13	2.38
1	09-21	蓬子菜	18	22	1	0.77	0.38
1	09-21	轮叶委陵菜	6	7	3	0.5	0.29
1	09-21	裂叶蒿	18	22	32	32.5	12.84
1	09-21	冷蒿	7	18	8	5	2.4
1	09-21	星毛委陵菜	1	3	1	4.5	2.05
1	09-21	展枝唐松草	38	40	3	2.87	1.59
1	09-21	瓦松	2	2	1	1.32	0.41
1	09-21	狗舌草	3	5	2	1.9	0.41
1	09-21	早熟禾	17	19	4	1.05	0.65
1	09-21	多裂叶荆芥	13	14	2	0.5	0.26
1	09-21	草木樨状黄芪	11	13	1	0.73	0.4
1	09-21	阿尔泰狗哇花	8	9	2	0.74	0.3
1	09-21	枯落物				46.63	39.7
2	09-21	羊草	27	28	17	6.76	3.72
2	09-21	贝加尔针茅	21	23	1		0.2
2	09-21	糙隐子草	11	12	6	7.41	4.6
2	09-21	羊茅	14	15	1	2.62	1.5
2	09-21	斜茎黄芪	17	18	2	0.61	0.24
2	09-21	细叶葱	17	18	31	5.86	2.12
2	09-21	细叶白头翁	12	16	44	27.54	10.97

（续）

样方号	取样日期	植物名称	自然高度（cm）	绝对高度（cm）	多度	鲜生物量重（g）	干生物量（g）
2	09-21	瓦松	2	2	2	6.72	1.25
2	09-21	苔草	9	10	146	21.65	12.54
2	09-21	双齿葱	6	7	2	5.08	1.94
2	09-21	蓬子菜	19	20	1	1.45	0.55
2	09-21	麻花头	7	9	1		0.2
2	09-21	轮叶委陵菜	6	7	4	0.59	0.3
2	09-21	裂叶蒿	9	11	77	74.56	30.08
2	09-21	冷蒿	8	15	3	10.32	5.6
2	09-21	鸢尾	28	34	5	5.76	3.58
2	09-21	溚草	9	11	2	0.75	0.41
2	09-21	西伯利亚羽茅	15	20	46	14.12	7.95
2	09-21	多叶棘豆	4	5	1		0.2
2	09-21	早熟禾	21	23	1		0.2
2	09-21	草木樨状黄芪	6	7	1		0.2
2	09-21	枯落物				47.29	39.76
3	09-21	羊草	25	27	24	14.24	8.28
3	09-21	贝加尔针茅	27	34	5	6.08	5.44
3	09-21	糙隐子草	18	22	8	5.81	3.56
3	09-21	羊茅	15	16	5	11.73	6.68
3	09-21	细叶葱	17	21	17	3.82	1.33
3	09-21	细叶白头翁	8	12	28	10.49	5.36
3	09-21	苔草	5	9	78	7.68	4.42
3	09-21	双齿葱	8	8	3	1.73	1.17
3	09-21	蓬子菜	18	33	5	8.06	3.66
3	09-21	麻花头	1	3	1		0.2
3	09-21	轮叶委陵菜	7	10	2	0.5	0.29
3	09-21	裂叶蒿	12	19	27	6.91	2.83
3	09-21	冷蒿	4	27	9	61.39	29.93
3	09-21	柴胡	38	39	3	5.1	4.23
3	09-21	星毛委陵菜	1	3	1	4.27	2.12
3	09-21	鸢尾	25	27	2	4.14	3.04
3	09-21	展枝唐松草	8	11	8	7.67	2.74
3	09-21	溚草	6	9	6	2.14	1.15
3	09-21	刺藜	16	16	2	1.09	0.45
3	09-21	冰草	26	28	1	8.72	4.94
3	09-21	早熟禾	19	21	1	0.28	0.19
3	09-21	鹤虱	1	1	1		0.2
3	09-21	枯落物				30.09	27.05
4	09-21	羊草	35		78	41.9	23.26
4	09-21	贝加尔针茅	35		34	48.9	31.54
4	09-21	糙隐子草	10		9	3.42	2.18
4	09-21	羊茅	12		2	3.7	2.32

（续）

样方号	取样日期	植物名称	自然高度（cm）	绝对高度（cm）	多度	鲜生物量重（g）	干生物量（g）
4	09-21	狭叶青蒿	40		1	6.28	2.73
4	09-21	细叶葱	32		3	0.98	0.28
4	09-21	细叶白头翁	7		29	17.7	7.48
4	09-21	瓦松			2	3.09	1.06
4	09-21	苔草	12		107	13.04	7.2
4	09-21	双齿葱	12		1	0.58	0.24
4	09-21	蓬子菜	10		5	2.91	1.36
4	09-21	轮叶委陵菜	5		6	0.98	0.47
4	09-21	裂叶蒿	1		1		0.2
4	09-21	冷蒿	12		21	42.77	22.12
4	09-21	大委陵菜	5		1		0.2
4	09-21	西伯利亚羽茅	68		1		0.2
4	09-21	蒲公英	2		1		0.2
4	09-21	星毛委陵菜	1		5	1.6	0.89
4	09-21	早熟禾			1		0.2
4	09-21	展枝唐松草	20		2	1	0.43
4	09-21	潜草	7		16	8.16	4.13
4	09-21	二裂委陵菜	8		2	0.43	0.24
4	09-21	狗舌草	2		1		0.2
4	09-21	飞蓬	2		1		0.2
4	09-21	阿尔泰狗哇花	25		9	15.59	6.93
4	09-21	披针叶黄华	5		1		0.2
4	09-21	伏毛山莓草	2		1		0.2
4	09-21	粗根鸢尾	10		9	1.19	0.5
4	09-21	枯落物				95.72	71.34
5	09-21	羊草	16	17	35	47.93	25.01
5	09-21	贝加尔针茅	35	42	5	30.71	19.33
5	09-21	糙隐子草	12	13	4	2.57	1.71
5	09-21	羊茅	13	15	2	4.06	2
5	09-21	细叶葱	15	17	5	2.53	0.81
5	09-21	细叶白头翁	12	14	18	24.19	9.39
5	09-21	苔草	9	11	54	8.74	5.18
5	09-21	双齿葱	25	25	2	1.9	0.94
5	09-21	蓬子菜	22	25	14	12.57	4.92
5	09-21	麻花头	15	17	1	1.39	0.74
5	09-21	轮叶委陵菜	3	5	3	0.57	0.31
5	09-21	冷蒿	12	16	18	31.26	15.19
5	09-21	大委陵菜	11	13	2	2.11	0.84
5	09-21	柴胡	17	19	1	1.77	1.3
5	09-21	星毛委陵菜	1	3	3	8.79	3.55
5	09-21	展枝唐松草	7	8	1	0.53	0.2
5	09-21	潜草	9	12	5	2.91	1.31

（续）

样方号	取样日期	植物名称	自然高度（cm）	绝对高度（cm）	多度	鲜生物量重（g）	干生物量（g）
5	09-21	二裂委陵菜	6	8	1		0.2
5	09-21	早熟禾	29	33	7	1.54	1.04
5	09-21	阿尔泰狗哇花	27	29	9	12.64	5.42
5	09-21	枯落物				41.42	33.47
1	09-24	羊草	37		55	73.38	38.15
1	09-24	贝加尔针茅	30		11	26.83	16.72
1	09-24	糙隐子草	10		6	6.04	4.27
1	09-24	细叶白头翁	15		2	2.55	1.76
1	09-24	苔草	10		251	19.01	11.3
1	09-24	蓬子菜	15		7	18.59	7.98
1	09-24	麻花头	15		4	4.73	3.51
1	09-24	裂叶蒿	15		35	27.83	14.12
1	09-24	柴胡	4		1		0.2
1	09-24	鸢尾	33		4	6.37	3.93
1	09-24	日阴菅	9		75	119	70.33
1	09-24	狭叶野豌豆	19		1		0.2
1	09-24	早熟禾	32		3	3.5	2.12
1	09-24	狼毒大戟	15		1	7.01	5.28
1	09-24	枯落物				327.49	213.35
2	09-24	羊草	33		45	51.4	32.74
2	09-24	贝加尔针茅	52		5	42.53	27.68
2	09-24	糙隐子草	7		1		0.2
2	09-24	细叶葱	24		5	1.42	0.87
2	09-24	双齿葱	17		3	2.11	1.03
2	09-24	裂叶蒿	12		4	2.45	0.99
2	09-24	扁蓿豆	26		3	1.68	1.03
2	09-24	星毛委陵菜	2		1		0.2
2	09-24	鸢尾	15		2	1.38	1.12
2	09-24	溚草	7		1		0.2
2	09-24	二裂委陵菜	17		2	1.77	0.87
2	09-24	日阴菅	24		8	153.34	96.43
2	09-24	草木樨状黄芪	6		1		0.2
2	09-24	裂叶荆芥	5		2	0.78	0.26
2	09-24	山野豌豆	27		6	5.01	3.14
2	09-24	西伯利亚羽茅	54		7	10.29	6.47
2	09-24	早熟禾			3	2.44	1.48
2	09-24	枯落物				67.46	45.84
3	09-24	羊草	37		37	36.54	20.98
3	09-24	贝加尔针茅	42		9	77.73	51.46
3	09-24	糙隐子草	7		1		0.2

（续）

样方号	取样日期	植物名称	自然高度（cm）	绝对高度（cm）	多度	鲜生物量重（g）	干生物量（g）
3	09-24	细叶葱	16		6	1.1	0.54
3	09-24	苔草	12		35	4.47	2.75
3	09-24	裂叶蒿	19		15	8.76	3.95
3	09-24	扁蓿豆	24		5	3.36	2.03
3	09-24	二裂委陵菜	6		1		0.2
3	09-24	日阴菅	22		15	83.64	53.43
3	09-24	阿尔泰狗哇花	23		2	4.19	2.02
3	09-24	铁杆蒿	18		4	4.67	2.34
3	09-24	早熟禾	3		1		0.2
3	09-24	狭叶野豌豆	37		6	5.46	3.03
3	09-24	枯落物				101.37	68.17
4	09-24	羊草	40		97	71.52	41.55
4	09-24	贝加尔针茅	30		4	9.33	6.29
4	09-24	细叶葱	15		1	0.31	0.2
4	09-24	早熟禾	19		1		0.2
4	09-24	苔草	9		107	13.23	8.58
4	09-24	蓬子菜	31		9	10.46	6.28
4	09-24	麻花头	10		4	2.07	1.42
4	09-24	轮叶委陵菜	2		1	0.45	0.29
4	09-24	裂叶蒿	17		15	7.93	5.24
4	09-24	粗根鸢尾	10		1	0.46	0.21
4	09-24	扁蓿豆	17		5	2.99	1.68
4	09-24	溚草	10		2	0.92	0.55
4	09-24	狗舌草	1		2	0.65	0.13
4	09-24	日阴菅	11		105	104.12	26.68
4	09-24	裂叶荆芥	3		6	0.94	0.34
4	09-24	阿尔泰狗哇花	31		7	7.62	3.45
4	09-24	草木樨状黄芪	29		1	1.57	0.81
4	09-24	枯落物				91.08	67.15
5	09-24	羊草	32		37	28.42	15.71
5	09-24	贝加尔针茅			28	76.88	49.6
5	09-24	糙隐子草	13		6	1.6	1.11
5	09-24	狭叶青蒿	27		7	14.36	7.86
5	09-24	细叶白头翁	21		3	1.45	0.85
5	09-24	山葱	19		4	0.64	0.31
5	09-24	苔草	10		7	1.46	0.83
5	09-24	双齿葱	11		1		0.2
5	09-24	蓬子菜	20		1		0.2
5	09-24	轮叶委陵菜	2		1		0.2
5	09-24	裂叶蒿	7		22	6.69	3.64

（续）

样方号	取样日期	植物名称	自然高度（cm）	绝对高度（cm）	多度	鲜生物量重（g）	干生物量（g）
5	09-24	大委陵菜	2		1	0.61	0.34
5	09-24	山葱	12		1	7.55	1.95
5	09-24	扁蓿豆	24		4	1.14	0.96
5	09-24	鸢尾	31		3	1.97	0.94
5	09-24	猪毛蒿	30		3	2.81	1.38
5	09-24	展枝唐松草	21		1		0.2
5	09-24	溚草	9		20	4.61	2.38
5	09-24	日阴菅	7		41	48.73	30.28
5	09-24	小黄花	15		2	2.52	1.35
5	09-24	裂叶荆芥	7		5	2.34	0.98
5	09-24	狭叶野豌豆	20		6	3.46	1.4
5	09-24	粗根鸢尾	8		1		0.2
5	09-24	枯落物				68.36	54.13

注：表中<0.3或<0.5表示生物量极少，估计质量小于0.3或0.5g。

4.1.3 群落特征

表4-6 2006年主要观测场群落特征

样方号	取样日期	总盖度（%）	植物种数	密度（株或丛/m^2）	地上绿色部分总鲜重（g/m^2）	地上绿色部分总干重（g/m^2）	凋落物干重（g/m^2）
0	05-25	40	20	140	87.01	38.44	54.77
1	05-25	45	14	269	130.41	76.74	81.72
2	05-25	40	33	446	296.44	197.9	65.84
3	05-25	40	13	646	103.75	44.55	98.19
4	05-25	45	16	231	113.44	46.49	
5	05-25	30	16	430	63.6	34.24	87.97
6	05-25	30	11	214	45.39	26.35	57.13
7	05-25	35	17	283	78.54	40.36	
8	05-25	35	13	420	38.28	21.62	84.3
9	05-25	30	12	287	59.75	28.74	129.33
0	06-26	60	33	769	388.51	130.46	44.15
1	06-26	45	25	550	384.75	123.37	38.2
2	06-26	60	30	541	423.59	178.13	75.23
3	06-26	50	28	633	321.53	109.81	47.7
4	06-26	45	25	323	353.76	157.67	41.49
5	06-26	45	32	488	341.35	147.99	25.3
6	06-26	45	26	377	294.27	114.92	15.81
7	06-26	40	32	407	348.19	148.01	24.78
8	06-26	50	21	502	313.74	119.85	65.88

（续）

样方号	取样日期	总盖度（%）	植物种数	密度（株或丛/m²）	地上绿色部分总鲜重（g/m²）	地上绿色部分总干重（g/m²）	凋落物干重（g/m²）
9	06-26	35	27	890	287.45	115.46	55.39
0	07-22	50	28	277	307.24	132.58	47.46
1	07-22	50	27	527	337.47	148.17	46.96
2	07-22	50	26	527	421.08	195.75	9.53
3	07-22	55	25	765	353.67	129.79	84.38
4	07-22	40	22	311	337.23	144.41	35.01
5	07-22	60	25	270	385.13	164.54	39.33
6	07-22	45	28	448	336.97	138.69	37.35
7	07-22	60	23	623	394.05	176.5	45.8
8	07-22	55	25	306	396.66	189.88	
9	07-22	35	22	401	314.5	118.06	80.48
0	08-22	60	30	300	351.05	176.75	61.25
1	08-22	70	22	1 081	474.08	227.36	75.72
2	08-22	60	24	206	404.98	219.99	
3	08-22	65	31	331	329.47	168.88	30.85
4	08-22	60	24	251	347.46	185.15	38.51
5	08-22	60	15	322	382	140	45.01
6	08-22	55	24	271	292.23	142.05	31.56
7	08-22	45	24	622	344.4	166.05	9.68
8	08-22	50	31	417	333.99	142.21	53.76
9	08-22	40	22	331	375.12	129.64	20.06
0	09-19	40	20	408	171.89	114.04	54.63
1	09-19	40	14	420	194.44	120.13	42.59
2	09-19	45	20	217	195.84	131.57	40.95
3	09-19	45	20	407	169.06	106.96	0.42
4	09-19	45	21	395	185.81	128.82	37.7
5	09-19	40	20	173	573.52	91.77	48.1
6	09-19	40	18	311	166.45	109.25	47.15
7	09-19	45	13	393	153.27	96.32	47.99
8	09-19	45	22	257	138.62	97.84	56.54
9	09-19	45	18	206	135.41	29	57.2

表 4-7　2007 年主要观测场群落特征

样方号	取样日期	植物种数	地上总鲜重（g）	地上总干重（g）
0	05-22	21	157.59	104.8
1	05-22	25	263.74	171.51
2	05-22	21	83.93	28.95
3	05-22	23	245.66	170.94
4	05-22	28	236.03	163.98
5	05-22	20	181.74	109.06

（续）

样方号	取样日期	植物种数	地上总鲜重（g）	地上总干重（g）
6	05－22	19	289.42	185.73
7	05－22	26	205.36	123.63
8	05－22	20	220.3	134.71
9	05－22	19	186.46	131.94
0	06－17	23	195.05	104
1	06－17	27	263.64	154.46
2	06－17	27	153.39	71.25
3	06－17	30	358.93	176.63
4	06－17	30	231.83	140.72
5	06－17	28	194.39	95.82
6	06－17	28	324.02	208.33
7	06－17	26	216.26	152.81
8	06－17	24	195.1	97.71
9	06－17	32	223.45	124.47
0	06－17	29	499.85	298.45
1	06－17	35	550.46	293.32
2	06－17	29	519.504	267.43
3	06－17	24	261.06	128.53
4	06－17	26	331.44	189.51
5	06－17	32	353.53	185.12
6	06－17	30	203.23	112.01
7	06－17	26	376.34	215.41
8	06－17	27	277.46	125.03
0	08－12	22	135.81	96.42
1	08－12	29	292.68	238.68
2	08－12	22	219.12	178.09
3	08－12	21	282.9	226.32
4	08－12	20	247.86	185.23
5	08－12	19	175.85	120.02
6	08－12	20	203.36	161.31
7	08－12	21	159.46	123.76
8	08－12	27	287.19	190.02
9	08－12	20	212.32	155.96
0	09－18	16	172.75	141.2
1	09－18	22	375.42	247.33
2	09－18	17	847.9	560.39
3	09－18	21	214.6	130.64
4	09－18	17	310.91	240.19
5	09－18	20	261.74	193.58
6	09－18	19	294.8	223.75
7	09－18	23	228.13	144.62
8	09－18	19	195.06	133.49
9	09－18	22	159.19	121.27
0	05－23	22	162.92	91.62

（续）

样方号	取样日期	植物种数	地上总鲜重（g）	地上总干重（g）
1	05-23	20	253.22	184.69
2	05-23	21	78.21	28.46
3	05-23	23	111.73	55.38
4	05-23	26	109.39	47.55
5	05-23	26	151.94	78.04
6	05-23	23	143.34	69.08
7	05-23	23	182.01	95.19
8	05-23	20	177.08	111.77
9	05-23	29	188.16	82.84
0	06-18	27	184.87	67.42
1	06-18	27	215.93	108.88
2	06-18	21	402.49	237.93
3	06-18	23	135.21	73.71
4	06-18	28	247.7	126.12
5	06-18	25	493.77	271.44
6	06-18	23	481.12	272.66
7	06-18	25	288.83	113.13
8	06-18	29	166.82	104.15
9	06-18	22	506.07	297.39
0	07-18	26	183.22	
1	07-18	33	444.16	319.21
2	07-18	28	190.69	146.22
3	07-18	35	377.46	213.28
4	07-18	31	222.12	102.04
5	07-18	28	306.28	136.3
6	07-18	30	252.48	113.73
7	07-18	20	278.36	187.02
8	07-18	29	526.07	329.04
9	07-18	27	239.82	105.44
0	08-12	15	149.68	119.88
1	08-12	26	183.61	122.08
2	08-12	24	254.65	153.98
3	08-12	21	187.19	135.06
4	08-12	22	175.77	123.87
5	08-12	23	87.02	65.49
6	08-12	22	244.67	171.13
7	08-12	16	129.31	82.85
8	08-12	22	320.7	239.32
9	08-12	20	179.53	128.719
0	09-17	16	176.91	132.46
1	09-17	21	134.36	127.61
2	09-17	17	326.16	249.69
3	09-17	12	240.15	168.17

（续）

样方号	取样日期	植物种数	地上总鲜重（g）	地上总干重（g）
4	09－17	15	149.75	111.89
5	09－17	17	179.46	131.52
6	09－17	19	265.91	193.42
7	09－17	17	111.16	62.7
8	09－17	18	247.6	174.31
9	09－17	18	104.78	67.68

表 4－8　2008 年主要观测场群落特征

样方号	取样日期	植物种数	密度（株或丛/m^2）	地上绿色部分总鲜重（g/m^2）	地上绿色部分总干重（g/m^2）	凋落物干重（g/m^2）
0	05－23	22	64	26.3	9.61	6.53
1	05－23	29	310	69.74	29.34	35.03
2	05－23	25	68	20.38	8.32	77.31
3	05－23	18	139	15.52	6.3	53.04
4	05－23	15	168	15.39	8.04	77.32
5	05－23	18	105	19.52	9.73	51.73
6	05－23	19	235	35	15.8	55.8
7	05－23	18	64	10.33	5.21	55.44
8	05－23	15	259	30.25	19.66	50.58
9	05－23	17	78	11.15	6.51	37.72
0	05－21	13	134	25.06	11.88	45.65
1	05－21	23	213	57.96	19.41	63.75
2	05－21	16	234	44.58	97.8	102.47
3	05－21	15	259	50.34	22.6	73.66
4	05－21	19	307	52.62	21.445	55.57
5	05－21	18	236	49.06	22.63	48.83
6	05－21	21	290	72.63	28.63	25.03
7	05－21	19	388	44.4	19.91	44.14
8	05－21	24	418	65.09	25.78	49.1
9	05－21	23	554	59.22	25.13	20.61
0	06－20	22	512	145.13	55.24	55.4
1	06－20	18	320	120.92	151.31	99.61
2	06－20	24	341	157.13	74.45	94.63
3	06－20	23	213	121.32	42.49	72.76
4	06－20	25	303	159.3	57.09	67.56
5	06－20	21	370	136.12	45.56	25.63
6	06－20	25	244	131.38	45.59	66.11
7	06－20	24	391	129.44	47.35	55.41
8	06－20	22	342	189.85	80.13	38.91
9	06－20	26	339	172.01	62.79	61.17
0	06－23	27	410	213.23	69.6	80.74

（续）

样方号	取样日期	植物种数	密度（株或丛/m²）	地上绿色部分总鲜重（g/m²）	地上绿色部分总干重（g/m²）	凋落物干重（g/m²）
1	06-23	23	533	217.81	82.18	49.25
2	06-23	21	376	202.25	59.34	78.99
3	06-23	29	388	189.22	87.09	57.44
4	06-23	21	313	165.52	65.56	55.07
5	06-23	22	573	188.54	68.99	48.09
6	06-23	23	408	224.44	76.68	69.1
7	06-23	29	645	210.31	78.05	63.17
8	06-23	22	484	249.58	89.14	29.91
9	06-23	22	243	167.94	64.31	55.39
0	07-20	23	564	416.89	165.1	47.59
1	07-20	27	502	316.83	104.18	32.53
2	07-20	25	282	292.04	112.72	40.57
3	07-20	24	336	298.04	110.75	32
4	07-20	22	496	283.33	106.68	36.97
5	07-20	25	454	410.39	131.26	51.04
6	07-20	24	688	298.65	108.71	41.67
7	07-20	19	287	274.3	103.78	16.61
8	07-20	24	332	349.75	120.98	45.66
9	07-20	16	156	269.07	92.25	42.11
0	07-21	25	578	529.1	202.87	0
1	07-21	24	462	402.44	139.7	29.58
2	07-21	24	238	419.89	154.94	0
3	07-21	26	348	457.54	184.69	30.04
4	07-21	24	249	329	127	24.55
5	07-21	22	394	504.99	178.14	29.23
6	07-21	17	512	474.81	184.67	41.76
7	07-21	16	297	514.37	205.32	51.05
8	07-21	22	376	554.473	182	21.35
9	07-21	22	251	507.07	172.06	34.34
0	08-24	22	275	194.35	88.94	26.79
1	08-24	16	24	142.51	56	49.82
2	08-24	20	187	160.47	62.22	33.97
3	08-24	24	388	211.66	89.84	41.38
4	08-24	19	419	140.47	50.09	49.38
5	08-24	17	400	207.2	80.06	31.45
6	08-24	22	371	161.74	68.94	55.46
7	08-24	17	439	185.1	92.13	51.01
8	08-24	16	340	225.38	72.81	53.25
9	08-24	16	433	209.29	98.69	
0	08-31	13	351	315.05	161.9	49.07
1	08-31	21	365	370.63	186.22	71.14
2	08-31	12	296	452.71	236.58	38.44
3	08-31	23	197	307.62	148.75	82.8

（续）

样方号	取样日期	植物种数	密度（株或丛/m²）	地上绿色部分总鲜重（g/m²）	地上绿色部分总干重（g/m²）	凋落物干重（g/m²）
4	08-31	10	452	427.45	199.92	44.53
5	08-31	17	169	215.97	115.37	32.39
6	08-31	12	159	309.65	142.75	59.3
7	08-31	15	474	390.76	201.52	38.26
8	08-31	13	240	384.05	195.82	37.71
9	08-31	15	368	383.1	178.96	34.24
0	09-21	25	309	226.12	111.68	180.05
1	09-21	21	195	144.55	69.77	39.7
2	09-21	21	394	191.8	88.35	39.76
3	09-21	22	237	171.85	92.21	27.05
4	09-21	28	350	214.22	117.16	71.34
5	09-21	20	190	198.71	99.39	33.47
6	09-21	20	234	99.72	53.76	60.69
7	09-21	23	164	165.5	83.73	0
8	09-21	18	423	283.6	154.21	145.29
9	09-21	14	393	143.91	92.99	31.46
0	09-24	25	519	244.97	136.29	36.83
1	09-24	14	456	314.84	179.87	213.35
2	09-24	17	99	276.6	174.91	45.84
3	09-24	13	137	229.92	143.13	68.17
4	09-24	17	368	234.57	103.9	67.15
5	09-24	23	205	207.24	122.87	54.13
6	09-24	12	176	250.21	154.62	90.94
7	09-24	13	220	225.65	144.7	51.25
8	09-24	13	204	295.27	192.7	34.62
9	09-24	12	197	216.25	646.83	47.84

4.1.4　群落地下生物量

表 4-9　综合观测场群落地下生物量

样方面积：0.3m×0.3m

日期	0～10cm 根干重（g/样方）	10～20cm 根干重（g/样方）	20～30cm 根干重（g/样方）	30～40cm 根干重（g/样方）	40～50cm 根干重（g/样方）	50～60cm 根干重（g/样方）
2008-05	193.87	30.45	12.84	7.78	7.59	6.02
2008-06	85.36	16.7	9.93	4.48	2.35	4.2
2008-07	97.51	10.65	5.88	5.62	8.37	10.4
2008-08	348.22	26.22	9.94	3.22	4.15	5.92
2008-09	93.63	29.01	9.56	6.25	5.79	1.81
2008-10	36.36	25.05	4.07	1.43	2.93	2.8
2007-05	87.8	16.5	9.62	8.41	7.17	2.9
2007-06	62.27	7.05	4.41	4.41	2.05	1.68

（续）

日期	0～10cm 根干重（g/样方）	10～20cm 根干重（g/样方）	20～30cm 根干重（g/样方）	30～40cm 根干重（g/样方）	40～50cm 根干重（g/样方）	50～60cm 根干重（g/样方）
2007 - 07	156.3	19.2	4.21	4.06	2.4	2.38
2007 - 08	42.99	33.29	2.82	4.57	0.75	3.39
2007 - 09	65.87	15.9	2.25	1.33	0.52	0.76
2006 - 08	69.15	19.24	3.49	2.31	2.92	0.91

4.1.5 蝗虫种类与数量

表 4 - 10 综合观测场蝗虫种类与数量

观测方法：扫网法　　相对密度单位：只/m²

日期	蝗虫种类	相对密度	
2006 - 06 - 03	亚洲小车蝗、宽翅曲背蝗、鼓翅皱膝蝗、红翅皱膝蝗、毛足棒角蝗、狭翅雏蝗、黄胫异痂蝗、白边痂蝗	27 只/m^2	扫网法
2007 - 05 - 05	亚洲小车蝗、宽翅曲背蝗、鼓翅皱膝蝗、红翅皱膝蝗、毛足棒角蝗、狭翅雏蝗、黄胫异痂蝗、白边痂蝗	36 只/m^2	虫卵调查
2008 - 06 - 10	亚洲小车蝗、宽翅曲背蝗、鼓翅皱膝蝗、红翅皱膝蝗、毛足棒角蝗、狭翅雏蝗、黄胫异痂蝗、白边痂蝗	28 只/m^2	虫卵调查

4.1.6 啮齿动物种类与数量

表 4 - 11 综合观测场啮齿动物种类与数量

日期	动物名称	密度（个/hm^2）	计算方法
2006 - 04 - 15	布氏田鼠	865	平均每公顷有效洞口数
2006 - 04 - 15	鼢鼠	710	二级以上发生面积
2007 - 04 - 17	布氏田鼠	445	二级以上发生面积
2007 - 04 - 17	鼢鼠	765	二级以上发生面积
2008 - 04 - 10	布氏田鼠、长爪沙鼠	546	平均每公顷有效洞口数

4.1.7 站区调查点家畜种类与数量

表 4 - 12 综合观测场站区调查点家畜种类与数量

年份	2006	2007	2008
名称	呼伦贝尔市	呼伦贝尔市	呼伦贝尔市
总人口（人）	2 702 731	2 722 546	2 724 853
农业人口（人）	876 532	922 429	910 140
大牲畜存栏（头）	1 095 249	1 002 690	1 084 566
牛存栏（头）	970 640	867 464	984 579
猪存栏（头）	597 229	337 963	344 000

（续）

年份	2006	2007	2008
羊存栏（只）	7 759 244	6 173 204	5 952 543
出栏肉猪数（头）	791 902	559 652	418 446
肉类总产量（吨）	240 736	236 885	216 016
猪牛羊肉总产量（吨）	78 110	217 453	196 360
禽兔总产量（吨）	17 343	31 963	14 705
牛奶产量（吨）	1 233 196	1 314 544	1 330 104

表 4－13 谢尔塔拉牧场家畜种类及数量

牧场	年份	年初实有数（头）			年末实有数（头）		
		牛	马	羊	牛	马	羊
6 队	2006	467	9		609	7	
	2007	609	7		633	2	
	2008	633	2		676		
12 队	2006	778	50		816	19	
	2007	676	32	165	909	41	20
	2008	909	41	15	1 172	45	220
场部	2006	10 411			12 119	192	12 066
	2007	12 119			14 250	197	11 910
	2008	14 250			11 080	255	9 000

表 4－14 谢尔塔拉牧场经济状况

牧场	经济状况	2006	2007	2008
6 队	国内生产总值（万元）	765	507.8	384.4
	牧业产值（万元）	200	230	120
	农牧民人均收入（元/人）	4 650	6 000	8 000
	年总产奶量（吨）	358		1 200
	牛肉（吨）	1.92	11.2	2.55
	皮（张）		70	17
	全年打草（吨）	441.6	601	312
	贮青贮（吨）			
12 队	国内生产总值（万元）			
	牧业产值（万元）		198	201
	农牧民人均收入（元/人）	7 544	9 100	9 300
	年总产奶量（吨）	703		1 986
	牛肉（吨）	2.5	12	0.16
	皮（张）			
	全年打草（吨）	138	1 200	2 800
	贮青贮（吨）	1 200	320	1 510

（续）

牧场	经济状况	2006	2007	2008
场部	国内生产总值（万元）	9 411	12 699.8	12 547
	牧业产值（万元）	4 460	4 887	4 452
	农牧民人均收入（元/人）	8 789.6	9 080.2	12 376.4
	年总产奶量（吨）	24 620	27 500	25 100
	羊肉（吨）	12	63	45
	牛肉（吨）	262	387	373
	皮（张）	2 100	7 154	6 288
	全年打草（吨）	12 000	11 520	13 100
	贮青贮（吨）	200	1 120	2 072
草原站	人均纯收入（万元）	0.38	0.5	0.935
	农业总产值（万元）	397.4	248.3	431.5
	农业总投入（万元）	390	417	421
	农业纯收入（万元）	152	230	342.3
	站财务总收入（万元）	400	428	428.6
	站财务总支出入（万元）	145.7	150	149.8
	种植地产量（万公斤）	3 296	2 680	586.15
	油菜（万公斤）	467.5	174.9	367.5
	小麦（万公斤）	1 926	1 035.3	600

4.1.8 2008 年谢尔塔拉 6 队养殖户牛群构成及产奶情况

表 4－15 谢尔塔拉 6 队奶牛养殖户的牛群构成及产奶情况

	存栏数量（头）	基础母牛	育成母牛	犊牛	日最低单产	日最高单产	年均产量（吨/头・年）	泌乳天数（d）
刘兴海	18	8	4	6	5	28	3	270
王海涛	26	14	7	5	6	33	2.8	270
元继和	34	16	12	6	5	25	3.5	270
张德	31	12	5	14	5	25	3.5	270
鹿先强	43	22	12	9	5	25	3.5	270
王春贵	9	5	1	3	3	30	3.8	270
郝海军	22	11	9	2	6	33	3.8	270
鹿新喜	14	5	7	2	6	27	3.2	270
张志才	28	15	4	9	4	26	3.5	270
赵建波	12	6	2	4	4	26	3	270
王福兴	10	5	3	2	4	23	2.5	270
高才	10	5	1	4	4	16	2	270
王明峰	15	10	3	2	5	30	5	270
周建平	20	10	6	4	4	23	3.2	270
白海军	16	7	7	2	6	23	3	270
图志坚	14	7	3	4	7	30	3.8	270
刘明海	18	6	11	1	4	25	3	270

（续）

	存栏数量（头）	基础母牛	育成母牛	犊牛	日最低单产	日最高单产	年均产量（吨/头·年）	泌乳天数（d）
周建民	12	5	3	4	4	25	3	270
韩帅	5	4	1		10	36	4	270
张志伟	8	5	2	1	6	28	3.2	270
张成	5	5			6	28	3.2	270
孔赵正	4		4		4	28	3	270
包建国	5	3		2	7	28	3.2	270
刘国林	2		1	1	5.222	27	3.3	270
马宪州	14	7	6	1	5	35	5.5	270

4.1.9　2008 年谢尔塔拉 6 队养殖户养殖效益

表 4-16　谢尔塔拉 6 队奶牛养殖户养殖效益

单位：元

养殖户	精料	青贮	青干饲草	喂犊牛奶投入	配种费	兽药	其他	总投入	总收入
刘兴海	13 644.00		26 160.00	8 100.00	450.00	550.00	720.00	49 624.00	58 500.00
王海涛	27 531.20		22 600.00	8 856.00	630.00	2 000.00	924.00	62 541.20	87 261.12
元继和	24 631.65	2 600.00	600.00	9 763.20	440.00	1 000.00	1 320.00	40 354.85	50 477.10
张德	20 102.40	2 600.00	19 950.00	17 766.00	480.00	1 000.00	1 680.00	63 578.40	63 144.50
鹿先强	56 716.80		30 600.00	15 163.20	880.00	2 000.00	1 804.00	107 164.00	126 708.66
王春贵	8 121.60		450.00	3 807.00	200.00	200.00	396.00	13 174.60	31 713.25
郝海军	19 741.20		19 640.00	2 592.00	480.00		1 408.00	43 861.20	49 080.00
鹿新喜	17 440.80		14 060.00	2 656.80	200.00	300.00	560.00	35 217.60	32 754.90
张志才	50 062.20		43 600.00	10 692.00	240.00	7 500.00	1 230.00	113 324.20	80 667.40
赵建波	7 777.00		600.00	4 320.00	160.00	500.00	800.00	14 157.00	10 000.00
王福兴	10 376.00	2 600.00	10 300.00	2 016.00	200.00	500.00	500.00	26 492.00	18 900.00
高才	4 700.00		2 150.00	4 320.00	120.00	500.00	400.00	12 190.00	4 800.00
王明峰	16 500.00		14 300.00	2 112.00	360.00	1 500.00	960.00	35 732.00	59 994.00
周建平	14 682.00		27 580.00	6 336.00	400.00	200.00	880.00	50 078.00	45 104.40
白海军	8 887.20		6 180.00	2 520.00	240.00	600.00	616.00	19 043.20	29 700.00
图志坚	22 473.60		300.00	4 320.00	280.00	600.00	616.00	28 589.60	34 000.00
刘明海	9 830.40		6 800.00	1 269.00	320.00	200.00	1 040.00	19 459.40	27 565.50
周建民	5 920.00		9 200.00	8 640.00	240.00	1 500.00	768.00	26 268.00	16 200.00
韩帅	7 502.00		13 350.00		320.00	300.00	400.00	21 872.00	35 000.00
张志伟	8 978.00		20 000.00	8 316.00	200.00	500.00	700.00	38 694.00	36 960.00
张成	21 560.00				200.00	500.00	700.00	22 960.00	34 500.00
孔赵正	1 960.00		15 000.00					16 960.00	33 000.00
包建国	8 820.00		15 000.00		120.00	300.00	400.00	24 640.00	110 000.00
刘国林			5 000.00					5 000.00	
马宪州	16 124.00		36 300.00	1 188.00	280.00	800.00	616.00	55 308.00	49 500.00

4.2 土壤监测数据

4.2.1 土壤养分

表 4-17 主要观测场土壤养分

样地名称	样方号	取土层次	取样日期	pH	碱解氮含量 (mg/kg)	速效磷含量 (mg/kg)	速效钾含量 (mg/kg)	有机质含量 (g/kg)	全氮含量 (g/kg)
辅助观测场	1	0～10	2006-07-23	7.81	246.95	4.857 2	269.147 5	56.541	2.815 2
辅助观测场	1	10～20	2006-07-23	9.61	123.47	4.250 6	162.892	37.543	1.94
辅助观测场	1	20～30	2006-07-23	10.08	79.89	21.097 5	185.993 5	19.379	1.16
辅助观测场	1	30～40	2006-07-23	10.31	39.95	41.662 5	222.950 5	13.688	0.669 5
辅助观测场	1	40～50	2006-07-23	10.26	21.79	40.902 5	222.601	8.739	0.442 9
辅助观测场	1	50～60	2006-07-23	10.34	18.16	31.874 5	219.518	5.692	0.397 1
辅助观测场	1	60～70	2006-07-23	10.35	14.53	29.125 5	213.352	4.163	0.298 1
辅助观测场	1	70～80	2006-07-23	10.39	10.89	20.847	201.02	6.464	0.309 5
辅助观测场	2	0～10	2006-07-24	7.57	225.16	3.314	160.941	45.247	2.234 3
辅助观测场	2	10～20	2006-07-24	9.62	112.58	3.735 6	124.842	26.889	1.352 4
辅助观测场	2	20～30	2006-07-24	10.05	79.89	10.428 1	167.107	21.63	1.102 9
辅助观测场	2	30～40	2006-07-24	10.22	58.11	8.942 4	167.107	16.328	0.828 6
辅助观测场	2	40～50	2006-07-24	10.19	36.32	7.088 4	164.024	12.143	0.519
辅助观测场	2	50～60	2006-07-24	10.34	32.68	8.893 4	136.277	6.084	0.371 4
辅助观测场	2	60～70	2006-07-24	10.41	25.42	7.529 5	136.277	4.18	0.313 3
辅助观测场	2	70～80	2006-07-24	10.42	21.79	8.829 9	117.779	3.418	0.229 5
辅助观测场	3	0～10	2006-07-20	9.01	243.32	5.412 9	246.046	53.613	2.86
辅助观测场	3	10～20	2006-07-20	10.21	130.74	8.654	178.289	36.429	2.090 5
辅助观测场	3	20～30	2006-07-20	10.49	39.95	33.090 5	244.507 5	18.538	0.965 7
辅助观测场	3	30～40	2006-07-20	10.56	21.79	50.848 5	284.261	10.943	0.528 6
辅助观测场	3	40～50	2006-07-20	10.59	14.53	49.75	271.929	7.179	0.292 4
辅助观测场	3	50～60	2006-07-20	10.6	10.89	41.738	250.348	2.27	0.263 8
辅助观测场	3	60～70	2006-07-20	10.54	10.89	38.475 5	228.767	4.145	0.251 4
辅助观测场	3	70～80	2006-07-20	10.44	10.89	32.991	216.435	3.773	0.230 5
辅助观测场	4	0～10	2006-08-05	7.64	265.11	4.515 2	352.712	60.332	2.904 8
辅助观测场	4	10～20	2006-08-05	7.02	203.37	3.255 2	160.941	39.593	1.990 5
辅助观测场	4	20～30	2006-08-05	7.21	156.16	2.720 3	136.277	31.759	1.537 1
辅助观测场	4	30～40	2006-08-05	7.25	123.47	2.406 5	111.613	22.277	1.181 9
辅助观测场	4	40～50	2006-08-05	8.56	83.53	2.251 5	96.198	14.716	0.871 4
辅助观测场	4	50～60	2006-08-05	8.51	50.84	2.106 5	86.949	10.188	0.575 2
辅助观测场	4	60～70	2006-08-05	8.91	43.58	2.162 8	77.7	7.188	0.372 4
辅助观测场	4	70～80	2006-08-05	8.91	43.58	2.064 8	77.7	6.406	0.334 3
辅助观测场	5	0～10	2006-07-23	28.65	7.2	268.74	5.710 2	439.036	61.504
辅助观测场	5	10～20	2006-07-23	49.4	7.13	188.84	3.446	142.443	40.347
辅助观测场	5	20～30	2006-07-23	54.35	7.3	134.37	2.620 3	127.028	29.074
辅助观测场	5	30～40	2006-07-23	48.15	7.55	108.95	2.350 9	114.696	22.203
辅助观测场	5	40～50	2006-07-23	44.63	8.41	83.53	2.284	114.696	15.491

（续）

样地名称	样方号	取土层次	取样日期	pH	碱解氮含量 (mg/kg)	速效磷含量 (mg/kg)	速效钾含量 (mg/kg)	有机质含量 (g/kg)	全氮含量 (g/kg)
辅助观测场	5	50～60	2006-07-23	34.51	8.68	54.47	2.307 2	120.862	12.444
辅助观测场	5	60～70	2006-07-23	34.47	8.78	47.21	2.232 3	96.198	8.702
辅助观测场	5	70～80	2006-07-23	36.8	8.86	39.95	2.514 4	99.281	7.934
综合观测场	0	0～10	2007-05-25	7.76	261.59	3.3	196.92	53.42	
综合观测场	0	10～20	2007-05-25	8.36	116.66	2.08	90.59	27.63	
综合观测场	0	20～30	2007-05-25	8.5	102.52	2.05	97.23	24.85	
综合观测场	0	30～40	2007-05-25	8.52	63.63	1.31	70.65	18.54	
综合观测场	0	40～50	2007-05-25	8.59	49.49	1.36	90.59	14.49	
综合观测场	0	50～60	2007-05-25	8.69	49.49	1.27	97.23	13.08	
综合观测场	0	60～70	2007-05-25	9	45.96	1.37	97.23	13.55	
综合观测场	0	70～80	2007-05-25	9.12	49.49	1.49	103.88	13.99	
综合观测场	1	0～10	2007-05-25	7.6	314.62	4.89	635.56	76.05	
综合观测场	1	10～20	2007-05-25	7.31	201.5	2.54	230.15	47.49	
综合观测场	1	20～30	2007-05-25	7.41	144.94	1.96	163.69	37.54	
综合观测场	1	30～40	2007-05-25	7.32	116.66	1.64	143.75	31.36	
综合观测场	1	40～50	2007-05-25	7.2	102.52	1.44	130.46	26.24	
综合观测场	1	50～60	2007-05-25	7.26	84.84	1.66	130.46	66.55	
综合观测场	1	60～70	2007-05-25	7.38	74.24	2.23	137.11	17.17	
综合观测场	1	70～80	2007-05-25	8.34	70.7	2.05	123.82	17.44	
综合观测场	2	0～10	2007-05-25	6.81	296.94	5.72	283.32	60.84	
综合观测场	2	10～20	2007-05-25	6.85	205.03	2.66	150.4	43.98	
综合观测场	2	20～30	2007-05-25	7.05	120.19	1.56	123.82	30.31	
综合观测场	2	30～40	2007-05-25	7.35	91.91	1.26	110.52	22.64	
综合观测场	2	40～50	2007-05-25	7.14	88.38	1.47	130.46	22.6	
综合观测场	2	50～60	2007-05-25	7.62	84.84	1.49	130.46	21.49	
综合观测场	2	60～70	2007-05-25	8.33	70.7	1.48	137.11	22.15	
综合观测场	2	70～80	2007-05-25	8.44	74.24	1.7	150.4	23.1	
综合观测场	4	0～10	2007-05-25	7.23	300.48	4.27	416.24	71.47	
综合观测场	4	10～20	2007-05-25	6.88	219.17	2.07	143.75	46.46	
综合观测场	4	20～30	2007-05-25	7.07	141.4	1.52	117.17	36.31	
综合观测场	4	30～40	2007-05-25	7.08	109.59	1.56	103.88	31.02	
综合观测场	4	40～50	2007-05-25	7.09	106.05	1.53	110.52	29.83	
综合观测场	4	50～60	2007-05-25	7.13	98.98	1.84	110.52	25.72	
综合观测场	4	60～70	2007-05-25	7.28	91.91	2.27	123.82	26.4	
综合观测场	4	70～80	2007-05-25	7.33	84.84	2.74	117.17	24.38	

4.2.2　土壤机械组成

表 4-18　试验站土壤机械组成

	辅助观测场采样深度（cm）		综合观测场采样深度（cm）	
颗粒直径（UM 微米）	0～20	20～40	0～20	20～40

（续）

	辅助观测场采样深度（cm）		综合观测场采样深度（cm）	
<0.2	0	0	0	0
0.5	4.324	3.972	4.628	5.314
1	0.762	0.582	0.553	0.912
2	3.465	2.39	3.002	3.316
5	10.226	7.838	8.081	8.862
7.5	6.544	5.514	4.891	5.781
10	5.129	4.394	3.682	4.626
15	7.404	6.207	4.816	6.573
20	5.759	4.733	3.461	5.163
25	4.827	3.746	2.751	4.367
30	4.005	2.8	2.027	3.529
35	3.475	2.277	1.547	3.021
40	3.19	2.102	1.324	2.814
45	2.962	2.038	1.175	2.698
50	2.77	2.195	1.179	2.728
55	2.695	2.257	1.18	2.739
60	2.574	2.477	1.325	2.786
65	2.518	2.578	1.392	2.808
70	2.478	2.663	1.44	2.81
75	2.327	2.992	1.628	2.816
80	2.327	2.992	1.628	2.816
85	2.257	3.114	1.626	2.894
90	1.946	3.657	1.615	3.239
100	3.893	7.313	3.231	6.477
110	2.927	4.874	2.792	3.379
130	4.539	6.986	4.964	4.022
150	2.55	3.617	3.997	2.031
175	1.261	2.038	4.114	0.909
200	0.585	1.026	3.705	0.398
225	0.227	0.461	3.467	0.141
250	0.031	0.087	2.878	0.017
300	0.021	0.072	4.925	0.01
400	0	0.006	6.267	0
500	0	0	2.981	0
>500	0	0	1.729	0

4.2.3 土壤容重

表 4-19 主要观测场土壤容重

样地号	测定日期	样方号	深度（cm）	容重（g/cm³）
综合观测场	2007-07-26	1	0～10	1.031 3
综合观测场	2007-07-26	1	10～20	1.128 6

（续）

样地号	测定日期	样方号	深度（cm）	容重（g/cm³）
综合观测场	2007-07-26	1	20～30	1.189 1
综合观测场	2007-07-26	1	30～40	1.389 6
综合观测场	2007-07-26	3	0～10	0.959
综合观测场	2007-07-26	3	10～20	0.980 1
综合观测场	2007-07-26	3	20～30	1.327 4
综合观测场	2007-07-26	3	30～40	1.136 1
综合观测场	2007-07-26	5	0～10	1.063 1
综合观测场	2007-07-26	5	10～20	1.152 8
综合观测场	2007-07-26	5	20～30	1.120 3
综合观测场	2007-07-26	5	30～40	1.178 7

4.2.4 土壤剖面调查

表 4-20 试验站土壤剖面调查

土壤类型：典型栗钙土　　监测时间：2007-08-29

样地类型	深度（cm）	颜色	质地	结构	根系	紧实度	新生体	石灰反应	反应强度
综合观测场	0～30	棕黑	中壤	块状	多	紧	无	无	
综合观测场	30～79	棕黄	中壤	块状	少	紧	无	46cm 起	+++
综合观测场	79～100	黄白	中壤	块状	极少	紧	锈斑		
辅助观测场	0～47	棕黑	中壤	块状	多	稍紧	无		
辅助观测场	47～78	灰白	重壤	块状	少	紧	二氧化硅粉末	47cm 开始	+++
辅助观测场	78～160	白黄	重壤	块状	极少	紧	无		+++

4.2.5 水分监测数据

表 4-21 综合观测场土壤含水量

单位：%

日期	10cm	20cm	30cm	40cm	50cm	60cm	70cm	80cm
2006-05	14.87	14.28	17.55	14.21	11.78	8.19	6.20	6.51
2006-06			9.81	10.40	9.47	8.40	8.25	7.27
2006-07	13.08	7.58	6.26	5.02	3.54	4.64	4.12	3.64
2006-08	12.10	8.88	8.45	8.30	7.64	7.44	7.37	6.01
2007-05	19.46	16.63	15.50	15.76	14.73	13.93	10.87	5.72
2007-06	5.58	7.14	7.75	8.47	8.56	8.14	7.98	6.98
2007-07	12.40	9.39	8.97	8.45	7.86	6.92	6.87	8.61
2007-08	3.93	5.40	4.83	4.42	4.43	5.16	4.69	4.43
2007-09	7.07	8.31	7.97	6.84	7.38	7.48		
2008-05	10.30	11.88	11.32	10.27	7.82	5.25	4.76	4.45
2008-06	11.12	8.40	8.00	7.07	4.76	4.38	4.15	4.72
2008-07	11.30	11.26	12.09	9.39	6.94	5.86	5.83	5.03
2008-08	20.40	12.68	8.34	7.51	6.72	6.24	6.17	5.91
2008-09	16.12	12.65	10.22	8.57	7.11	6.55	5.92	6.24
2008-10	20.23	17.50	9.79	8.27	7.54	8.45	7.63	6.09

4.3 气象监测数据

4.3.1 温度

表 4-22 自动观测气象要素—温度

单位：℃

日期	日平均值月平均	日最大值月平均	日最小值月平均	月极大值	极大值日期	月极小值	极小值日期
2006-09	10.44	20.04	0.74	27.9	14	−7.63	9
2006-10	1.33	9.07	−7.49	25.62	6	−16.51	11
2006-11	−14.79	−8.07	−23.05	11.25	3	−38.27	28
2006-12	−26.47	−19.07	−34.63	−10.98	11	−39.88	27
2007-01	−26.65	−19.16	−33.48	−11.2	5	−39.88	9
2007-02	−21.57	−12.63	−31.18	−1.058	25	−37.92	15
2007-03	−14.76	−6.44	−23.88	2.041	23	−38.25	12
2007-04	0.59	7.67	−7.58	26.22	29	−20.55	4
2007-05	10.36	17.95	0.87	28.33	30	−5.312	2
2007-06	18.56	27.09	8.40	38.9	10	−1.947	13
2007-07	20.51	28.49	11.31	35.49	25	1.625	21
2007-08	19.69	28.00	10.63	34.44	18	0.517	28
2007-09	12.55	21.84	2.23	30.49	6	−4.951	19
2007-10	−0.61	8.29	−10.68	20.14	5	−23.12	28
2007-11	−13.48	−5.98	−21.54	3.074	5	−32.16	20
2007-12	−22.56	−16.09	−29.79	−8.85	1	−37.27	18
2008-01	−29.90	−23.32	−36.08	−15.42	2	−39.88	9
2008-02	−24.53	−15.67	−32.77	−4.606	28	−39.11	16
2008-03	−6.45	1.46	−14.91	11.25	17	−29.07	2
2008-04	3.17	11.55	−6.90	27.56	18	−15.39	24
2008-05	8.72	15.90	−0.21	25.92	26	−8.81	9
2008-06	18.11	24.89	10.42	32.79	13	1.978	10
2008-07	19.35	25.63	13.41	31.06	21	7.089	7
2008-08	17.69	25.78	8.68	32.52	8	0.814	25
2008-09	9.46	17.14	1.44	26.03	14	−8.91	28
2008-10	0.84	7.00	−5.85	14.99	13	−18.16	29
2008-11	−15.47	−9.41	−23.44	1.326	10	−34.35	16
2008-12	−23.05	−17.31	−31.57	−8.93	1	−39.88	10

4.3.2 湿度

表 4-23 自动观测气象要素—湿度

单位：%

日期	日平均值月平均	日最大值月平均	日最小值月平均
2006-09	57.70	86.76	26.08
2006-10	53.54	78.72	27.83
2006-11	75.46	84.51	64.31

（续）

日期	日平均值月平均	日最大值月平均	日最小值月平均
2006-12	73.93	80.08	67.03
2007-01	74.89	79.97	69.41
2007-02	75.77	82.96	66.32
2007-03	75.94	86.28	62.52
2007-04	60.82	84.56	34.59
2007-05	51.73	82.32	26.05
2007-06	52.08	83.17	26.30
2007-07	59.03	89.22	30.63
2007-08	57.53	86.78	29.16
2007-09	52.04	82.27	24.62
2007-10	60.56	85.17	33.48
2007-11	72.85	84.08	57.68
2007-12	76.71	81.48	69.90
2008-01	69.90	74.68	64.44
2008-02	74.05	80.65	66.26
2008-03	66.69	85.36	46.01
2008-04	44.15	72.80	21.07
2008-05	51.21	76.19	28.67
2008-06	61.97	86.11	38.59
2008-07	77.09	94.01	53.52
2008-08	63.00	89.10	35.08
2008-09	64.87	90.15	34.24
2008-10	74.57	91.00	51.27
2008-11	79.05	86.90	68.68
2008-12	75.14	81.40	68.10

4.3.3 气压

表 4-24 自动观测气象要素—气压

单位：hPa

日期	日平均值月平均	日最大值月平均	日最小值月平均	月极大值	极大值日期	月极小值	极小值日期
2006-09	940.74	943.83	937.60	950	19	925	6
2006-10	943.03	946.74	939.43	960	25	927	6
2006-11	940.77	943.87	937.67	957	23	917	7
2006-12	947.35	949.71	944.68	959	8	935	11
2007-01	949.66	952.03	947.39	958	23	933	29
2007-02	940.64	944.07	937.18	954	1	922	25
2007-03	942.38	944.90	939.74	957	4	921	24
2007-04	939.48	942.33	936.50	949	7	920	29
2007-05	930.99	934.32	927.90	943	10	915	24
2007-06	932.58	935.43	929.83	944	13	917	11
2007-07	931.86	934.00	929.61	940	28	923	17

（续）

时间	日平均值月平均	日最大值月平均	日最小值月平均	月极大值	极大值日期	月极小值	极小值日期
2007 - 08	935.35	937.77	933.03	945	27	922	24
2007 - 09	940.83	943.60	937.80	951	24	931	26
2007 - 10	942.98	945.94	940.19	954	15	931	30
2007 - 11	944.27	947.77	940.50	955	9	925	24
2007 - 12	944.53	946.83	942.33	957	4	932	13
2008 - 01	949.59	952.06	946.94	967	20	934	7
2008 - 02	946.64	949.45	943.66	961	17	932	10
2008 - 03	940.49	943.58	937.03	954	6	924	17
2008 - 04	935.48	939.13	932.13	952	21	920	29
2008 - 05	933.17	935.90	930.77	949	10	919	27
2008 - 06	935.12	937.40	932.93	944	10	923	19
2008 - 07	932.41	934.45	930.58	939	14	921	5
2008 - 08	934.76	937.23	932.29	943	25	920	23
2008 - 09	937.50	941.03	934.39	950	27	927	9
2008 - 10	939.78	942.45	936.61	951	17	922	24
2008 - 11	942.02	945.37	938.30	958.0	8.0	924	30
2008 - 12	940.24	944.47	935.93	955.0	21.0	922	16

4.3.4 降水

表 4 - 25　自动观测气象要素—降水

单位：mm

日期	合计	最高	日最大值出现时间
2006 - 09	43.3	14.5	2
2006 - 10	5.9	4	16
2006 - 11	0.7	0.3	7
2006 - 12	0	0	0
2007 - 01	0	0	0
2007 - 02	0.2	0.1	12
2007 - 03	3	2.1	1
2007 - 04	12.1	7.3	19
2007 - 05	22	6.4	13
2007 - 06	21.9	11	18
2007 - 07	42.9	13.8	30
2007 - 08	50.2	24.5	23
2007 - 09	2.3	1.6	27
2007 - 10	2.3	1.3	6
2007 - 11	0.1	0.1	2
2007 - 12	0	0	
2008 - 01	0	0	
2008 - 02	0	0	
2008 - 03	0.8	0.4	22

（续）

日期	合计	最高	日最大值出现时间
2008-04	0.1	0.1	9
2008-05	41.9	27	27
2008-06	47.3	13	29
2008-07	120.2	38.2	5
2008-08	39.4	17.1	21
2008-09	30.5	8.9	5
2008-10	23.9	8.7	8
2008-11	0.7	0.7	22
2008-12	0	0	

4.3.5 风速

表 4-26 自动观测气象要素—风速

单位：m/s

日期	月平均风速	月最多风向	最大风速	最大风向*	最大风出现日期	最大风出现时间
2006-09	2.80	SW	16.61	244.6	24	16
2006-10	3.07	NW	14.05	287.8	5	14
2006-11	2.25	NW	12.93	303	4	14
2006-12	1.36	SW	9.09	292.7	13	12
2007-01	1.21	SW	7.49	244.3	28	13
2007-02	1.82	SW	12.77	279.7	26	12
2007-03	2.52	NW	13.57	115.6	31	1
2007-04	2.93	NE	16.13	338.8	30	12
2007-05	3.82	NW	17.25	236	11	11
2007-06	3.48	NW	15.65	321.5	11	18
2007-07	2.59	NW	13.57	3.7	20	14
2007-08	2.42	NW	15.17	297	8	13
2007-09	2.82	NW	16.13	256.9	17	18
2007-10	2.60	NW	13.89	282.9	10	1
2007-11	2.37	NW	12.13	300.3	12	14
2007-12	1.64	SW	11.97	153	28	12
2008-01	1.65	NW	11.65	297.7	7	13
2008-02	1.86	SW	10.69	298.8	10	21
2008-03	2.86	SW	14.53	289	18	12
2008-04	3.25	NW	15.97	245.8	20	2
2008-05	3.47	SE	15.01	231.8	23	7
2008-06	3.22	SE	13.41	179	14	11
2008-07	2.13	NW	17.73	15.1	21	13
2008-08	2.60	SE	15.17	262.5	23	15
2008-09	3.00	SW	14.05	314.5	22	11
2008-10	2.69	NW	12.93	199.4	18	6
2008-11	2.46	SW	12.45	240.3	27	15
2008-12	2.52	SW	12.29	255.9	21	20

注：风向的确定是北风为 0 度，东风为 90 度，南风为 180 度，西风为 270 度，从北开始顺时针转来标示风向，一圈 360 度。

4.2.6 辐射

表 4-27 太阳辐射自动观测记录表—月辐射

单位：MJ/m^2

日期	总辐射总量平均值	光合有效辐射总量平均值（mol/m^2）
2006-09	16.01	33.09
2006-10	10.34	20.69
2006-11	6.28	13.13
2006-12	3.94	7.51
2007-01	3.50	6.63
2007-02	9.54	20.31
2007-03	14.74	31.94
2007-04	19.36	39.28
2007-05	20.09	40.53
2007-06	22.21	45.59
2007-07	23.04	48.86
2007-08	18.69	38.80
2007-09	15.57	31.62
2007-10	9.73	19.08
2007-11	6.50	13.02
2007-12	4.45	8.77
2008-01	5.52	11.84
2008-02	9.61	20.50
2008-03	13.12	26.92
2008-04	17.13	32.49
2008-05	17.72	35.80
2008-06	19.94	41.77
2008-07	19.15	40.06
2008-08	18.44	38.04
2008-09	14.20	28.97
2008-10	9.03	18.43
2008-11	6.51	13.06
2008-12	4.59	9.10

第五章

短期试验研究数据集

5.1 不同利用方式对草原抗风蚀能力的影响试验

试验目的：通过风洞试验方法分析不同利用方式对草甸草原抗风蚀能力的影响，了解不同利用方式条件下的草甸草原土壤风蚀规律，为草原区的环境管理提供科学依据。

地理位置：呼伦贝尔市谢尔塔拉牧场。

气候状况：年均气温－2℃～－1℃，最高、最低气温分别为36.17℃和－48.5℃，不小于10℃年积温1 580℃～1 800℃，无霜期95～110 d，年平均降水量350～400 mm，年度间极不平衡，主要集中在6～8月。大风日数年平均为20d，其中70％的大风日数分布在3～6月份，主要是西北风，年均风速为3.0～3.5m/s，最高风速达30m/s。

土壤类型：地带性土壤为黑钙土或暗栗钙土，土层厚30～40 cm，有机质含量5.1％左右。

植被组成：主要有羊草（*L. chinensis*）、贝加尔针茅（*S. baicalensis* Roshev）、斜茎黄芪（*A. adsurgens* Pall）、山野豌豆（*V. amoena* Fisch）等。

表5－1 2006年草甸草原土壤风蚀测定数据

样地类型	土样风蚀有效面积	实测风速（m/s）	吹蚀时间（min）	土壤风蚀量（g）
草甸草原农田	35cm×95cm	10	5	<0.01
		15	5	0.3
		18.6	5	0.47
		27	5	6.56
草甸草原重度放牧	35cm×95cm	13	5	0
		18	5	0.24
		22.5	5	0.59
		28.5	3	1.11
草甸草原中度放牧	35cm×95cm	12	5	0
		17	5	0
		21	5	0.08
		25	3	0.14
草甸草原轻度放牧	35cm×95cm	12	5	0
		17	5	0
		21.5	5	0
		24.5	3	0

5.2 翻耕短期内对草原土壤呼吸的影响试验

试验目的：本试验通过对天然草甸草原进行不同深度的翻耕处理，分析翻耕短期内对草甸草原土壤呼吸的影响。为草原生态系统增汇减排措施的制定提供依据。

研究区概况：本试验区位于大兴安岭西麓丘陵地带呼伦贝尔草原生态系统国家野外观测研究站，地处 49°27′25″～49°31′40″N，120°3′22″～120°14′58″E，海拔高度 640～860m。属山地半湿润型气候。年平均气温－0.3℃，绝对最高温 38.2℃，绝对最低温－42.9℃，温差达 80℃以上；年均降水量 366.9 mm，多集中在 6～8 月，占全年降水的 70%，且年蒸发量大于年降水量。土壤类型主要为黑钙土；地带性植被主体为线叶菊草甸草原、贝加尔针茅草甸草原、羊草杂类草草甸草原，分布于丘陵上、中、底部。

试验设计与测定方法：在贝加尔针茅＋羊草草地，设置 1m×1m 的观测样方 9 个。将其地上部分齐地面刈割，用铁锹挖掘并扰动不同深度的土壤来模拟 3 种翻耕处理。即天然草地（C0）、翻耕深度 10cm（C10）和翻耕深度 20cm（C20）。每种处理 3 次重复。翻耕经过一天（24 小时）后，采用 LI－8100 闭路式土壤碳通量自动测量系统对不同处理的土壤呼吸通量每天测定一次。试验时间从 2008 年 7 月 30 日至 2008 年 9 月 14 日（这一时间段是进行夏翻的时间），共 47d，测定天数为 25d。5cm 土壤温度由距试验地 100m 的气象站提供。

表 5－2　2008 年不同翻耕深度下草地土壤呼吸动态

单位：μmol $CO_2/m^2/s$

日期	对照处理（未翻耕）	翻耕 10cm	翻耕 20cm	土壤温度（℃）
07－30	5.27	8.70	11.11	28.53
07－31	3.86	4.94	6.14	21.77
08－02	2.73	3.30	3.95	15.49
08－03	2.59	3.25	4.09	17.39
08－04	2.81	3.72	4.91	19.78
08－05	3.16	4.24	5.00	25.84
08－06	2.43	3.33	4.28	18.94
08－07	3.14	4.10	5.91	24.58
08－08	2.70	3.79	4.91	21.75
08－09	2.65	3.41	4.11	21.34
08－10	2.28	2.82	3.23	18.09
08－11	2.12	2.43	2.97	19.00
08－12	1.98	2.37	2.97	16.10
08－13	2.11	2.61	3.27	17.77
08－28	3.51	2.86	3.55	24.34
08－31	2.90	2.34	3.27	17.40
09－01	2.84	2.44	2.65	15.00
09－02	1.93	1.64	1.80	13.45
09－03	2.05	1.80	1.97	19.43
09－04	1.91	1.85	2.13	17.57
09－07	2.26	1.87	2.18	12.32
09－11	1.69	1.37	1.46	12.07
09－12	1.96	1.61	1.45	13.15
09－13	1.65	1.42	1.43	12.64
09－14	1.82	1.69	1.68	15.54

5.3 苜蓿适应性研究

5.3.1 试验概况

试验名称：苜蓿品种适应性研究

试验目的：选取了5个主要的耐寒、耐旱苜蓿品种进行适应性研究，确定适宜在海拉尔地区推广的苜蓿品种。

试验地点：试验设在呼伦贝尔生态试验站，地处49°06′～49°32′N，119°32′～120°35′E。

气候状况：研究区域内水热条件较好，属于温带大陆性季风气候。

土壤类型：土壤以黑钙土为主。

试验处理及指标观测：试验于2009年7月底进行数据的采集，分别采集了产量因子（产量、株高、冠幅、分枝数、干重、茎叶比和鲜干比）、光合数据（光合速率、蒸腾速率、水分利用效率、水分亏缺、气孔导度、胞间二氧化碳浓度）、土壤呼吸数据（土壤呼吸速率）、土壤含水量及土壤容重。

5.3.2 生产性状

表5-3　研究苜蓿品种产量因子一览表

品种	重复	产量 (t/hm^2)	株高 (cm)	宽幅 (cm)	单株分枝数 (枝/株)	单株干重 (g)	茎干重 (g)	叶花果实干重 (g)	茎叶比	鲜干比
黄花苜蓿	1	25.12	64	43	40	67.28	35.59	30.34	1.17	3.03
	2	13.57	67	28	59	41.59	22.76	17.99	1.27	3.01
	3	3.76	56	22	25	29.17	18.23	7.43	2.45	2.26
杂花苜蓿原种	1	6.97	65	33	35	30.20	15.57	12.68	1.23	3.12
	2	17.34	57	56	51	38.46	11.49	25.50	0.45	4.51
	3	3.35	60	30	23	21.13	11.84	8.26	1.43	2.91
杂花苜蓿	1	24.38	53	47	22	46.10	23.96	21.12	1.13	4.52
	2	29.16	65	57	25	72.38	33.52	37.93	0.88	3.35
	3	36.61	75	55	46	97.34	53.62	42.17	1.27	3.23
肇东苜蓿	1	6.88	50	30	46	26.58	12.43	12.85	0.97	3.28
	2	5.63	51	25	50	28.31	16.97	10.25	1.66	2.85
	3	7.74	60	34	49	40.59	28.57	11.38	2.51	2.28
龙牧801	1	8.01	33	25	37	23.59	10.42	10.97	0.95	2.83
	2	6.49	43	29	50	18.46	9.76	8.49	1.15	3.20
	3	4.31	57	26	17	12.09	5.49	5.82	0.94	2.95

5.3.3 光合特性

表5-4　研究苜蓿品种光合特性表

品种	重复	光合速率 ($\mu molCO_2/m^2/s$)	蒸腾速率 ($mmolH_2O/m^2/s$)	水分利用效率 ($\mu molCO_2$ m/mol)	气孔导度 ($mmol/m^2/s$)	胞间二氧化碳浓度 ($\mu mol/mol$)	水分亏缺	气温	相对湿度 (%)	有效辐射 ($\mu mol/m^2/s$)	叶绿素 (mg/gFW)
黄花苜蓿	1	47.7	12.00	3.98	0.99	235	1.34	21.04	41.21	2 016	39.04
	2	50.2	14.20	3.54	1.25	252	1.30	22.12	40.37	1 031	39.71
	3	51.4	14.40	3.57	1.19	250	1.37	22.59	39.38	722	39.79

（续）

品种	重复	光合速率 ($\mu molCO_2$/m^2/s)	蒸腾速率 (mmolH_2O/m^2/s)	水分利用效率 ($\mu molCO_2$ m/mol)	气孔导度 (mmol/m^2/s)	胞间二氧化碳浓度 (μmol/mol)	水分亏缺	气温	相对湿度 (%)	有效辐射 (μmol/m^2/s)	叶绿素 (mg/gFW)
杂花苜蓿原种	1	56.0	17.30	3.24	1.41	248	1.44	23.34	37.94	1 689	45.00
	2	38.6	12.00	3.22	0.93	247	1.42	23.71	36.66	1 656	39.30
	3	48.8	19.10	2.55	1.60	266	1.45	24.04	35.56	1 501	42.46
杂花苜蓿	1	54.3	19.30	2.81	1.37	247	1.65	24.68	34.40	1 307	39.07
	2	31.7	11.80	2.69	0.86	261	1.48	25.01	34.32	921	37.95
	3	29.4	13.70	2.15	1.00	272	1.52	25.27	34.56	621	36.93
肇东苜蓿	1	25.6	6.99	3.66	0.35	203	1.96	25.62	34.83	582	40.59
	2	17.9	5.75	3.11	0.28	225	1.97	25.85	34.32	400	36.21
	3	18.7	7.73	2.42	0.41	254	1.88	26.00	34.36	312	38.89
龙牧 801	1	22.1	5.86	3.77	0.27	201	2.06	26.89	32.83	561	35.90
	2	54.1	15.90	3.40	0.77	209	2.17	26.96	32.71	469	38.67
	3	23.5	9.15	2.57	0.47	249	1.95	27.01	32.81	426	38.07

5.3.4 土壤呼吸特性

表 5-5 研究苜蓿品种土壤呼吸特性表

单位：$\mu mol\ CO_2/m^2/s$

品种	重复	06：00	08：00	10：00	12：00	14：00	16：00	18：00
黄花苜蓿	1	3.44	3.01	3.05	2.77	2.7	3.2	2.84
	2	3.36	2.91	2.91	2.61	2.53	3.07	2.72
	3	3.38	2.86	2.87	2.47	2.47	3.12	2.71
杂花苜蓿原种	1	2.46	3.13	2.76	2.46	2.44	2.61	2.17
	2	2.45	3.1	2.77	2.44	2.33	2.65	2.17
	3	2.42	3.01	2.7	2.4	2.32	2.65	2.14
杂花苜蓿	1	3.64	3.89	3.56	2.81	3.28	3.58	3.02
	2	3.59	3.76	3.52	2.87	3.23	3.71	3.05
	3	3.59	3.76	3.5	2.77	3.11	3.64	3.06
肇东苜蓿	1	3.59	3.18	2.86	2.68	2.99	3.52	2.78
	2	3.52	3.32	2.97	2.81	2.95	3.54	2.81
	3	3.44	3.31	3.05	2.8	2.96	3.42	2.73
龙牧 801	1	3.06	2.00	2.37	2.09	2.14	2.53	2.09
	2	3.12	1.97	2.45	2.05	2.20	2.60	2.15
	3	3.12	1.99	2.43	2.04	2.22	2.59	2.13

5.3.5 土壤温度

表 5-6 研究苜蓿品种土壤温度表

单位：℃

品种	重复	06：00	08：00	10：00	12：00	14：00	16：00	18：00
黄花苜蓿	1	18.32	18.65	20.69	21.66	21.96	21.09	21.14

（续）

品种	重复	06：00	08：00	10：00	12：00	14：00	16：00	18：00
	2	18.16	18.35	20.52	21.5	21.84	20.96	21.04
	3	18.13	18.21	20.43	21.39	21.77	20.87	20.98
杂花苜蓿原种	1	17.61	20.16	21.7	21.68	21.49	21.38	21.08
	2	17.58	18.44	21.59	21.46	21.43	21.31	21.07
	3	17.57	18.24	21.55	21.39	21.42	21.29	21.05
杂花苜蓿	1	17.58	18.15	19.49	20.64	20.00	20.41	19.30
	2	17.44	17.86	19.16	19.63	19.45	20.11	19.11
	3	17.37	17.75	19.03	19.27	19.22	19.97	19.00
肇东苜蓿	1	17.96	23.66	20.97	21.57	23.97	21.19	20.71
	2	17.75	23.88	20.73	21.48	24.04	20.94	20.62
	3	17.68	24.03	20.56	21.45	24.06	20.84	20.57
龙牧 801	1	18.00	19.83	20.78	22.12	21.19	21.13	20.95
	2	17.93	19.76	20.57	22.10	21.16	21.08	20.92
	3	17.90	19.75	20.48	22.10	21.14	21.03	20.93

5.3.6 土壤含水量与土壤容重

表 5-7 研究苜蓿品种土壤温度与土壤容重测定

品种	土层深度（cm）	土壤含水量（%）			土壤容重（g/cm^3）		
		重复 1	重复 2	重复 3	重复 1	重复 2	重复 3
	0～10	8.65	7.56	6.47	1.36	1.42	1.48
	10～20	8.31	7.46	6.61	1.44	1.43	1.42
黄花苜蓿	20～30	8.66	4.97	3.39	1.28	1.45	1.62
	30～40	11.69	10.25	8.81	1.36	1.34	1.47
	40～50	10.43	9.03	7.63	1.42	1.36	1.70
	0～10	9.38	7.88	6.38	1.22	1.19	1.46
	10～20	9.06	8.8	8.54	1.27	1.35	1.42
杂花苜蓿	20～30	10.23	8.94	7.65	1.25	1.36	1.48
	30～40	10.5	10.33	9.84	1.4	1.24	1.49
	40～50	9.26	12.08	10.12	1	1.04	1.18
	0～10	7.62	8.28	6.98	1.39	1.25	1.47
	10～20	7.29	10.84	9.17	1.32	1.24	1.42
杂花苜蓿原种	20～30	8.47	10.45	12.43	1.35	1.31	1.46
	30～40	8.48	9.22	9.96	1.34	1.36	1.47
	40～50	8.48	10.72	12.96	1.24	1.36	1.41
	0～10	19.43	28.76	8.06	1.33	1.04	1.29
	10～20	2.86	13.26	17.01	1.42	1.35	1.48
肇东苜蓿	20～30	14.42	21.39	21.76	1.43	1.24	1.42
	30～40	17.54	25.98	8.835	1.36	1.12	1.32
	40～50	4.32	13.35	9.14	1.34	1.28	1.38

（续）

品种	土层深度（cm）	土壤含水量（%）			土壤容重（g/cm³）		
		重复 1	重复 2	重复 3	重复 1	重复 2	重复 3
龙牧 801	0～10	10.94	16.97	13.52	1.11	1.08	1.15
	10～20	11.35	10.56	9.87	1.25	1.16	1.25
	20～30	9.69	10.05	8.77	1.26	1.3	1.32
	30～40	9.1	8.44	8.31	1.27	1.41	1.37
	40～50	7.91	8.63	8.27	1.34	1.18	1.28

5.4 牧草不同水分、肥料、肥分试验

5.4.1 试验设计

试验名称：不同牧草品种高产高效水肥耦合技术研究。

试验目的：筛选出适宜在海拉尔地区推广的牧草品种及高产高效水肥耦合模式。

试验地点：呼伦贝尔生态试验站，地处 49°06′～49°32′N，119°32′～120°35′E。

气候状况：研究区域内水热条件较好，属于温带大陆性季风气候。

土壤类型：土壤以黑钙土为主。

试验处理及指标观测：试验于 2009 年 6 月进行牧草的播种试验，7 月中旬进行了牧草田间出苗率的调查，9 月底进行牧草株高、产量的测定。

水分处理：水分梯度处理一、二、三、四的分别为灌溉 300mm，200mm，100mm，0mm。

肥料与肥分处理：种类与施用量见表 5-8 和 5-9，全部作基肥。

表 5-8 试验小区设计

品　种	肥　料			
	1	2	3	4
垂穗披碱草	N1P2-1	N1P2-2	N1P2-3	N1P2-4
无芒雀麦	N1P2-1	N1P2-2	N1P2-3	N1P2-4
羊草野生	N1P2-1	N1P2-2	N1P2-3	N1P2-4
羊草品种	N1P2-1	N1P2-2	N1P2-3	N1P2-4
肇东苜蓿	N1P2-1	N1P2-2	N1P2-3	N1P2-4
杂花苜蓿	N1P2-1	N1P2-2	N1P2-3	N1P2-4
黄花苜蓿	N1P2-1	N1P2-2	N1P2-3	N1P2-4
龙牧 801	N1P2-1	N1P2-2	N1P2-3	N1P2-4
龙牧 803	N1P2-1	N1P2-2	N1P2-3	N1P2-4
龙牧 806	N1P2-1	N1P2-2	N1P2-3	N1P2-4
垂穗披碱草	N2P1	N2P2	N1P3	农家肥
无芒雀麦	N2P1	N2P2	N1P3	农家肥
羊草野生	N2P1	N2P2	N1P3	农家肥
羊草品种	N2P1	N2P2	N1P3	农家肥
肇东苜蓿	N2P1	N2P2	N1P3	农家肥
杂花苜蓿	N2P1	N2P2	N1P3	农家肥
黄花苜蓿	N2P1	N2P2	N1P3	农家肥

（续）

品 种	肥 料			
	1	2	3	4
龙牧 801	N2P1	N2P2	N1P3	农家肥
龙牧 803	N2P1	N2P2	N1P3	农家肥

表 5-9 肥料与肥分处理

	N1P2-1	N1P2-2	N1P2-3	N1P2-4	N2P1	N2P2	N1P3	农家肥
二胺（kg/hm^2）	59.97	104.95	149.92	179.91	65.59	40.36	69.96	224.89
尿素（kg/hm^2）					64.58	39.36		
过磷酸钙（kg/hm^2）							34.98	

5.4.2 不同牧草品种田间出苗率调查

5.4.2.1 不同水分处理各牧草品种田间出苗率测定

表 5-10 不同牧草品种田间出苗率

单位：%

品种	水分处理（一）			水分处理（二）			水分处理（三）			水分处理（四）		
	1	2	3	1	2	3	1	2	3	1	2	3
羊草野生	—	—	90	90	90	95	—	—	—	—	—	—
垂穗披碱草	95	95	100	100	100	100	95	100	100	100	100	100
无芒雀麦	90	95	95	95	90	100	95	100	100	100	100	100
肇东苜蓿	100	100	100	100	100	100	100	100	100	100	100	100
杂花苜蓿	85	90	100	100	95	95	100	100	100	100	100	100
黄花苜蓿	78	75	95	95	90	85	95	97	100	100	100	100
龙牧 801	75	80	100	100	100	100	95	100	90	90	100	100
龙牧 803	70	60	100	100	100	100	100	100	95	85	100	100
龙牧 806	70	80	100	100	96	100	100	100	100	100	100	100
垂穗披碱草＋杂花苜蓿	85	85	95	98	100	100	100	100	100	100	100	100
无芒雀麦＋杂花苜蓿	80	85	100	100	100	100	100	100	95	97	100	100
羊草野生＋杂花苜蓿	60	65	90	95	100	100	95	95	96	96	100	100
垂穗披碱草＋杂花苜蓿	68	77	100	100	100	100	100	100	93	94	100	100
无芒雀麦＋杂花苜蓿	68	60	70	80	100	100	100	100	100	100	100	100
羊草野生＋杂花苜蓿	55	55	93	96	100	100	95	100	95	100	100	95
垂穗披碱草＋杂花苜蓿	75	75	95	95	100	100	100	100	90	85	100	100
无芒雀麦＋杂花苜蓿	80	80	85	85	98	95	100	100	100	100	100	100
羊草野生＋杂花苜蓿	70	70	90	75	95	95	75	80	100	95	97	97
羊草野生＋无芒雀麦＋杂花苜蓿	75	80	60	70	80	85	90	85	95	90	100	100
羊草野生＋垂穗披碱草＋杂花苜蓿	85	85	90	90	90	93	100	100	100	100	100	100
羊草野生＋秣食豆＋杂花苜蓿	55	70	45	73	90	95	100	100	95	80	95	100
羊草野生＋饲用大豆＋杂花苜蓿	50	50	25	40	95	90	95	100	100	100	100	100
羊草野生＋燕麦＋杂花苜蓿	50	90	96	96	100	100	100	100	100	100	100	100
羊草野生＋青谷子＋杂花苜蓿	100	100	95	90	80	100	95	100	100	100	100	100

5.4.2.2 不同水肥处理各牧草品种田间出苗率测定

表 5-11 不同牧草品种不同水肥处理田间出苗率

单位：%

水分处理	品种	水分处理（一）			水分处理（二）			水分处理（三）			水分处理（四）		
		1	2	3	1	2	3	1	2	3	1	2	3
（一）	肇东苜蓿	100	100	100	100	100	100	100	100	100	100	100	100
	杂花苜蓿	100	100	100	100	100	100	100	100	100	100	100	100
	黄花苜蓿	100	100	90	90	90	95	100	100	100	100	100	100
	龙牧 801	95	95	90	100	90	100	100	100	80	85	80	93
	龙牧 803	100	100	100	100	100	100	100	100	100	100	100	100
	龙牧 806	100	100	100	100	100	100	100	100	100	100	100	100
	肇东苜蓿	100	90	85	90	85	95	100	100	100	100	100	100
	杂花苜蓿	90	85	100	97	90	95	95	95	100	100	100	100
	黄花苜蓿	70	80	100	95	85	75	80	90	70	70	85	90
	龙牧 801	100	100	100	100	100	100	100	100	90	90	95	100
	龙牧 803	100	100	60	50	100	100	100	100	95	93	100	100
	龙牧 806	80	80	90	60	100	100	100	100	90	90	100	100
（二）	肇东苜蓿	90	100	95	100	100	100	100	100	100	100	100	100
	杂花苜蓿	85	90	85	90	90	95	60	80	80	90	80	75
	黄花苜蓿	100	100	100	100	100	100	100	100	100	100	100	100
	龙牧 801	100	100	100	100	100	100	100	100	100	100	100	100
	龙牧 803	90	100	100	100	100	100	100	100	100	100	100	100
	龙牧 806	100	90	100	100	100	100	100	100	100	100	100	100
	肇东苜蓿	100	100	100	100	90	100	100	100	100	100	100	100
	杂花苜蓿	60	70	85	85	80	55	85	85	90	90	85	85
	黄花苜蓿	90	80	100	100	95	90	85	95	95	95	100	100
	龙牧 801	90	90	100	100	80	90	100	100	100	100	100	100
	龙牧 803	100	90	100	100	100	100	100	100	100	100	100	100
	龙牧 806	100	100	100	100	100	100	100	100	100	95	100	95
（三）	肇东苜蓿	85	80	90	90	90	80	65	70	20	60	80	50
	杂花苜蓿	100	100	100	100	100	100	100	100	100	100	100	100
	黄花苜蓿	100	100	100	100	100	100	100	100	100	100	100	100
	龙牧 801	100	100	100	100	100	100	100	100	90	90	95	100
	龙牧 803	100	100	100	100	100	100	100	100	100	100	100	100
	龙牧 806	100	100	100	100	100	100	100	100	100	100	95	100
	肇东苜蓿	100	100	96	95	100	100	100	100	95	85	80	90
	杂花苜蓿	60	20	80	80	80	70	95	95	50	40	30	35
	黄花苜蓿	85	95	97	100	90	90	90	100	65	50	70	80
	龙牧 801	95	95	97	100	100	95	100	100	60	45	80	90
	龙牧 803	95	95	100	100	95	90	95	100	75	50	90	95
	龙牧 806	100	100	100	100	100	100	100	100	100	100	100	100
（四）	肇东苜蓿	95	95	100	100	90	95	100	100	100	100	100	100
	杂花苜蓿	75	75	80	90	90	85	70	75	85	85	75	80
	黄花苜蓿	100	100	100	100	100	100	100	100	100	100	100	100

（续）

水分处理	品种	水分处理（一）			水分处理（二）			水分处理（三）			水分处理（四）		
		1	2	3	1	2	3	1	2	3	1	2	3
（四）	龙牧 801	95	95	90	85	100	100	100	100	100	100	100	100
	龙牧 803	100	100	100	100	100	100	100	100	100	100	100	100
	龙牧 806	100	100	100	100	100	100	100	100	100	100	100	100
	肇东苜蓿	80	80	80	80	100	100	100	100	85	75	50	85
	杂花苜蓿	45	30	30	60	40	20	20	60	30	50	50	70
	黄花苜蓿	60	70	80	90	80	60	50	85	90	75	75	95
	龙牧 801	90	70	85	95	90	85	90	100	90	70	90	100
	龙牧 803	70	68	75	80	90	90	100	100	60	55	90	100
	龙牧 806	100	100	100	100	100	100	100	100	100	100	100	100

5.4.3　不同牧草株高测定

5.4.3.1　不同水分处理牧草株高测定

表 5－12　不同牧草品种株高测定

单位：cm

品种	水分处理（一）			水分处理（二）			水分处理（三）			水分处理（四）		
	1	2	3	1	2	3	1	2	3	1	2	3
羊草野生	40	37	35	33	29	13	13	40	35	26	27	18
垂穗披碱草	48	45	28	33	40	40	26	15	22	40	40	30
无芒雀麦	12	11	10	16	39	43	47	30	19	18	26	20
肇东苜蓿	10	23	9	38	39	52	30	25	30	22	37	32
杂花苜蓿	38	20	7	46	38	36	10	12	9	16	32	48
黄花苜蓿	27	22	5	19	30	31	25	11	45	18	35	28
龙牧 801	8	10	17	38	37	21	43	40	29	15	21	10
龙牧 803	8	4	5	30	19	24	43	30	23	21	26	45
龙牧 806	12	5	9	21	16	30	31	46	38	8	17	13
垂穗披碱草＋杂花苜蓿	37	20	10	38	25	35	35	30	31	45	25	37
无芒雀麦＋杂花苜蓿	43	23	25	31	24	29	21	27	30	17	21	35
羊草野生＋杂花苜蓿	40	30	27	30	35	29	23	22	30	30	22	17
垂穗披碱草＋杂花苜蓿	19	22	14	35	40	30	16	17	19	18	23	21
无芒雀麦＋杂花苜蓿	19	18	13	18	29	31	23	11	17	17	22	30
羊草野生＋杂花苜蓿	19	14	20	21	25	15	37	25	22	30	18	20
垂穗披碱草＋杂花苜蓿	30	25	25	35	33	30	23	23	18	25	30	27
无芒雀麦＋杂花苜蓿	16	29	19	33	24	28	31	25	24	45	30	35
羊草野生＋杂花苜蓿	11	20	25	33	27	22	30	18	22	30	26	29
羊草野生＋无芒雀麦＋杂花苜蓿	16	11	12	29	22	31	32	20	17	18	25	20
羊草野生＋垂穗披碱草＋杂花苜蓿	42	23	14	22	29	35	33	28	40	32	15	22
羊草野生＋秣食豆＋杂花苜蓿	40	30	30	28	35	30	59	45	47	44	21	15
羊草野生＋饲用大豆＋杂花苜蓿	29	40	26	39	38	27	33	29	18	37	31	25
羊草野生＋燕麦＋杂花苜蓿	95	29	24	80	71	65	95	85	76	80	79	67
羊草野生＋青谷子＋杂花苜蓿	80	78	80	76	62	70	87	78	77	77	62	58

5.4.3.2 不同水肥处理牧草株高测定

表 5-13 不同牧草品种不同水肥处理株高测定

单位：cm

水分处理	品种	水分处理（一）			水分处理（二）			水分处理（三）			水分处理（四）		
		1	2	3	1	2	3	1	2	3	1	2	3
（一）	阿尔泰苜蓿	32	27	15	31	10	42	36	23	33	28	36	40
	山野豌豆	8	10	9	10	12	9	41	37	32	33	38	30
	垂穗披碱草	38	32	26	30	40	22	44	38	29	40	28	25
	无芒雀麦	40	36	25	35	35	20	41	35	20	40	18	27
	羊草野生	10	15	23	17	28	19	28	43	39	31	40	42
	肇东苜蓿	21	10	12	29	13	40	14	17	23	25	17	15
	杂花苜蓿	26	18	13	22	15	21	11	12	19	12	13	20
	黄花苜蓿	14	13	27	9	25	12	22	16	10	8	15	15
	龙牧 801	20	10	15	13	17	36	14	25	34	22	31	12
	龙牧 803	25	37	42	38	33	11	6	8	10	5	7	6
	龙牧 806	45	36	28	25	30	19	15	6	10	3	5	10
	垂穗披碱草	28	35	25	22	20	22	35	30	18	26	25	32
	无芒雀麦	31	27	23	26	23	28	15	25	21	18	20	20
	羊草野生	35	21	18	16	18	31	29	35	20	28	16	22
	肇东苜蓿	14	13	21	20	27	33	36	31	33	20	28	30
	杂花苜蓿	8	21	17	17	14	10	28	31	33	19	25	33
	黄花苜蓿	45	30	37	25	31	7	19	22	11	16	23	10
	龙牧 801	40	27	31	27	30	2	16	15	22	17	13	23
	龙牧 803	50	45	38	42	20	9	19	31	15	22	12	15
	龙牧 806	10	12	6	11	13	50	38	42	48	43	35	10
（二）	阿尔泰苜蓿	26	31	11	12	13	50	50	42	38	43	50	26
	山野豌豆	40	42	37	40	45	50	38	42	48	41	43	40
	垂穗披碱草	38	37	43	32	38	20	40	43	30	38	46	38
	无芒雀麦	29	27	35	30	30	29	30	35	38	33	31	29
	羊草野生	30	34	25	38	31	40	38	41	35	40	39	30
	肇东苜蓿	31	25	33	25	18	43	37	41	45	40	43	31
	杂花苜蓿	13	15	22	17	14	32	24	28	31	30	34	13
	黄花苜蓿	26	31	39	35	24	42	38	40	43	41	38	26
	龙牧 801	38	27	39	36	25	32	35	34	36	39	33	38
	龙牧 803	25	13	15	22	26	36	26	23	40	32	27	25
	龙牧 806	25	23	38	24	25	30	27	21	22	25	31	25
	垂穗披碱草	15	25	22	30	27	29	18	23	31	27	24	15
	无芒雀麦	26	31	34	28	32	30	29	21	31	28	23	26
	羊草野生	32	37	41	33	38	29	35	36	40	37	30	32
	肇东苜蓿	28	30	31	27	34	35	38	31	36	34	30	28
	杂花苜蓿	15	17	18	22	13	21	20	24	23	19	22	15
	黄花苜蓿	22	30	30	27	19	40	35	30	28	33	39	22
	龙牧 801	24	9	31	25	13	17	25	33	18	32	27	24

（续）

水分处理	品 种	水分处理（一）			水分处理（二）			水分处理（三）			水分处理（四）		
		1	2	3	1	2	3	1	2	3	1	2	3
	龙牧 803	36	30	38	33	27	35	34	37	26	32	35	36
	龙牧 806	10	12	6	11	13	50	38	42	48	43	35	10
（三）	阿尔泰苜蓿	36	21	13	17	30	20	10	11	13	20	25	36
	山野豌豆	14	13	10	13	16	30	26	37	34	29	25	14
	垂穗披碱草	43	38	48	39	44	51	47	44	51	46	43	43
	无芒雀麦	43	40	38	41	46	41	42	34	35	43	39	43
	羊草野生	40	38	35	41	39	43	28	36	42	39	26	40
	肇东苜蓿	38	45	35	41	48	38	40	37	41	36	39	38
	杂花苜蓿	35	38	39	34	36	49	33	45	45	40	34	35
	黄花苜蓿	23	25	30	28	24	28	25	21	22	26	27	23
	龙牧 801	40	39	35	39	41	40	39	37	38	41	40	40
	龙牧 803	34	37	30	33	37	29	35	20	17	33	27	34
	龙牧 806	38	30	42	39	35	45	36	41	23	35	46	38
	垂穗披碱草	35	36	27	35	40	28	32	26	27	34	30	35
	无芒雀麦	30	33	35	30	28	35	30	39	36	36	29	30
	羊草野生	27	33	32	23	30	29	31	28	27	32	30	27
	肇东苜蓿	36	35	31	36	37	40	28	35	26	43	37	36
	杂花苜蓿	38	31	31	36	40	33	29	38	40	33	38	38
	黄花苜蓿	21	22	18	26	23	20	30	27	19	31	25	21
	龙牧 801	38	40	35	38	37	37	22	31	25	21	34	38
	龙牧 803	36	40	30	38	40	24	30	35	20	32	28	36
	龙牧 806	46	36	45	40	41	30	39	29	20	35	26	46
（四）	阿尔泰苜蓿	38	19	17	35	40	18	30	32	20	34	31	38
	山野豌豆	32	16	14	27	33	37	37	33	35	20	32	32
	垂穗披碱草	15	33	17	32	36	36	32	29	23	36	33	15
	无芒雀麦	50	49	52	48	47	30	45	40	46	42	37	50
	羊草野生	43	36	44	32	38	18	10	23	12	20	26	43
	肇东苜蓿	38	27	26	36	31	24	31	41	42	20	36	38
	杂花苜蓿	27	28	26	30	25	36	31	30	27	40	34	27
	黄花苜蓿	22	19	10	23	16	7	8	11	13	6	10	22
	龙牧 801	21	30	23	32	37	31	36	40	33	42	38	21
	龙牧 803	35	34	41	37	33	32	28	29	25	27	32	35
	龙牧 806	39	35	40	36	34	35	31	25	23	34	32	39
	垂穗披碱草	27	25	32	28	26	25	25	23	30	25	24	27
	无芒雀麦	25	29	31	24	26	22	25	26	25	27	24	25
	羊草野生	20	22	27	22	25	26	20	31	32	27	23	20
	肇东苜蓿	28	31	18	23	29	35	30	25	16	27	32	28
	杂花苜蓿	28	25	35	27	26	29	35	24	8	15	20	28
	黄花苜蓿	15	16	27	23	18	21	30	24	17	22	29	15
	龙牧 801	20	30	17	23	32	28	31	35	20	27	30	20
	龙牧 803	20	25	25	29	32	8	9	28	20	9	11	20

5.4.4 产量测定

5.4.4.1 不同水分处理牧草鲜草产量测定

表 5-14 不同水分处理牧草鲜草产量

单位：kg/hm²

品种	水分处理（一）			水分处理（二）			水分处理（三）			水分处理（四）		
	1	2	3	1	2	3	1	2	3	1	2	3
羊草野生	210.50	352.17	177.00	106.17	122.50	154.67	69.67	40.83	33.17	49.00	50.17	41.83
垂穗披碱草	440.50	417.83	188.17	430.00	382.00	851.83	431.17	708.50	197.33	353.67	306.33	440.17
无芒雀麦	936.67	648.50	828.33	2 927.83	3 179.33	2 824.83	1 686.50	1 873.17	2 976.50	324.50	2 397.00	953.00
肇东苜蓿	1 556.67	639.83	1 056.50	6 919.00	2 917.83	2 730.67	666.83	2 913.83	3 550.67	679.67	3 017.17	1 925.33
杂花苜蓿	1 819.00	1 313.50	920.17	6 432.00	4 368.67	3 339.67	1 463.50	3 103.83	3 346.67	5 569.50	358.83	3 487.33
黄花苜蓿	433.83	245.67	1 867.83	2 248.17	3 141.00	930.83	383.17	128.67	114.33	701.33	1 835.17	642.17
龙牧 801	521.83	475.00	611.00	3 296.00	603.00	2 004.17	5 596.50	4 001.17	1 681.67	323.67	3 470.33	3 452.17
龙牧 803	298.17	129.17	173.33	1 162.83	498.00	1 930.17	6 793.50	4 922.83	4 510.00	2 363.83	3 685.33	665.33
龙牧 806	27.33	253.33	225.83	2 233.00	960.00	2 144.33	4 659.83	2 138.33	3 830.50	1 725.33	150.83	1 141.50
垂穗披碱草+杂花苜蓿	501.17	149.33	1 611.00	2 170.50	1 372.17	3 213.00	3 201.50	2 261.33	1 963.67	868.67	1 103.83	4 246.00
无芒雀麦+杂花苜蓿	1 485.67	1 303.83	2 186.00	2 457.50	2 531.17	3 422.33	2 529.67	1 122.50	3 252.83	1 540.17	5 501.00	2 602.50
羊草野生+杂花苜蓿	697.50	465.83	512.17	745.17	547.33	674.00	660.67	312.67	70.00	4 422.17	2 319.67	2 804.67
垂穗披碱草+杂花苜蓿	310.67	334.17	591.00	1 041.33	2 064.33	736.17	1 379.33	1 743.83	1 416.50	3 349.83	2 211.50	1 173.50
无芒雀麦+杂花苜蓿	2 669.50	1 031.33	2 196.33	2 234.00	2 223.33	3 128.83	2 194.67	761.83	3 156.83	1 725.00	2 102.33	2 915.83
羊草野生+杂花苜蓿	457.50	1 188.17	1 046.17	450.83	494.33	919.50	243.00	1 619.83	723.83	456.67	515.67	1 916.67
垂穗披碱草+杂花苜蓿	1 508.00	713.83	545.50	2 330.33	2 494.33	1 556.00	1 371.33	1 509.17	2 555.50	1 307.17	1 446.83	343.17
无芒雀麦+杂花苜蓿	2 371.50	2 303.67	3 215.00	3 423.50	1 798.83	2 473.17	866.50	2 106.83	3 811.83	780.83	2 838.17	2 795.50
羊草野生+杂花苜蓿	642.00	509.83	2 052.50	663.33	1 192.67	1 053.50	1 455.83	150.17	2 299.33	2 374.83	1 217.83	3 453.00
羊草野生+无芒雀麦+杂花苜蓿	1 211.67	904.50	1 170.83	1 925.67	1 665.00	832.83	3 172.50	366.17	1 148.83	1 585.50	2 702.00	1 912.83
羊草野生+垂穗披碱草+杂花苜蓿	2 177.17	1 989.83	955.50	421.00	1 705.17	2 336.17	2 867.17	1 898.67	4 733.67	517.17	886.67	696.83
羊草野生+秣食豆+杂花苜蓿	1 564.17	2 469.33	1 248.33	2 343.00	2 448.83	2 069.17	2 671.67	4 301.17	4 985.67	1 158.50	927.67	1 310.17
羊草野生+饲用大豆+杂花苜蓿	2 779.83	3 202.50	1 601.50	862.16	716.12	901.55	3 329.17	933.00	763.50	4 653.00	899.67	3 938.50
羊草野生+燕麦+杂花苜蓿	18 481.67	12 776.50	13 387.00	12 477.17	11 661.83	14 363.00	12 908.96	12 880.26	12 851.57	12 822.87	12 794.17	12 765.48
羊草野生+青谷子+杂花苜蓿	12 750.27	12 569.16	13 009.48	13 125.84	12 911.24	12 873.15	13 048.89	13 099.09	13 149.29	12 846.17	23 249.69	13 330.07

5.4.4.2 不同水分处理牧草干草产量测定

表 5-15 不同水分处理牧草干草产量

单位：kg/hm²

品种	水分处理（一）			水分处理（二）			水分处理（三）			水分处理（四）		
	1	2	3	1	2	3	1	2	3	1	2	3
羊草野生	102.67	167.00	105.00	58.67	86.33	88.83	38.83	27.00	16.83	20.17	19.17	22.17
垂穗披碱草	178.67	197.17	90.17	219.50	190.00	377.50	168.00	307.17	93.67	149.00	132.33	168.00
无芒雀麦	294.33	224.17	427.33	1 088.83	1 175.17	1 302.83	434.83	501.83	583.50	418.83	624.33	212.17
肇东苜蓿	463.17	198.67	331.83	2 584.50	1 270.50	940.00	186.83	942.50	431.83	172.00	742.33	535.17
杂花苜蓿	497.33	420.83	315.50	1 808.00	1 884.33	1 421.00	367.50	773.67	410.17	1 484.00	75.17	839.00
黄花苜蓿	175.17	106.33	576.33	831.17	1 140.67	296.50	155.00	57.50	42.50	205.17	484.33	193.50

（续）

品种	水分处理（一）			水分处理（二）			水分处理（三）			水分处理（四）		
	1	2	3	1	2	3	1	2	3	1	2	3
龙牧 801	149.33	143.17	239.50	1 114.67	184.17	619.50	441.50	931.50	316.00	96.00	766.33	813.00
龙牧 803	100.67	52.83	56.67	357.33	165.17	1 076.33	1 824.17	1 121.50	1 390.33	528.67	345.67	190.17
龙牧 806	11.33	82.33	98.17	644.83	287.67	571.50	504.33	470.00	447.50	392.17	42.00	270.00
垂穗披碱草+杂花苜蓿	189.17	74.83	513.33	786.00	800.17	1 120.67	861.17	599.00	517.50	245.83	345.67	408.33
无芒雀麦+杂花苜蓿	413.67	431.83	704.83	747.00	647.83	980.50	614.00	313.67	802.33	383.67	1 202.83	548.17
羊草野生+杂花苜蓿	232.33	148.00	172.00	262.83	185.17	252.17	220.17	95.00	28.33	453.83	421.33	391.67
垂穗披碱草+杂花苜蓿	140.33	172.00	215.00	343.17	774.50	202.83	430.67	511.83	525.83	903.00	573.17	325.67
无芒雀麦+杂花苜蓿	941.17	291.17	582.00	567.33	685.17	849.50	639.00	301.67	634.00	408.50	543.50	568.17
羊草野生+杂花苜蓿	139.17	294.50	251.83	187.50	207.50	314.33	90.83	441.33	226.00	132.17	166.33	541.67
垂穗披碱草+杂花苜蓿	484.17	195.67	185.00	512.17	747.00	981.00	445.67	422.00	808.67	358.33	442.50	101.17
无芒雀麦+杂花苜蓿	968.67	631.17	1 006.33	981.83	542.33	680.00	209.50	609.67	1 613.17	184.67	697.17	751.83
羊草野生+杂花苜蓿	342.83	159.50	718.50	224.00	419.33	331.17	668.50	50.50	1 032.67	948.83	328.67	1 945.50
羊草野生+无芒雀麦+杂花苜蓿	369.67	368.50	319.33	553.00	507.83	236.00	1 686.17	94.83	296.00	439.67	854.33	460.67
羊草野生+垂穗披碱草+杂花苜蓿	785.50	719.33	278.00	122.50	517.50	597.50	835.67	652.00	962.83	159.67	254.83	179.50
羊草野生+秣食豆+杂花苜蓿	535.50	728.67	457.83	625.33	652.67	576.50	674.33	1 326.83	1 345.50	340.33	296.33	409.17
羊草野生+饲用大豆+杂花苜蓿	729.83	1 108.50	511.00	359.23	389.21	738.33	909.83	281.33	234.17	1 237.17	285.00	957.00
羊草野生+燕麦+杂花苜蓿	3 727.83	2 908.17	2 918.33	4 073.33	3 987.50	3 857.00	3 516.47	3 700.08	3 561.29	3 627.49	3 344.12	3 395.73
羊草野生+青谷子+杂花苜蓿	3 546.79	3 526.17	3 609.18	3 811.64	3 729.18	3 927.16	4 123.15	4 056.99	4 359.37	3 926.57	4 701.23	4 000.05

5.4.4.3　不同水肥处理牧草鲜草产量测定

表 5－16　不同水肥处理牧草鲜草产量

单位：kg/hm²

水分处理	品种	肥力处理（一）			肥力处理（二）			肥力处理（三）			肥力处理（四）		
（一）	阿尔泰苜蓿	976.50	390.17	806.33	248.00	160.50	1 469.00	1 706.00	1 506.83	748.33	895.17	1 470.83	1 615.17
	山野豌豆	0.00	0.00	0.00	0.00	0.00	0.00	614.17	236.17	114.83	1 779.50	1 691.67	1 318.83
	垂穗披碱草	459.13	432.16	421.11	521.34	59.76	389.97	811.17	634.50	971.50	544.83	351.00	274.67
	无芒雀麦	256.00	250.67	155.33	163.50	138.67	364.67	190.67	140.67	155.00	785.83	865.00	942.50
	羊草野生	603.17	600.83	1 625.00	982.17	1 102.83	625.83	226.83	174.83	410.00	159.17	132.17	94.67
	肇东苜蓿	109.00	215.67	421.17	78.17	226.33	0.00	56.50	326.83	113.83	146.50	680.50	97.33
	杂花苜蓿	475.83	224.00	127.67	252.00	422.50	383.67	118.83	290.83	91.00	349.17	330.67	135.00
	黄花苜蓿	165.27	232.15	199.27	190.48	235.19	170.34	1 086.17	918.50	469.50	149.17	318.00	215.00
	龙牧 801	101.17	51.33	1 637.67	233.33	470.67	279.33	27.67	147.67	149.33	1 108.67	374.00	631.67
	龙牧 803	317.17	1 625.83	2 376.67	535.17	830.67	3 072.33	1 009.33	94.83	65.67	98.83	57.67	133.33
	龙牧 806	717.33	51.17	266.33	744.83	606.83	349.33	282.00	247.83	133.50	576.50	317.17	110.50
	垂穗披碱草	1 512.00	1 193.50	2 146.50	1 298.17	678.00	3 167.17	1 127.00	2 009.33	1 965.50	230.83	175.33	216.00
	无芒雀麦	445.33	323.00	266.17	210.17	167.83	75.50	119.50	257.17	95.50	1 773.50	631.00	1 386.33
	羊草野生	505.11	160.72	240.13	288.35	243.69	170.64	210.67	677.17	1 120.50	120.50	125.17	66.33
	肇东苜蓿	145.17	163.25	99.16	2 622.33	179.17	1 309.67	280.67	88.00	367.17	770.17	1 885.33	1 369.17
	杂花苜蓿	242.16	206.39	243.98	1 474.00	70.33	426.17	794.00	412.17	743.00	293.33	596.67	148.00
	黄花苜蓿	152.02	116.58	144.00	2 488.00	2 092.67	2 662.00	2 215.33	2 234.17	430.50	195.33	350.83	319.17
	龙牧 801	1 295.50	2 314.17	3 088.17	2 223.17	1 677.00	968.17	2 193.67	235.00	671.50	556.50	394.00	2 007.17

（续）

水分处理	品种	肥力处理（一）			肥力处理（二）			肥力处理（三）			肥力处理（四）		
	龙牧 803	1 339.33	3 311.50	2 131.67	636.00	1 946.00	1 329.00	232.17	626.33	1 207.00	1 699.17	440.50	1 988.00
	龙牧 806	704.17	600.17	1 954.17	62.50	1 283.33	587.83	1 878.83	2 055.50	2 062.17	3 419.67	2 076.33	2 554.67
	阿尔泰苜蓿	1 354.33	1 842.33	2 254.33	69.83	233.50	148.17	1 390.00	474.83	1 066.00	3 914.00	2 498.00	1 210.00
（二）	山野豌豆	714.50	478.33	883.00	714.50	396.67	271.00	1 691.50	1 554.00	1 737.17	519.50	840.83	1 928.00
	垂穗披碱草	1 491.33	4 857.00	2 178.17	470.33	1 650.17	2 015.33	483.00	204.50	175.67	2 597.00	4 259.33	5 436.33
	无芒雀麦	535.33	404.33	303.83	10.67	54.00	245.00	1 950.33	2 608.67	1 832.33	182.17	233.83	148.33
	羊草野生	2 785.00	4 743.17	1 973.00	3 629.33	1 479.50	2 387.00	1 740.33	1 718.50	1 790.67	4 153.83	3 152.83	5 980.00
	肇东苜蓿	1 276.83	2 327.00	2 162.17	1 288.50	1 885.17	1 916.33	645.50	795.17	629.00	5 735.33	3 271.33	1 576.00
	杂花苜蓿	773.33	363.83	212.67	262.00	578.67	672.83	1 892.17	1 913.67	1 954.00	291.00	864.83	952.00
	黄花苜蓿	3 279.67	3 093.50	2 956.00	2 797.83	2 479.33	2 979.00	2 082.67	1 715.33	1 684.50	2 781.67	3 331.83	4 686.50
	龙牧 801	829.33	2 199.00	2 696.33	2 317.17	2 964.33	1 874.50	728.17	2 028.00	1 965.00	3 025.83	3 786.83	4 482.83
	龙牧 803	294.33	272.83	361.00	1 829.67	938.67	3 151.83	231.00	375.33	222.83	3 853.33	4 898.50	3 156.67
	龙牧 806	173.67	198.67	284.83	432.33	191.83	109.33	1 115.50	1 535.33	1 670.50	222.00	438.83	233.67
	垂穗披碱草	2 437.17	590.83	1 910.33	986.83	664.33	1 446.17	130.50	123.83	64.33	1 644.67	1 580.17	1 015.33
	无芒雀麦	239.17	170.17	260.00	99.17	51.50	220.83	2 062.67	1 951.83	1 982.50	67.67	161.67	287.00
	羊草野生	5 766.17	2 517.17	1 961.33	858.83	4 574.83	1 513.50	2 091.17	2 119.83	1 891.33	2 005.33	3 108.00	2 645.33
	肇东苜蓿	2 893.17	1 958.50	3 011.17	3 006.17	1 491.50	1 640.00	1 125.00	958.67	633.67	2 101.33	2 413.83	1 685.50
	杂花苜蓿	639.83	253.00	923.17	642.17	564.00	574.00	1 172.50	1 788.33	1 743.33	765.67	1 402.00	388.00
	黄花苜蓿	693.00	1 511.00	269.67	3 319.50	1 432.83	1 398.17	2 323.33	2 004.00	371.17	588.50	4 625.33	1 521.33
	龙牧 801	2 375.00	155.33	3 374.17	1 620.67	2 762.00	724.50	2 277.33	1 831.00	1 991.67	870.50	207.67	4 710.67
	龙牧 803	5 551.67	6 073.83	6 706.50	4 065.83	4 181.00	3 654.83	3 714.55	3 809.12	1 935.21	4 154.50	1 366.17	1 709.83
	龙牧 806	704.17	600.17	1 954.17	62.50	1 283.33	587.83	1 878.83	2 055.50	2 062.17	3 419.67	2 076.33	2 554.67
（三）	阿尔泰苜蓿	1 751.50	661.33	2 264.00	395.50	140.50	152.50	700.50	386.83	291.33	569.17	1 043.00	1 390.50
	山野豌豆	264.83	198.00	630.17	626.83	243.83	366.17	1 790.67	2 203.67	819.33	1 352.50	2 224.83	354.67
	垂穗披碱草	561.17	1 235.83	660.00	1 098.50	584.17	807.00	1 792.83	3 034.00	2 699.67	1 850.67	2 783.33	1 487.00
	无芒雀麦	1 463.83	174.17	3 960.00	3 182.00	2 703.83	1 160.00	1 246.00	746.17	577.67	1 223.33	1 805.17	960.50
	羊草野生	124.17	247.83	356.17	38.67	130.67	60.17	2 501.67	2 326.67	1 757.00	3 794.50	2 309.17	2 468.50
	肇东苜蓿	2 864.00	2 518.83	2 396.00	3 337.17	3 413.00	2 497.17	116.83	240.83	88.33	294.33	304.50	159.83
	杂花苜蓿	2 519.50	2 515.67	1 594.50	2 888.33	1 815.17	655.00	1 804.83	2 380.33	758.33	3 398.33	1 992.50	2 546.67
	黄花苜蓿	694.83	138.33	404.33	531.67	599.17	555.50	2 287.17	2 934.50	1 802.67	2 519.33	3 295.17	2 735.33
	龙牧 801	2 758.50	3 274.33	2 432.17	2 507.83	2 699.33	2 946.83	489.00	483.17	424.67	210.33	270.17	251.50
	龙牧 803	2 434.50	2 380.33	2 835.17	2 414.50	1 646.83	1 322.17	3 006.00	1 919.17	2 143.83	2 490.17	2 988.83	2 671.33
	龙牧 806	3 790.67	2 247.50	2 232.83	2 909.33	2 624.33	2 647.17	1 544.00	2 101.17	1 871.67	791.00	3 551.33	1 956.50
	垂穗披碱草	197.17	476.33	225.33	83.33	268.50	81.83	2 342.00	2 879.17	2 976.00	2 648.50	2 512.50	1 504.17
	无芒雀麦	2 610.17	1 070.00	1 477.17	1 699.00	1 558.83	1 404.00	360.67	89.83	245.50	346.83	225.00	98.17
	羊草野生	239.67	23.50	34.67	91.33	111.17	28.67	1 194.50	1 901.67	2 340.83	1 867.33	926.67	521.17
	肇东苜蓿	1 880.33	1 995.50	2 072.17	4 035.00	2 301.00	2 368.50	127.67	223.67	72.17	158.67	183.33	55.17
	杂花苜蓿	2 826.33	1 660.50	1 929.17	2 875.83	2 364.83	1 895.67	2 023.33	1 588.67	2 831.00	2 216.67	2 076.67	2 930.17
	黄花苜蓿	360.67	274.33	604.17	371.67	605.83	1 787.50	2 360.00	2 179.83	2 171.67	2 937.00	2 095.33	3 106.00
	龙牧 801	1 771.33	1 711.83	2 116.17	2 038.67	2 147.83	314.50	562.17	568.67	527.67	327.17	611.33	525.33
	龙牧 803	1 921.00	1 363.67	1 917.17	2 649.33	1 896.83	1 633.67	2 658.50	3 291.83	2 711.17	3 390.00	1 895.83	702.50
	龙牧 806	1 806.50	2 648.33	1 009.67	2 988.50	2 739.50	2 477.00	2 210.67	1 912.33	3 201.83	2 561.83	1 448.00	1 074.50
（四）	阿尔泰苜蓿	647.83	590.33	902.10	1 341.67	171.83	385.50	409.83	218.33	368.00	355.33	178.67	1 349.00
	山野豌豆	118.17	51.33	59.50	110.00	117.33	134.67	301.17	981.00	984.17	719.33	1 562.00	984.17

（续）

水分处理	品种	肥力处理（一）			肥力处理（二）			肥力处理（三）			肥力处理（四）		
（四）	垂穗披碱草	294.67	928.67	444.00	533.67	591.00	332.00	516.67	1 570.17	816.67	708.83	791.17	256.33
	无芒雀麦	1 653.00	1 831.83	1 691.33	3 872.00	1 228.83	1 466.50	2 785.83	1 192.50	1 350.00	930.33	2 088.33	1 472.83
	羊草野生	226.17	169.00	194.17	272.00	469.17	721.50	388.67	587.67	245.33	423.33	703.50	378.17
	肇东苜蓿	398.17	1 819.33	1 823.67	1 677.67	1 408.83	787.50	3 098.67	4 217.17	360.17	1 367.50	1 262.83	2 278.17
	杂花苜蓿	273.17	686.50	270.50	848.00	396.00	1 610.17	572.33	548.00	1 277.33	938.33	215.17	1 412.17
	黄花苜蓿	50.00	62.00	44.83	196.50	426.83	47.67	366.33	370.17	500.67	251.17	526.17	922.50
	龙牧 801	332.00	764.33	692.33	713.33	1 721.50	167.67	1 938.33	2 404.67	505.50	1 656.67	2 252.33	3 498.83
	龙牧 803	902.33	170.67	530.83	83.00	145.00	870.50	577.50	419.33	2 158.00	719.33	1 562.00	984.17
	龙牧 806	565.83	1 299.83	611.50	713.33	128.17	1 114.50	236.83	405.67	241.00	169.17	454.17	784.83
	垂穗披碱草	84.50	379.33	248.50	304.33	574.00	476.17	372.67	958.00	646.50	544.17	414.00	894.50
	无芒雀麦	1 662.00	1 205.17	2 266.67	1 924.17	1 222.33	1 564.50	1 640.00	2 678.67	2 385.17	1 810.00	1 625.00	1 402.17
	羊草野生	193.33	425.83	196.33	259.17	259.83	224.50	329.17	291.33	201.67	252.33	217.50	460.33
	肇东苜蓿	2 022.33	1 142.50	565.17	826.67	881.33	996.33	1 361.50	2 034.33	852.17	2 775.83	927.50	2 207.83
	杂花苜蓿	1 502.50	119.83	987.00	116.17	350.33	1 248.00	268.67	1 504.33	835.33	894.50	844.33	1 971.00
	黄花苜蓿	0.00	0.00	0.00	17.67	40.00	42.00	94.17	171.00	220.00	453.17	274.67	444.83
	龙牧 801	538.50	1 534.33	398.50	751.33	445.00	245.00	489.83	634.83	2 425.67	493.83	863.33	1 049.33
	龙牧 803	304.83	482.50	176.33	206.83	163.00	467.67	280.33	500.50	206.83	76.67	143.50	573.33
	龙牧 806	1 378.83	599.67	1 195.67	796.50	1 983.33	656.50	164.00	137.00	96.33	142.00	226.00	242.17

5.4.4.4　不同水肥处理牧草干草产量测定

表 5-17　不同水肥处理牧草干草产量

单位：kg/hm^2

水分处理	品种	肥力处理（一）			肥力处理（二）			肥力处理（三）			肥力处理（四）		
（一）	阿尔泰苜蓿	310.33	124.33	290.50	93.50	62.83	572.13	141.17	110.67	319.00	349.17	433.33	619.50
	山野豌豆	−241.67	−209.00	−964.83	−652.67	−68.62	0.00	548.83	533.17	246.50	537.50	529.00	437.33
	垂穗披碱草	151.63	138.05	135.01	177.20	16.42	0.00	207.33	142.17	61.50	231.67	179.17	150.83
	无芒雀麦	139.00	132.00	93.17	98.67	101.46	209.33	297.83	263.33	430.83	348.83	350.50	354.00
	羊草野生	329.33	302.50	622.17	474.33	186.50	71.46	96.83	74.33	93.83	89.67	74.17	53.83
	肇东苜蓿	50.33	147.83	217.33	40.83	120.83	134.15	95.67	72.67	153.50	58.17	225.17	30.17
	杂花苜蓿	195.17	104.83	58.17	119.33	187.50	237.17	22.83	131.33	55.33	123.33	137.33	60.17
	黄花苜蓿	56.79	85.24	67.28	66.74	80.17	59.62	43.17	120.50	34.17	55.83	118.00	81.00
	龙牧 801	52.67	30.50	810.33	100.33	191.83	125.33	327.50	266.83	164.00	311.50	120.83	200.00
	龙牧 803	138.17	742.00	1 445.83	217.17	329.50	467.00	10.50	49.50	56.00	35.83	16.67	49.17
	龙牧 806	478.50	16.83	133.33	381.00	339.33	177.33	300.83	34.17	24.17	174.83	101.00	38.83
	垂穗披碱草	558.00	446.50	616.33	453.50	257.17	578.00	155.17	125.67	71.17	106.00	68.67	90.67
	无芒雀麦	220.33	200.50	0.00	125.00	107.33	47.83	309.00	492.83	537.17	442.50	72.50	373.17
	羊草野生	150.34	59.66	79.81	90.12	84.08	55.19	68.67	120.33	66.83	58.00	58.50	32.17
	肇东苜蓿	45.17	0.00	0.00	930.83	85.83	503.00	71.00	213.17	397.83	197.17	656.50	581.83
	杂花苜蓿	153.16	128.39	149.98	589.17	36.00	233.50	85.17	36.33	130.00	113.50	195.33	62.33
	黄花苜蓿	81.02	49.58	91.00	791.83	793.00	779.50	240.33	137.17	220.67	64.50	114.83	97.83
	龙牧 801	410.33	908.33	908.00	635.17	531.33	319.17	677.50	626.00	144.33	248.67	152.83	745.67
	龙牧 803	388.00	924.00	587.00	220.00	542.83	350.33	154.17	62.17	179.17	437.50	127.83	559.33

（续）

水分处理	品种	肥力处理（一）			肥力处理（二）			肥力处理（三）			肥力处理（四）		
	龙牧 806	202.17	149.00	457.50	27.00	462.33	175.50	602.50	464.00	486.50	1 104.33	646.67	790.33
	野红三	72.00	61.00	248.17	66.00	52.33	99.00	579.33	541.17	613.33	461.50	490.33	882.17
（二）	野白三	1 063.50	1 129.50	1 734.92	1 815.17	1 438.17	912.33	541.17	467.33	418.50	1 295.17	1 605.33	1 041.83
	阿尔泰苜蓿	359.33	502.83	609.83	45.00	139.50	90.33	711.83	621.17	603.17	1 113.83	804.67	358.50
	山野豌豆	304.17	201.67	377.83	240.00	168.50	125.83	511.67	213.00	399.00	239.00	345.67	801.00
	垂穗披碱草	509.00	1 419.17	832.50	187.83	569.33	712.50	521.50	490.50	570.33	1 032.00	1 305.17	1 809.33
	无芒雀麦	294.67	201.50	151.50	7.33	35.67	133.33	259.17	113.50	105.50	106.17	130.33	76.83
	羊草野生	816.00	802.83	738.00	1 010.00	485.00	668.17	505.00	675.67	462.83	1 335.83	1 185.00	1 645.83
	肇东苜蓿	423.00	696.33	653.00	466.33	608.67	610.83	511.50	500.83	484.83	1 495.50	820.50	481.33
	杂花苜蓿	286.00	148.17	88.83	114.33	158.50	268.50	246.00	272.67	250.67	112.67	341.00	304.50
	黄花苜蓿	972.00	780.83	750.83	864.00	755.17	885.17	539.33	526.50	612.67	791.50	970.33	1 390.00
	龙牧 801	276.00	642.83	816.17	634.83	825.17	593.83	581.33	416.17	554.17	836.00	1 036.83	1 135.33
	龙牧 803	48.00	90.67	119.17	527.17	294.67	794.50	184.17	528.33	512.67	866.17	1 311.67	839.50
	龙牧 806	75.67	96.17	116.67	192.67	90.83	57.83	83.00	142.83	88.17	107.17	193.17	107.17
	垂穗披碱草	735.83	214.83	526.00	338.17	210.00	447.00	454.50	470.17	536.33	516.00	420.00	374.33
	无芒雀麦	116.33	90.00	127.33	57.67	16.67	142.67	75.33	75.17	37.67	42.83	83.50	159.83
	羊草野生	1 258.17	1 120.67	653.50	277.33	1 228.83	449.17	580.00	521.50	534.67	648.67	927.17	623.17
	肇东苜蓿	1 496.67	673.00	1 584.33	862.17	470.83	493.83	602.17	640.00	579.67	566.50	678.33	504.50
	杂花苜蓿	244.83	106.67	336.67	254.17	222.17	230.50	404.00	329.17	230.83	295.83	486.83	163.00
	黄花苜蓿	257.67	454.83	71.33	943.67	455.00	389.83	350.50	482.33	459.67	192.17	1 344.67	474.00
	龙牧 801	674.50	36.83	864.67	569.17	708.00	218.00	634.17	563.67	129.33	266.00	83.67	1 254.83
	龙牧 803	1 348.50	1 434.50	1 368.83	1 078.00	1 066.33	904.50	574.67	469.83	536.83	985.00	356.50	442.83
	龙牧 806	202.17	149.00	457.50	27.00	462.33	175.50	602.50	464.00	486.50	1 104.33	646.67	790.33
（三）	阿尔泰苜蓿	458.17	165.50	707.17	119.17	48.50	55.00	244.50	155.67	98.33	177.67	344.17	460.33
	山野豌豆	121.33	97.67	222.33	235.67	78.83	140.17	547.67	685.00	278.33	426.83	673.17	119.33
	垂穗披碱草	243.17	552.33	319.83	470.67	276.83	366.50	559.83	1 029.17	821.33	660.83	848.33	463.83
	无芒雀麦	557.83	580.17	1 527.17	1 248.50	1 080.17	421.33	432.83	325.67	269.17	667.83	829.67	440.33
	羊草野生	49.50	102.67	188.67	26.00	31.33	77.83	861.00	844.67	641.50	1 391.17	779.50	935.00
	肇东苜蓿	893.33	793.50	797.67	1 010.67	1 018.17	876.50	69.50	132.67	40.17	110.67	163.00	53.00
	杂花苜蓿	813.50	809.17	540.83	913.50	579.67	218.50	566.50	810.33	164.17	1 609.00	799.67	849.17
	黄花苜蓿	272.67	67.17	174.33	219.00	254.00	239.00	792.33	948.00	601.83	849.00	1 059.67	937.17
	龙牧 801	897.00	1 038.83	790.83	832.50	659.67	779.33	209.83	205.83	189.83	97.83	120.67	107.67
	龙牧 803	682.50	717.17	909.83	716.83	534.17	413.00	885.67	717.50	860.33	1 206.00	1 657.83	1 035.67
	龙牧 806	1 077.67	746.50	688.50	905.67	705.00	897.67	482.50	757.67	595.50	256.50	1 078.33	526.00
	垂穗披碱草	97.17	208.50	107.83	49.17	122.67	23.17	838.50	858.67	1 080.00	799.17	785.00	444.83
	无芒雀麦	808.00	427.67	548.50	662.17	565.00	585.67	186.17	48.50	108.67	167.17	120.50	36.50
	羊草野生	139.33	11.50	16.33	57.33	63.50	17.33	420.67	716.67	769.33	613.50	378.00	206.17
	肇东苜蓿	624.33	584.83	671.67	1 120.00	795.33	585.67	74.17	126.00	42.67	88.83	93.17	34.00
	杂花苜蓿	829.33	562.33	634.67	1 485.17	984.50	695.00	801.17	550.17	1 443.67	708.00	678.00	924.33
	黄花苜蓿	132.17	132.17	252.33	156.67	256.33	651.17	1 064.33	835.33	912.33	965.67	824.67	942.83
	龙牧 801	572.33	519.17	628.83	619.83	603.33	69.50	229.33	230.33	211.50	129.67	254.33	219.50
	龙牧 803	537.33	467.83	535.17	822.50	652.50	489.33	771.17	977.83	908.17	1 055.67	583.67	226.83
	龙牧 806	603.17	827.17	360.33	794.33	748.00	668.33	663.83	695.00	937.00	735.83	480.00	338.67

（续）

水分处理	品种	肥力处理（一）			肥力处理（二）			肥力处理（三）			肥力处理（四）		
（四）	阿尔泰苜蓿	177.33	158.50	293.67	469.17	57.17	117.17	136.67	77.17	135.33	117.83	66.67	431.33
	山野豌豆	51.00	23.00	25.50	46.50	46.83	58.83	131.50	304.17	271.17	301.25	500.47	298.33
	垂穗披碱草	111.67	323.83	162.67	210.17	223.50	130.33	209.33	528.50	283.83	301.67	309.33	126.67
	无芒雀麦	462.50	489.50	494.33	1 337.50	360.83	420.67	956.17	384.17	409.50	303.83	669.83	465.33
	羊草野生	118.00	85.50	87.00	138.17	219.17	287.33	166.83	207.33	125.33	198.67	307.67	172.67
	肇东苜蓿	137.50	559.00	551.17	552.50	398.33	233.17	864.33	1 392.00	126.83	383.50	367.00	503.17
	杂花苜蓿	92.67	229.50	80.50	204.00	125.33	460.83	230.50	175.33	406.33	273.00	64.50	469.83
	黄花苜蓿	23.33	24.83	17.67	74.83	153.00	24.33	147.17	145.83	195.00	116.83	164.67	343.50
	龙牧 801	61.50	258.50	221.83	206.00	481.00	57.33	565.83	722.17	179.17	524.83	693.00	1 015.33
	龙牧 803	282.33	60.50	182.17	31.33	45.83	261.33	182.33	123.17	682.67	221.00	586.17	298.33
	龙牧 806	186.67	411.83	211.00	78.83	43.50	336.33	74.50	124.67	44.50	98.67	144.50	209.50
	垂穗披碱草	33.17	148.00	103.83	107.67	215.50	176.33	131.17	312.33	228.83	186.33	120.67	282.83
	无芒雀麦	523.50	414.50	514.17	516.33	342.33	443.00	607.50	845.83	625.17	601.00	447.83	400.50
	羊草野生	97.00	184.33	84.67	123.17	116.00	113.67	141.00	139.00	101.83	111.67	95.00	215.83
	肇东苜蓿	607.00	350.83	181.67	240.83	296.83	293.67	420.50	607.17	251.17	870.00	294.17	633.67
	杂花苜蓿	463.00	44.83	314.17	38.17	120.00	400.50	91.67	477.17	257.33	278.83	239.33	590.33
	黄花苜蓿	0.00	0.00	0.00	8.00	16.33	18.17	37.67	66.33	86.00	159.00	107.00	164.67
	龙牧 801	173.33	469.33	137.33	225.17	145.67	87.33	152.50	201.00	491.50	149.00	244.83	344.67
	龙牧 803	173.33	162.50	56.83	76.67	52.67	157.83	50.67	157.17	83.50	27.33	50.17	175.67
	龙牧 806	435.33	207.67	369.17	241.50	520.17	203.33	61.17	48.33	37.83	37.83	435.33	207.67

5.5　不同区域的农牧业调查

研究名称：不同区域的农牧业调查。

调查时间：2005—2007 年。

调查目的：切实了解不同区域牧户养殖家畜的实际数量、收支情况及经济状况，反映牧户养殖生产效益。

调查内容：①农牧户家畜数量调查；②农牧户收支情况；③农牧业经济状况调查。

5.5.1　不同年份不同区域的农牧业调查

表 5-18　2005—2007 年不同区域的农牧户家畜数量调查

单位：头

苏　木	嘎　查	户主姓名	2005 年			2006 年			2007 年		
			羊	牛	马	羊	牛	马	羊	牛	马
乌珠尔苏木	萨茹拉塔拉嘎查	格日乐							850	38	25
乌珠尔苏木	萨茹拉塔拉嘎查	苏优乐巴特		13		14	15		20	13	0
乌珠尔苏木	萨茹拉塔拉嘎查	特木其乐图				292	4		345	4	0
乌珠尔苏木	萨茹拉塔拉嘎查	达来	200		6	360		4	285	14	4
乌珠尔苏木	萨茹拉塔拉嘎查	布和高蕲	1 100	8	180	1 000	7	200	600	7	180
乌珠尔苏木	希格登嘎查	那顺吉日嘎拉	315	28	35	405	14	45	320	15	39
乌珠尔苏木	希格登嘎查	阿木吉拉图	170	7	26	250	4	31	370	8	21

（续）

苏　木	嘎　查	户主姓名	2005年			2006年			2007年		
			羊	牛	马	羊	牛	马	羊	牛	马
乌珠尔苏木	希格登嘎查	巴图巴亚尔							1 200	120	150
乌珠尔苏木	查干诺尔嘎查	斯琴				235	28		155		
乌珠尔苏木	查干诺尔嘎查	阿尔斯萝				250	30	7	180	28	25
乌珠尔苏木	查干诺尔嘎查	特格细色议	600	50		620	36		670	34	
乌珠尔苏木	查干诺尔嘎查	陶高				132	55		120	45	
乌珠尔苏木	查干诺尔嘎查	宝利得				350	15		420	18	
乌珠尔苏木	查干诺尔嘎查	包利尔				450		6	550		6
乌珠尔苏木	查干诺尔嘎查	查格图					11			11	
乌珠尔苏木	乌珠尔嘎查	何连柱	355	18		371	18		402	18	
乌珠尔苏木	乌珠尔嘎查	尹双		16			36			30	
乌珠尔苏木	白音乌拉嘎查	额尔顿陶格陶				600		10	700		15
乌珠尔苏木	白音乌拉嘎查	欧尔得尼				—			55		
宝日希勒镇	库热格太嘎查	杨宝奇		19						34	
宝日希勒镇	库热格太嘎查	贺平		18		320	28		370	32	
宝日希勒镇	库热格太嘎查	焦红灿				40	30			46	
宝日希勒镇	库热格太嘎查	铁牛					45			35	
宝日希勒镇	库热格太嘎查	展广木		20	3		33	3		35	4
宝日希勒镇	库热格太嘎查	焦文志					19				
宝日希勒镇	库热格太嘎查	高明德					8			9	
宝日希勒镇	布敦胡硕嘎查	杨立新					48			40	
宝日希勒镇	布敦胡硕嘎查	李恒寅					40			30	
宝日希勒镇	布敦胡硕嘎查	李建刚		39			37			32	
宝日希勒镇	布敦胡硕嘎查	李际刚		11						18	
宝日希勒镇	布敦胡硕嘎查	白连所	195	32			18			70	
巴彦库仁镇	巴彦哈达嘎查	呼格吉乐图		33			32			42	
巴彦库仁镇	巴彦哈达嘎查	吉利图					55			50	
巴彦库仁镇	巴彦哈达嘎查	赛汗	35	25		35	23		32	21	
巴彦库仁镇	巴彦哈达嘎查	常锁	45	48		45	30			28	
巴彦库仁镇	巴彦哈达嘎查	陈战利	8	30		8	43		5	37	
巴彦库仁镇	巴彦哈达嘎查	宁俊山					45			45	
巴彦库仁镇	格根胡硕嘎查	张奇全		12			14			16	
巴彦库仁镇	格根胡硕嘎查	刘峰					12			14	
巴彦库仁镇	格根胡硕嘎查	额尔德尼					39			38	
呼和诺尔镇	乌布日诺尔嘎查	斯琴比里格				310	23		310	23	
呼和诺尔镇	乌布日诺尔嘎查	杜古尔							127	14	
呼和诺尔镇	乌布日诺尔嘎查	那仁满达	900	39	13	130	9		109	10	
呼和诺尔镇	乌布日诺尔嘎查	希木德				150			205	37	2
呼和诺尔镇	乌布日诺尔嘎查	苏力德	900	26	13	700	34	13	600	43	13
呼和诺尔镇	乌布日诺尔嘎查	革民				200	15		300	15	
呼和诺尔镇	乌布日诺尔嘎查	乌云毕力格				500	30		450	24	
呼和诺尔镇	乌布日诺尔嘎查	巴布太				180		1	210		1
呼和诺尔镇	乌布日诺尔嘎查	乌出尔巴得尔	340			450	21		460	23	

（续）

苏　木	嘎　查	户主姓名	2005年			2006年			2007年		
			羊	牛	马	羊	牛	马	羊	牛	马
呼和诺尔镇	乌布日诺尔嘎查	乌日德尼图拉嘎				60	16			11	
呼和诺尔镇	白音布日德嘎查	蒙虎				2 000	50		2 200	50	10
呼和诺尔镇	白音布日德嘎查	赫恩巴得尔				900	34	32	730	34	46
呼和诺尔镇	白音布日德嘎查	吉日木图				140	24	1	87	20	1
呼和诺尔镇	白音布日德嘎查	苏德	305	34		282	29		236	20	
呼和诺尔镇	白音布日德嘎查	呼和吉利				170	21		130	16	
呼和诺尔镇	白音布日德嘎查	乌日根朝乐				800	72		732	93	
呼和诺尔镇	白音布日德嘎查	宝音				540			540	35	2
呼和诺尔镇	白音布日德嘎查	呼格吉巴亚尔				430	16		539	20	
呼和诺尔镇	白音布日德嘎查	乌尼日其其格				520	31	2	490	23	2
呼和诺尔镇	完工嘎查	倪志峰		9			2			1	
呼和诺尔镇	完工嘎查	阿米娜		7			10			9	
呼和诺尔镇	哈日干图嘎查	韩铁柱					26			26	
呼和诺尔镇	哈日干图嘎查	其木格	210	30		198	26		218	22	
呼和诺尔镇	哈日干图嘎查	高东军		34			37				
呼和诺尔镇	哈日干图嘎查	呼伦苏图		8			7			7	
呼和诺尔镇	哈日干图嘎查	杨国军		14			19			16	
呼和诺尔镇	哈日干图嘎查	黄铁义		3			4			5	
呼和诺尔镇	哈日干图嘎查	席正兴		12			19			6	
呼和诺尔镇	哈日干图嘎查	李竞路				385	39		350	33	
呼和诺尔镇	哈日干图嘎查	苗生友					50			27	
呼和诺尔镇	哈日干图嘎查	田永胜					11		20	13	
呼和诺尔镇	哈日干图嘎查	席正红								20	
呼和诺尔镇	哈日干图嘎查	高东福					20			21	
呼和诺尔镇	哈日干图嘎查	唐春雷		30			33			36	
呼和诺尔镇	哈日干图嘎查	包海成					26			27	
呼和诺尔镇	哈日干图嘎查	唐春芳				12	45		14	34	
呼和诺尔镇	哈日干图嘎查	常岁					12			9	
呼和诺尔镇	哈日干图嘎查	刘利					10			10	
呼和诺尔镇	哈日干图嘎查	图布信				460			450		
呼和诺尔镇	哈日干图嘎查	唐永茂					37			40	
呼和诺尔镇	宝日汗图嘎查（红旗）	宝德					3		160		
呼和诺尔镇	宝日汗图嘎查（红旗）	浩毕斯咯拉图				500	20	2	530	22	
呼和诺尔镇	宝日汗图嘎查（红旗）	敖都				868	42	4	500	102	24

5.5.2　2006年不同区域农牧户收入情况调查

表5-19　2006年不同区域农牧户收入情况调查

单位：元

苏　木	嘎　查	户主姓名	总收入	工资收入	每月工资	农业收入	牧业收入	卖奶收入	卖牲畜收入
乌珠尔苏木	萨茹拉塔拉嘎查	格日乐	78 000	18 000	1 500		60 000		
乌珠尔苏木	萨茹拉塔拉嘎查	苏优乐巴特	16 000	10 000			6 000	4 000	2 000
乌珠尔苏木	萨茹拉塔拉嘎查	特木其乐图	20 000				20 000		

（续）

苏 木	嘎 查	户主姓名	总收入	工资收入	每月工资	农业收入	牧业收入	卖奶收入	卖牲畜收入
乌珠尔苏木	萨茹拉塔拉嘎查	达来	30 000				30 000		
乌珠尔苏木	萨茹拉塔拉嘎查	布和高嶭	76 720	6 720	560		70 000		
乌珠尔苏木	希格登嘎查	那顺吉日嘎拉	45 150				72 000		
乌珠尔苏木	希格登嘎查	阿木吉拉图	20 000				20 000		
乌珠尔苏木	希格登嘎查	巴图巴亚尔	90 000				90 000		
乌珠尔苏木	查干诺尔嘎查	斯琴							30 000
乌珠尔苏木	查干诺尔嘎查	阿尔斯萝	20 000						
乌珠尔苏木	查干诺尔嘎查	特格细色议	60 570	6 270	560		40 000		
乌珠尔苏木	查干诺尔嘎查	陶高	40 000				40 000		
乌珠尔苏木	查干诺尔嘎查	宝利得	34 400	8 400	700		25 000		
乌珠尔苏木	查干诺尔嘎查	包利尔	22 000				22 000		
乌珠尔苏木	查干诺尔嘎查	查格图	4 400				4 400		
乌珠尔苏木	乌珠尔嘎查	何连柱	60 200	2 100	2 100		30 000	16 200	
乌珠尔苏木	乌珠尔嘎查	尹双	20 000				20 000		
乌珠尔苏木	白音乌拉嘎查	额尔顿陶格陶	102 000				63 000		
乌珠尔苏木	白音乌拉嘎查	欧尔得尼	5 000				5 000		
宝日希勒镇	库热格太嘎查	杨宝奇	25 000			4 000	21 000	19 800	1 200
宝日希勒镇	库热格太嘎查	贺平	43 000			10 000	33 000		
宝日希勒镇	库热格太嘎查	焦红灿	80 000			6 000	72 000		
宝日希勒镇	库热格太嘎查	铁牛	30 000				30 000		
宝日希勒镇	库热格太嘎查	展广木	50 000				50 000		
宝日希勒镇	库热格太嘎查	焦文志	40 000				40 000		
宝日希勒镇	库热格太嘎查	高明德	13 000				13 000	10 000	3 000
宝日希勒镇	布敦胡硕嘎查	杨立新	120 000				120 000	80 000	40 000
宝日希勒镇	布敦胡硕嘎查	李恒寅	40 000				40 000		
宝日希勒镇	布敦胡硕嘎查	李建刚	55 000				55 000		
宝日希勒镇	布敦胡硕嘎查	李际刚	18 000				18 000		
宝日希勒镇	布敦胡硕嘎查	包喜柱							
宝日希勒镇	布敦胡硕嘎查	白连所	50 000				50 000		
巴彦库仁镇	巴彦哈达嘎查	呼格吉乐图	20 000				20 000		
巴彦库仁镇	巴彦哈达嘎查	吉利图	50 000				50 000		
巴彦库仁镇	巴彦哈达嘎查	赛汗	25 000				25 000		
巴彦库仁镇	巴彦哈达嘎查	常锁	20 000				20 000		
巴彦库仁镇	巴彦哈达嘎查	陈战利	55 000	14 400	1 200		4 000		
巴彦库仁镇	巴彦哈达嘎查	宁俊山	40 000				30 000		
巴彦库仁镇	格根胡硕嘎查	张奇全	30 000				24 000		
巴彦库仁镇	格根胡硕嘎查	刘峰	10 000				10 000		
巴彦库仁镇	格根胡硕嘎查	额尔德尼	6 000				6 000		
呼和诺尔镇	乌布日诺尔嘎查	斯琴比里格	25 000				25 000		
呼和诺尔镇	乌布日诺尔嘎查	杜古尔	33 000				33 000		
呼和诺尔镇	乌布日诺尔嘎查	那仁满达							
呼和诺尔镇	乌布日诺尔嘎查	希木德	32 600				800		
呼和诺尔镇	乌布日诺尔嘎查	苏力德	64 400				5 000		
呼和诺尔镇	乌布日诺尔嘎查	革民	15 000				15 000		
呼和诺尔镇	乌布日诺尔嘎查	乌云毕力格	30 000				30 000		
呼和诺尔镇	乌布日诺尔嘎查	巴布太	30 000				30 000		
呼和诺尔镇	乌布日诺尔嘎查	乌出尔巴得尔	15 000				15 000		

（续）

苏　木	嘎　查	户主姓名	总收入	工资收入	每月工资	农业收入	牧业收入	卖奶收入	卖牲畜收入
呼和诺尔镇	乌布日诺尔嘎查	乌日德尼图拉嘎	30 000				20 800		
呼和诺尔镇	白音布日德嘎查	蒙虎	40 000				40 000		
呼和诺尔镇	白音布日德嘎查	赫恩巴得尔	158 440				60 000		
呼和诺尔镇	白音布日德嘎查	吉日木图	30 000				3 000		
呼和诺尔镇	白音布日德嘎查	苏德	43 400				35 000		
呼和诺尔镇	白音布日德嘎查	呼和吉利	30 000				30 000		
呼和诺尔镇	白音布日德嘎查	乌日根朝乐	270 000				27 000		
呼和诺尔镇	白音布日德嘎查	宝音	80 000				80 000		
呼和诺尔镇	白音布日德嘎查	呼格吉巴亚尔	90 000				64 000	26 000	
呼和诺尔镇	白音布日德嘎查	乌尼日其其格	101 100	2 000	800				
呼和诺尔镇	完工嘎查	倪志峰	44 200	21 600	1 800		22 600	17 010	5 590
呼和诺尔镇	完工嘎查	阿米娜	30 800	21 600	1 800		9 200		
呼和诺尔镇	哈日干图嘎查	韩铁柱	71 800	26 400	2 200		45 400	17 650	27 750
呼和诺尔镇	哈日干图嘎查	其木格	40 000				40 000		
呼和诺尔镇	哈日干图嘎查	高东军	64 240	64 240			64 000		
呼和诺尔镇	哈日干图嘎查	呼伦苏图	13 500						
呼和诺尔镇	哈日干图嘎查	杨国军	11 800						
呼和诺尔镇	哈日干图嘎查	黄铁义	9 000					4 500	
呼和诺尔镇	哈日干图嘎查	席正兴	37 900					20 000	17 900
呼和诺尔镇	哈日干图嘎查	李竞路	73 100					60 000	33 100
呼和诺尔镇	哈日干图嘎查	苗生友	68 440					36 000	32 200
呼和诺尔镇	哈日干图嘎查	田永胜	14 500				14 500	4 000	10 500
呼和诺尔镇	哈日干图嘎查	席正红	55 000						
呼和诺尔镇	哈日干图嘎查	高东福	16 000						
呼和诺尔镇	哈日干图嘎查	唐春雷	37 000					25 630	10 370
呼和诺尔镇	哈日干图嘎查	包海成	42 350				42 350	36 000	6 350
呼和诺尔镇	哈日干图嘎查	唐春芳	30 900				21 300	13 000	8 300
呼和诺尔镇	哈日干图嘎查	常岁	40 000				9 900		
呼和诺尔镇	哈日干图嘎查	刘利	7 200				7 200		
呼和诺尔镇	哈日干图嘎查	图布信	78 040	19 200	1 600		34 840		34 840
呼和诺尔镇	哈日干图嘎查	唐永茂	34 500				34 500	22 000	12 500
呼和诺尔镇	宝日汗图嘎查（红旗）	宝德	34 000				34 000		
呼和诺尔镇	宝日汗图嘎查（红旗）	浩毕斯咯拉图	35 950	18 000	1 500				
呼和诺尔镇	宝日汗图嘎查（红旗）	敖都	100 000				109 840		

5.5.3　2006 年不同区域农牧户家庭经营支出情况调查

表 5－20　2006 年区域的农牧户家庭经营支出情况调查

单位：元

苏　木	嘎　查	户主姓名	家庭经营总支出	饲草料	买高产牛	买畜/幼畜	油料费	棚圈建设	围栏维护费用	风电及电力设施维护	牲畜看病	牲畜防疫	看病防疫总费用	租赁草场费	雇人打草、接羔费
乌珠尔苏木	萨茹拉塔拉嘎查	格日乐	23 000	5 000			10 000			200	1 000	4 800			2 000
乌珠尔苏木	萨茹拉塔拉嘎查	苏优乐巴特	1 400	1 000								400			
乌珠尔苏木	萨茹拉塔拉嘎查	特木其乐图	15 000	4 000			3 500	2 000			1 000	1 500			3 000

（续）

苏　木	嘎　查	户主姓名	家庭经营总支出	饲草料	买高产牛	买畜/幼畜	油料费	棚圈建设	围栏维护费用	风电及电力设施维护	牲畜看病	牲畜防疫	看病防疫总费用	租赁草场费	雇人打草、接羔费
乌珠尔苏木	萨茹拉塔拉嘎查	达来	11 160	6 000						460			1 200		
乌珠尔苏木	萨茹拉塔拉嘎查	布和高嶄	26 100	20 000						1 100	1 000	4 000			
乌珠尔苏木	希格登嘎查	那顺吉日嘎拉	15 350	20 000				10 000	1 000		2 000	850			
乌珠尔苏木	希格登嘎查	阿木吉拉图	2 500										1 500		
乌珠尔苏木	希格登嘎查	巴图巴亚尔	67 300	40 000			4 500			1 200			6 000		
乌珠尔苏木	查干诺尔嘎查	斯琴	88 100	12 000		30 000		45 000	100			1 000			
乌珠尔苏木	查干诺尔嘎查	阿尔斯萝	13 000	10 000									3 000		
乌珠尔苏木	查干诺尔嘎查	特格细色议	46 000	30 000									6 000		
乌珠尔苏木	查干诺尔嘎查	陶高	16 000	2 000			13 000						1 000		
乌珠尔苏木	查干诺尔嘎查	宝利得	2 500	0			9 600						2 500		
乌珠尔苏木	查干诺尔嘎查	包利尔	28 260	18 000									4 000		1 500
乌珠尔苏木	查干诺尔嘎查	查格图	800	0									800		
乌珠尔苏木	乌珠尔嘎查	何连柱	13 400	4 000			1 500				1 100	2 300			4 500
乌珠尔苏木	乌珠尔嘎查	尹双	21 000	20 000							500	500			
乌珠尔苏木	白音乌拉嘎查	额尔顿陶格陶	61 000	20 000				2 500					3 500		
宝日希勒镇	库热格太嘎查	杨宝奇	20 600	20 000							500	100			
宝日希勒镇	库热格太嘎查	贺平	16 200	0									200		6 000
宝日希勒镇	库热格太嘎查	焦红灿	9 200	80 000		615						585			
宝日希勒镇	库热格太嘎查	铁牛	15 500	10 000							5 000	500			
宝日希勒镇	库热格太嘎查	展广木	31 250	3 000							1 200	50			
宝日希勒镇	库热格太嘎查	焦文志	46 700	35 000						3 000			2 000		
宝日希勒镇	库热格太嘎查	高明德	9 300	9 000									300		
宝日希勒镇	布敦胡硕嘎查	杨立新	94 000	80 000									2 000		12 000
宝日希勒镇	布敦胡硕嘎查	李恒寅	54 700	30 000							500	1 200			2 400
宝日希勒镇	布敦胡硕嘎查	李建刚	35 096	35 000								96			
宝日希勒镇	布敦胡硕嘎查	李际刚	20 400	20 000							1 600	200			
宝日希勒镇	布敦胡硕嘎查	包喜柱	4 020	4 000								20			
宝日希勒镇	布敦胡硕嘎查	白连所	39 200	30 000		2 000						200		8 000	7 000
巴彦库仁镇	巴彦哈达嘎查	呼格吉乐图	15 400	13 000					2 000				400		
巴彦库仁镇	巴彦哈达嘎查	吉利图	49 000	25 000				10 000					5 000	4 000	
巴彦库仁镇	巴彦哈达嘎查	赛汗	6 000	3 000					1 000				2 000		
巴彦库仁镇	巴彦哈达嘎查	常锁	24 500	10 000				10 000					500		4 000
巴彦库仁镇	巴彦哈达嘎查	陈战利	34 396	5 000	25 000				500				396		3 000
巴彦库仁镇	巴彦哈达嘎查	宁俊山	38 500	30 000				8 000					500		
巴彦库仁镇	格根胡硕嘎查	张奇全	29 720	25 000									1 920		
巴彦库仁镇	格根胡硕嘎查	刘峰	31 900	30 000									100		1 800
巴彦库仁镇	格根胡硕嘎查	额尔德尼	100										100	1	1
呼和诺尔镇	乌布日诺尔嘎查	斯琴比里格	18 600	12 000									2 600		
呼和诺尔镇	乌布日诺尔嘎查	杜古尔	1 100										1 100		
呼和诺尔镇	乌布日诺尔嘎查	那仁满达	3 600	3 000									600		
呼和诺尔镇	乌布日诺尔嘎查	希木德	6 100	5 000									1 100		
呼和诺尔镇	乌布日诺尔嘎查	苏力德	30 920	6 000					400	280			5 000		4 000

（续）

苏　木	嘎　查	户主姓名	家庭经营总支出	饲草料	买高产牛	买畜/幼畜	油料费	棚圈建设	围栏维护费用	风电及电力设施维护	牲畜看病	牲畜防疫	看病防疫总费用	租赁草场费	雇人打草、接羔费
呼和诺尔镇	乌布日诺尔嘎查	革民	7 800	6 000					1 800						
呼和诺尔镇	乌布日诺尔嘎查	乌云毕力格	19 800	5 000				4 500					3 500		1 800
呼和诺尔镇	乌布日诺尔嘎查	巴布太	6 700				3 000						1 700		
呼和诺尔镇	乌布日诺尔嘎查	乌出尔巴得尔	10 000	5 000			7 000						3 000		2 400
呼和诺尔镇	乌布日诺尔嘎查	乌日德尼图拉嘎	7 100	3 600			2 000						1 500		
呼和诺尔镇	白音布日德嘎查	蒙虎	63 000	15 000			30 000						13 200		4 000
呼和诺尔镇	白音布日德嘎查	赫恩巴得尔	42 200	10 000			12 000						4 200	12 000	4 000
呼和诺尔镇	白音布日德嘎查	吉日木图	8 200	4 000			2 000						2 200		
呼和诺尔镇	白音布日德嘎查	苏德	36 300	23 000			3 500						1 800		
呼和诺尔镇	白音布日德嘎查	呼和吉利	48 200	48 200			4 000						5 000		4 200
呼和诺尔镇	白音布日德嘎查	乌日根朝乐	138 350	26 000	56 000		4 500	7 000					15 700		11 250
呼和诺尔镇	白音布日德嘎查	宝音	61 000	10 000	37 000			20 000					5 000		9 000
呼和诺尔镇	白音布日德嘎查	呼格吉巴亚尔	58 800	24 000	25 000		3 800						6 000	10 000	
呼和诺尔镇	白音布日德嘎查	乌尼日其其格	42 000	20 000			11 000				1 000	6 000		12 000	4 000
呼和诺尔镇	完工嘎查	倪志峰	7 046	2 600			2 200				200	26		1 600	420
呼和诺尔镇	完工嘎查	阿米娜	7 300	7 000									300		
呼和诺尔镇	哈日干图嘎查	韩铁柱	34 700	10 000	17 000		3 500					600		5 000	3 600
呼和诺尔镇	哈日干图嘎查	其木格	13 600	6 000			5 000				200	600	25 240		1 800
呼和诺尔镇	哈日干图嘎查	高东军	72 180	30 000	34 800		5 000				200	180			2 000
呼和诺尔镇	哈日干图嘎查	呼伦苏图	9 754	6 500			3 000				150	104			
呼和诺尔镇	哈日干图嘎查	杨国军	13 700	10 000			2 200	1 000					500	1 000	
呼和诺尔镇	哈日干图嘎查	黄铁义	1 752	1 500			200					52			
呼和诺尔镇	哈日干图嘎查	席正兴	14 820	10 000			4 320				200	300		5 000	
呼和诺尔镇	哈日干图嘎查	李竞路	25 600	7 000			3 000						3 000	5 000	5 600
呼和诺尔镇	哈日干图嘎查	苗生友	33 100	25 000			5 400				400	300		11 000	2 000
呼和诺尔镇	哈日干图嘎查	田永胜	26 505	20 000			6 000				400	105		15 000	
呼和诺尔镇	哈日干图嘎查	席正红	31 950	25 000			5 150						300	10 000	1 500
呼和诺尔镇	哈日干图嘎查	高东福	17 940	5 000			3 240						1 000	2 000	1 000
呼和诺尔镇	哈日干图嘎查	唐春雷	20 440	15 000			4 880				300	260		5 000	
呼和诺尔镇	哈日干图嘎查	包海成	23 740	4 500	16 000		1 080				1 800	360			
呼和诺尔镇	哈日干图嘎查	唐春芳	19 040	15 000			3 240				350	450		5 000	
呼和诺尔镇	哈日干图嘎查	常岁	156									156			
呼和诺尔镇	哈日干图嘎查	刘利	4 143	4 000								143			
呼和诺尔镇	哈日干图嘎查	图布信	44 800	9 000			10 800				500	1 000		5 000	
呼和诺尔镇	哈日干图嘎查	唐永茂	26 500	20 000			4 000						1 000	2 000	1 500
呼和诺尔镇	宝日汗图嘎查	宝德	13 460	10 000			2 160				200	1 100			
呼和诺尔镇	宝日汗图嘎查	浩毕斯咯拉图	19 480	10 180			3 300	2 000				4 000			
呼和诺尔镇	宝日汗图嘎查	敖都		13 000			1 080				2 300	2 400			1 500
呼和诺尔镇	安格尔图嘎查	巴音尼玛					600								

5.5.4 2006 年不同区域农牧户家庭生活支出情况调查

表 5-21 2006 年区域的农牧户家庭生活支出情况调查

单位：元

苏木	嘎查	户主姓名	家庭生活总	食品	衣着	居住	水费	电费	取暖（煤）	交通	通讯	交通通讯	教育	文化娱乐	医疗保健	其他开支
乌珠尔苏木	萨茹拉塔拉嘎查	格日乐	21 000	6 000	6 000	2 000			1 000						6 000	
乌珠尔苏木	萨茹拉塔拉嘎查	苏优乐巴特	10 150	2 400	1 600			2 400				150	3 600		600	
乌珠尔苏木	萨茹拉塔拉嘎查	特木其乐图	9 450	3 600	1 500	3 000			1 300							
乌珠尔苏木	萨茹拉塔拉嘎查	达来	15 500	3 500	1 500							3 000	3 000	2 000	500	2 000
乌珠尔苏木	萨茹拉塔拉嘎查	布和高嶄	51 800	4 800	5 000		2 000			6 000	4 000		20 000	3 000	1 000	6 000
乌珠尔苏木	希格登嘎查	那顺吉日嘎拉	29 300	6 600	6 000				1 700	1 000	500		14 000		500	
乌珠尔苏木	希格登嘎查	阿木吉拉图	14 800	4 800	4 000							2 400			3 600	
乌珠尔苏木	希格登嘎查	巴图巴亚尔	30 900	6 740	10 000				1 760		2 400			8 000	2 000	
乌珠尔苏木	查干诺尔嘎查	斯琴	31 420	16 800	10 000			420	1 000			2 400		1 000	200	
乌珠尔苏木	查干诺尔嘎查	特格细色议	57 000	12 000	6 000			3 000	3 000			5 000	15 000	3 000	2 000	
乌珠尔苏木	查干诺尔嘎查	陶高	45 000	3 600	7 000			600	2 000			3 000	25 800	2 500	5 000	
乌珠尔苏木	查干诺尔嘎查	宝利得	27 600	5 400	10 000			400	2 000			2 400			2 000	
乌珠尔苏木	查干诺尔嘎查	包利尔	46 470	2 000	2 400		3 710		1 160	1 500	1 200		2 500	1 000	30 000	2 400
乌珠尔苏木	查干诺尔嘎查	查格图	13 400	3 600	2 000		3 600	200		1 200	600				2 200	
乌珠尔苏木	乌珠尔嘎查	何连柱	41 910	7 800	2 000			480	3 000			5 000	17 600	5 000	1 030	
乌珠尔苏木	乌珠尔嘎查	尹双	25 600	12 400	4 000			3 600	1 000	100	1 900			1 000	600	1 000
乌珠尔苏木	白音乌拉嘎查	额尔顿陶格陶	29 300	9 100	8 000		2 000		1 000	3 000	1 200			3 000	1 000	1 000
乌珠尔苏木	白音乌拉嘎查	欧尔得尼														
宝日希勒镇	库热格太嘎查（八一）	杨宝奇	12 460	7 200	2 000			720	1 500			1 000			40	
宝日希勒镇	库热格太嘎查（八一）	贺平	15 100	4 800	15 000			1 200	2 000			3 000	100		1 000	
宝日希勒镇	库热格太嘎查（八一）	焦红灿	31 300	6 000	3 000			300	3 000			1 300			15 000	
宝日希勒镇	库热格太嘎查（八一）	铁牛	14 600	6 000	2 400			700	1 500	1 000	1 500			1 000	500	
宝日希勒镇	库热格太嘎查（八一）	展广木	10 920	3 600	1 000			1 000	1 120	1 000	120			1 000	0	
宝日希勒镇	库热格太嘎查（八一）	焦文志	19 620	3 000	1 000			1 200	1 400	1 320	1 200		5 000	500	5 000	
宝日希勒镇	库热格太嘎查（八一）	高明德	5 460	2 000	2 000			960		100	100				300	
宝日希勒镇	布敦胡硕嘎查（五一）	杨立新	31 600	20 000	3 000			1 000	1 800				30 000	2 000	1 000	
宝日希勒镇	布敦胡硕嘎查（五一）	李恒寅	8 200	6 000	400					300	500			1 000	0	
宝日希勒镇	布敦胡硕嘎查（五一）	李建刚	14 900	6 000	3 000			600				1 500	3 600		200	
宝日希勒镇	布敦胡硕嘎查（五一）	李际刚	20 700	2 400						300	300			700	17 000	
宝日希勒镇	布敦胡硕嘎查（五一）	白连所	10 200	6 000	2 000			600				1 500			100	

（续）

苏 木	嘎 查	户主姓名	家庭生活总	食品	衣着	居住	水费	电费	取暖(煤)	交通	通讯	交通通讯	教育	文化娱乐	医疗保健	其他开支
巴彦库仁镇	巴彦哈达嘎查	呼格吉乐图	45 020	4 800	400	7 000		2 000		300	600		9 920		20 000	
巴彦库仁镇	巴彦哈达嘎查	吉利图	17 840	6 000	3 000		2 400	800	2 000	600	1 200			2 000	2 000	
巴彦库仁镇	巴彦哈达嘎查	赛汗	16 800	3 600	3 000	3 000		400	1 300			2 000		3 000	500	
巴彦库仁镇	巴彦哈达嘎查	常锁	12 820	4 800	1 800		50	500	1 000	400	600			2 000	1 500	
巴彦库仁镇	巴彦哈达嘎查	陈战利	27 660	7 200	7 000			300	1 000			2 000	6 000	500	600	3 000
巴彦库仁镇	巴彦哈达嘎查	宁俊山	15 650	2 000	200			650	4 000	3 000	1 800			3 000	1 000	
巴彦库仁镇	格根胡硕嘎查	张奇全	10 800	6 000	300			1 200				600	500		100	700
巴彦库仁镇	格根胡硕嘎查	刘峰	5 250	2 000	300			550	500	300	700		200	200	500	
巴彦库仁镇	格根胡硕嘎查	额尔德尼	26 200	7 200	200					1 000	600		23 000		200	
呼和诺尔镇	乌布日诺尔嘎查	斯琴比里格	16 950	3 600	300							1 800	7 400		150	2 000
呼和诺尔镇	乌布日诺尔嘎查	杜古尔	16 200	4 800	600							5 200			3 600	2 000
呼和诺尔镇	乌布日诺尔嘎查	那仁满达	24 200	1 200	6 000					5 900	6 000			500	10 000	
呼和诺尔镇	乌布日诺尔嘎查	希木德	18 500	3 000	5 000					5 000	1 500		3 000	2 000	100	
呼和诺尔镇	乌布日诺尔嘎查	苏力德	21 100	3 000	2 000					1 000	1 300		78 000		3 000	3 000
呼和诺尔镇	乌布日诺尔嘎查	革民	24 800	2 000	6 000					4 000	1 800				10 000	
呼和诺尔镇	乌布日诺尔嘎查	乌云毕力格	21 200	6 000	3 000							1 700			2 000	5 000
呼和诺尔镇	乌布日诺尔嘎查	巴布太	17 100	7 800	5 000							1 300			3 000	
呼和诺尔镇	乌布日诺尔嘎查	乌出尔巴得尔	12 400	3 600	1 500							1 500	5 400		400	
呼和诺尔镇	乌布日诺尔嘎查	乌日德尼图拉嘎	18 110	6 000	2 000			360	500	1 000	1 500				3 000	3 000
呼和诺尔镇	白音布日德嘎查	蒙虎	22 200	6 000	8 000				1 500			1 200	500	1 000	2 000	2 000
呼和诺尔镇	白音布日德嘎查	赫恩巴得尔	50 240	6 000	10 000			14 400	·1 000			4 800	10 000		16 000	1 000
呼和诺尔镇	白音布日德嘎查	吉日木图	17 150	4 800	800			480				1 000	4 050		5 000	1 500
呼和诺尔镇	白音布日德嘎查	苏德	16 360	7 200	1 000			960	1 400			2 000	8 400	1 500	800	1 500
呼和诺尔镇	白音布日德嘎查	呼和吉利	17 800	3 600	300			1 200		2 000	3 000			1 000	2 000	2 000
呼和诺尔镇	白音布日德嘎查	乌日根朝乐	50 700	4 800	1 200			800	1 100	18 000	4 000		6 300	3 000	10 500	
呼和诺尔镇	白音布日德嘎查	宝音	28 840	4 800	4 000			8 400	1 000	2 000	1 200		11 000		3 000	1 000
呼和诺尔镇	白音布日德嘎查	呼格吉巴亚尔	39 125	4 625	6 000			1 200	1 500	10 000	4 800		3 000	2 000	1 000	6 000
呼和诺尔镇	白音布日德嘎查	乌尼日其其格	135 970	7 200	8 000			480	1 090			3 000	19 200	4 000	90 000	3 000
呼和诺尔镇	完工嘎查	倪志峰	26 820	6 000	1 800		160	660	1 960	720	1 440		7 320	200	5 000	3 000
呼和诺尔镇	完工嘎查	阿米娜（政府工作人员）	17 180	3 600	2 000		60	480	1 500	200	1 440		5 400	1 000	500	1 000
呼和诺尔镇	哈日干图嘎查	韩铁柱	35 480	3 600	1 000	3 600		1 000	800	400	480		20 000	100	1 500	2 500
呼和诺尔镇	哈日干图嘎查	其木格	30 640	600	1 000			780	0	2 000	860		18 000		2 000	
呼和诺尔镇	哈日干图嘎查	高东军	27 120	6 000	2 000			720	1 200	500	1 500		8 800		2 400	
呼和诺尔镇	哈日干图嘎查	呼伦苏图	13 660	2 400	1 000			480	440	300	840		8 000		200	
呼和诺尔镇	哈日干图嘎查	杨国军	49 100	7 200	3 000			600	300	5 000	1 000				30 000	
呼和诺尔镇	哈日干图嘎查	黄铁义	12 520	4 800	500			480		600	840		4 500		500	
呼和诺尔镇	哈日干图嘎查	席正兴	15 580	6 000	500			600		2 000	480				5 000	
呼和诺尔镇	哈日干图嘎查	李竞路	42 200	6 000	1 000			500		1 000	2 400				100	
呼和诺尔镇	哈日干图嘎查	刘学兵	0													
呼和诺尔镇	哈日干图嘎查	苗生友	19 600	12 000	3 000			600		300	1 200				500	1 500
呼和诺尔镇	哈日干图嘎查	田永胜	9 450	4 800	500			500	1 250	200					2 000	200
呼和诺尔镇	哈日干图嘎查	席正红	12 990	6 000	2 000			840			600				50	3 500

（续）

苏 木	嘎 查	户主姓名	家庭生活总	食品	衣着	居住	水费	电费	取暖（煤）	交通	通讯	交通通讯	教育	文化娱乐	医疗保健	其他开支
呼和诺尔镇	哈日干图嘎查	高东福	10 510	4 800	1 000			360		150	600				600	3 000
呼和诺尔镇	哈日干图嘎查	唐春雷	18 000	4 800	1 000			600		200	800		5 100		3 500	2 000
呼和诺尔镇	哈日干图嘎查	包海成	16 060	6 000	500			360		60	600		4 000		3 000	1 000
呼和诺尔镇	哈日干图嘎查	唐春芳	24 250	5 400	1 000	9 200		1 500		500	1 200				450	5 000
呼和诺尔镇	哈日干图嘎查	额日拉	26 840	4 800	500			720	2 600		720				15 000	2 500
呼和诺尔镇	哈日干图嘎查	常岁	8 630	3 600	200			240		350			3 840		300	100
呼和诺尔镇	哈日干图嘎查	刘利	10 550	2 700	500			200		150	500		4 500		500	1 700
呼和诺尔镇	哈日干图嘎查	图布信	30 050	12 000	8 000			600	650	2 000	1 800			2 000		3 000
呼和诺尔镇	哈日干图嘎查	唐永茂	9 890	3 600	1 500			800		50	1 440				500	2 000
呼和诺尔镇	宝日汗图嘎查（红旗）	宝德	9 500	3 600	3 000					300	1 200			200	200	1 000
呼和诺尔镇	宝日汗图嘎查（红旗）	浩毕斯咯拉图	45 200	12 000	2 000					1 000	1 200		23 000		5 000	1 000
呼和诺尔镇	宝日汗图嘎查（红旗）	敖都	38 200	4 800	3 000					1 000	1 200		24 600		600	3 000
呼和诺尔镇	安格尔图嘎查	巴音尼玛	25 600	6 000	1 000					2 000	600		6 000		10 000	

5.5.5 2007年不同区域的农牧户家畜及经济状况调查

表 5-22 2007年不同区域的农牧户家畜及经济状况调查

苏 木	嘎 查	户主姓名	草场面积（亩）		放牧牲畜数量（头）			放牧数量（羊/公顷）	最大存栏率	羊毛重量（kg）		羊毛价格（元/kg）		出栏重（kg）		收入情况（万元）	支出情况（万元）
			打草场	放牧场	绵羊	山羊	牛			绵羊	山羊	绵羊	山羊	羊肉	牛肉		
鄂温克旗	胡日嘎阿木吉	平常友	2 200	570	200		35	0.75	378	300		5.3		30	300	14.26	2.3
鄂温克旗	锡尼河苏木	孟勤	2 000	2 000	420		13	0.83	332	600		5.5		50	350	8.09	3.87
额温克族自治旗	巴旗马蹄坑	孟杰	355	525	300		35	0.83		160		5.5		50	350	0.00	0.00
陈旗鄂温克苏木	孟根诺尔嘎查	德力根	3 800	500			62	0.83							400	8.98	3.63
鄂温克族自治旗	巴颜托海 马蹄坑	苏来柱	2 277	730	200		35	0.83	239	300		1.5		50	400	0.00	0.00
新巴尔虎右旗	布尔墩苏木 郭	乌都瀌吼			210	60		0.75		450		5.5	270	50		2.69	2.02
新巴尔虎右旗	贝尔苏木 呼伦嘎查	吴文元	5 000	5 100	322	83		0.75	250	133	60	6.3	330	50		5.00	2.52
新巴尔虎右旗	阿镇	宋君双	1 000	3 000	480	50	9	0.75	230	120	12.5	5.5	320	50	450	5.76	1.33
新巴尔虎右旗	阿镇	王和	5 000	4 000	371	152		0.75		420	30	6.3	320	45		8.90	3.00
新巴尔虎右旗	贝尔苏木 乌尔逊嘎查	铁木尔·巴特尔	6 500		478	45	4	0.75		670	22.5	6.3	310	60	400	6.77	1.98
新巴尔虎右旗	呼伦镇（达石莫苏木）	阿胜	2 000	5 740	640	200	20	0.75		825	55	6	330	60	300	11.57	5.66
新巴尔虎左旗	古达内华	那姆来斯	500	4 000	150		6			225				25	300	2.00	0.22
新巴尔虎左旗	乌苏木 萨如拉图布嘎查	斯日古楞	2 000	2 500	200	150	50			300	60	5	320	50	300	0.00	0.00

（续）

苏 木	嘎 查	户主姓名	草场面积（亩）		放牧牲畜数量（头）			放牧数量（羊/公顷）	最大存栏率	羊毛重量（kg）		羊毛价格（元/kg）		出栏重（kg）		收入情况（万元）	支出情况（万元）
			打草场	放牧场	绵羊	山羊	牛			绵羊	山羊	绵羊	山羊	羊肉	牛肉		
新巴尔虎左旗	西公社虎队	乌引柱	35 000	20 000	675	225		0.75		372	206	5	320	60		13.19	2.50
新巴尔虎左旗	新宝力格苏木贡诺尔嘎查	宝力道	1 400	8 400	575	25	60			500	10	5	320	30	300	14.75	4.50
新巴尔虎左旗	新宝力格苏木虎几格力图嘎查	傅德友		8 000	500					750		5		25		9.10	5.00

5.6 呼伦贝尔温带草地 PROSPECT-SAIL 模型参数测定试验

5.6.1 试验概况

试验目的：PROSPECT 模型是一个基于“平板模型”的辐射传输模型，它通过模拟叶片从 400nm 到 2500 nm 的上行和下行辐射通量而得到叶片的光学特性，即叶片反射率 r 和透射率 τ。SAIL 模型主要是基于冠层尺度的辐射传输模型，可以模拟冠层尺度的 FPAR 和 LAI 数据，模型主要涉及了 6 个参数分别是：叶肉结构指数（Leaf mesophyll structure index）、叶绿素含量（Chlorophyll content）、水分含量（Water content）、干物质含量（Dry Matter content）、其他色素含量（Brown pigment content）和平均叶倾角（Angle）。本试验主要对其中的水分含量、干物质含量、叶绿素含量、平均叶倾角等参数进行了测定。

试验地点：本试验分别在呼伦贝尔的典型草原和草甸草原及过渡带选择了海拉尔区、陈巴尔虎旗、新巴尔虎左旗、新巴尔虎右旗、鄂温克旗五个观测地点。在时间上，实验分别在呼伦贝尔草原的最主要生长季节，对 PROSPECT 和 SAIL 模型的相关输入参数进行了连续野外实地观测。

试验方法：主要利用光谱仪、紫外分光光度计、AccuPAR 植物冠层分析仪、烘干箱等仪器，对生长季内羊草和针茅冠层的光谱反射率、FPAR 和 LAI、羊草叶倾角、羊草高度以及羊草和针茅的叶绿素进行测定。

5.6.2 光合有效辐射分量测定

表 5-23 呼伦贝尔草原光合有效辐射分量

日期	光合有效辐射（mol/m^2）	吸收性光合有效辐射（mol/m^2）	光合有效辐射吸收比例	冠层反射率	冠层透射率	土壤反射率
2009-06-01	26.005	4.462	0.010	0.002	0.044	0.003
2009-06-02	29.894	4.480	0.007	0.006	0.043	0.004
2009-06-25	40.967	18.512	0.043	0.004	0.023	0.004
2009-07-02	22.261	11.530	0.028	0.006	0.024	0.001
2009-07-03	44.904	24.671	0.039	0.004	0.025	0.004
2009-07-11	31.477	20.015	0.030	0.008	0.016	0.001
2009-07-17	45.018	32.547	0.036	0.004	0.020	0.003
2009-07-24	47.558	28.312	0.043	0.002	0.021	0.004
2009-07-25	43.776	28.267	0.040	0.004	0.013	0.004
2009-08-04	41.558	31.274	0.042	0.003	0.011	0.004
2009-08-28	29.856	24.595	0.042	0.004	0.008	0.004
2009-08-29	31.929	24.523	0.040	0.006	0.009	0.004

（续）

日期	光合有效辐射（mol/m²）	吸收性光合有效辐射（mol/m²）	光合有效辐射吸收比例	冠层反射率	冠层透射率	土壤反射率
2009-09-03	29.662	21.444	0.040	0.005	0.008	0.007
2009-09-12	27.727	18.366	0.039	0.006	0.006	0.004
2009-09-26	19.037	12.161	0.039	0.005	0.013	0.004

5.6.3 叶绿素测定

表5-24 呼伦贝尔草原羊草等主要植被物种叶绿素含量

地点	物种	部位	日期	叶绿素含量（mg/g）
海拉尔区	羊草	植株	2009-06-20	1.278 4
新巴尔虎左旗	羊草	植株	2009-06-23	0.675 9
新巴尔虎左旗	贝加尔针茅	植株	2009-06-23	0.432 6
新巴尔虎右旗	葱	植株	2009-06-23	0.435 6
鄂温克旗	羊草	植株	2009-06-24	0.678 8
鄂温克旗	贝加尔针茅	植株	2009-06-24	0.776 4
新巴尔虎右旗	羊草	植株	2009-06-24	0.984 1
新巴尔虎右旗	克氏针茅	植株	2009-06-24	0.780 6
陈巴尔虎旗	贝加尔针茅	植株	2009-07-20	0.624 5
陈巴尔虎旗	羊草	植株	2009-07-20	1.202
新巴尔虎左旗	羊草	植株	2009-07-20	0.672 1
新巴尔虎右旗	羊草	植株	2009-07-21	1.056
鄂温克旗	羊草	植株	2009-07-22	0.852 5
陈巴尔虎旗	羊草	植株	2009-08-08	1.282 2
陈巴尔虎旗	贝加尔针茅	植株	2009-08-08	0.764
鄂温克旗	羊草	植株	2009-08-15	0.601 5
新巴尔虎右旗	羊草	植株	2009-08-14	0.517 3
新巴尔虎右旗	克氏针茅	植株	2009-08-14	0.145
新巴尔虎左旗	羊草	植株	2009-08-13	0.228 5
新巴尔虎左旗	贝加尔针茅	植株	2009-08-13	0.260 2
新巴尔虎右旗	葱	植株	2009-08-13	0.097 8
鄂温克旗	贝加尔针茅	植株	2009-08-15	0.535 5
新巴尔虎右旗	葱	植株	2009-07-22	0.522 2

5.6.4 水分、干物质含量测定

表5-25 呼伦贝尔草原羊草等主要植被物种水分、干物质含量表

日期	地点	物种	水分含量（%）	干物质含量（%）
2009-08-13	新巴尔虎右旗	葱	79.17	20.83
2009-06-22	新巴尔虎右旗	葱	88.12	11.88
2009-06-23	新巴尔虎右旗	葱	85.74	14.26

（续）

日期	地点	物种	水分含量（%）	干物质含量（%）
2009-06-21	陈巴尔虎旗	羊草	61.22	38.78
2009-07-20	陈巴尔虎旗	羊草	58.83	41.17
2009-07-20	陈巴尔虎旗	羊草	75.91	24.09
2009-08-07	陈巴尔虎旗	羊草	55.18	44.82
2009-08-13	陈巴尔虎旗	羊草	62.59	37.41
2009-06-23	新巴尔虎左旗	羊草	49.25	50.75
2009-07-20	新巴尔虎左旗	羊草	62.48	37.52
2009-08-13	新巴尔虎左旗	羊草	53.16	46.84
2009-08-13	新巴尔虎左旗	羊草	55.75	44.25
2009-08-15	鄂温克旗	羊草	52.90	47.10
2009-08-15	鄂温克旗	羊草	53.65	46.35
2009-07-22	鄂温克旗	羊草	62.87	37.13
2009-08-14	新巴尔虎右旗	羊草	54.96	45.04
2009-08-14	新巴尔虎右旗	羊草	47.24	52.76
2009-06-24	新巴尔虎右旗	羊草	53.86	46.14
2009-06-24	新巴尔虎右旗	羊草	51.17	48.83
2009-07-21	新巴尔虎右旗	羊草	45.95	54.05
2009-06-25	海拉尔区	羊草	34.44	65.56

5.6.5　平均叶倾角测定

表 5-26　呼伦贝尔草原生长季内羊草平均叶倾角

日期	2009-08-15	2009-08-14	2009-08-13	2009-08-07
地点	鄂温克旗	新巴尔虎右旗	新巴尔虎左旗	陈巴尔虎旗
平均叶倾角（°）	11.86	21.13	20.98	11.46
日期	2009-07-22	2009-07-21	2009-07-20	2009-07-20
地点	鄂温克旗	新巴尔虎右旗	新巴尔虎左旗	陈巴尔虎旗
平均叶倾角（°）	16.41	22.71	20.39	16.55
日期	2009-06-23	2009-06-23	2009-06-21	
地点	鄂温克旗	新巴尔虎右旗	新巴尔虎左旗	陈巴尔虎旗
平均叶倾角（°）	29.43	24.62	27.97	

5.7　呼伦贝尔草地植被高光谱测定试验

试验目的及意义：呼伦贝尔草地具有丰富的植被种类，有维管植物 1 352 种，包括蕨类植物、裸子植物、被子植物。羊草群落是内蒙古草甸草原和典型草原主要的群落类型之一。特别是羊草草原由于长期过度放牧、啃食和践踏，抑制了禾草的生长，抗旱性强又耐践踏的冷蒿会代替原来的建群种，成为优势群落。在荒漠草原的退化过程中，常常会出现冷蒿、星毛委陵菜、多根葱等退化指示物种。本试验主要以主要的植被建群种（羊草）和退化种（冷蒿、星毛委陵菜）作为研究对象进行野外冠层光谱测定，并进行光谱特征值的分析提取，为利用高光谱数据进行大尺度草原群落类型识别、草地退化定量评价提供技术支持。

试验设计：利用 ASD（ASD FieldSpec 3，Analytical Spectral Devices，Inc. Boulder，CO，USA）地物光谱仪波段范围为 350～1 050nm，对野外草地冠层光谱的光谱进行了测量。在试验之前需要对光谱仪的光谱分辨率、中心波长位置、信噪比等主要参数进行检验进行相关检验。

草地冠层光谱的测量方法：试验之前，需要对试验仪器进行预热。试验过程中，选定具有代表性的区域，在适合的天气条件下，对数据进行采集，之后运用数理统计方法和遥感植被参数分析光谱特征。光谱采集过程中探头距地面的距离为 0.5m，探头的视场角为 25°；每条光谱的平均采样次数为 10 次；测定暗电流（ASD－VNIR 型）的平均采样次数为 20；对同一目标的观测次数（记录的光谱曲线条数）为 5 次，每组观测均以测定参考板开始，最后以测定参考板结束，每个样本重复测定两次。

表 5－27　冷蒿、星毛委陵菜、羊草野外冠层 DN 值

波长 (nm)	2006 年			2008 年		
	冷蒿 DN 值	星毛委陵菜 DN 值	羊草 DN 值	冷蒿 DN 值	星毛委陵菜 DN 值	羊草 DN 值
350	5 708.53	3 471.74	3 119.48	3 287.90	2 767.43	3 292.19
351	5 801.43	3 508.27	3 160.75	3 374.90	2 841.53	3 379.28
352	5 916.77	3 564.12	3 215.09	3 460.86	2 914.06	3 465.22
353	6 028.36	3 616.64	3 265.60	3 545.32	2 985.49	3 548.27
354	6 136.03	3 665.69	3 312.15	3 621.63	3 051.93	3 621.59
355	6 239.63	3 707.28	3 352.91	3 695.06	3 114.62	3 694.73
356	6 350.81	3 753.45	3 399.55	3 769.71	3 178.45	3 769.06
357	6 479.86	3 811.69	3 460.68	3 846.55	3 244.93	3 844.27
358	6 573.78	3 852.18	3 503.61	3 920.64	3 307.29	3 919.77
359	6 652.00	3 886.31	3 537.90	3 998.68	3 374.07	3 996.04
360	6 716.63	3 924.06	3 561.78	4 077.97	3 442.27	4 072.25
361	6 789.13	3 962.27	3 592.53	4 153.23	3 505.97	4 146.52
362	6 868.63	4 000.88	3 629.39	4 224.96	3 567.32	4 215.34
363	6 954.04	4 033.59	3 664.47	4 290.87	3 622.70	4 278.78
364	7 045.02	4 072.34	3 701.42	4 352.87	3 674.53	4 338.36
365	7 145.65	4 123.03	3 742.05	4 415.20	3 729.07	4 395.61
366	7 228.98	4 161.87	3 778.95	4 459.88	3 767.88	4 437.14
367	7 303.76	4 196.00	3 812.68	4 485.82	3 790.68	4 460.18
368	7 363.51	4 225.44	3 836.71	4 496.06	3 800.60	4 466.56
369	7 407.13	4 252.83	3 858.25	4 494.59	3 799.76	4 462.33
370	7 439.08	4 278.74	3 878.00	4 485.49	3 792.57	4 451.00
371	7 408.52	4 272.15	3 862.88	4 471.82	3 781.95	4 435.08
372	7 360.57	4 262.82	3 841.83	4 454.22	3 768.48	4 415.01
373	7 287.49	4 249.86	3 812.39	4 425.34	3 746.12	4 385.11
374	7 209.00	4 228.26	3 781.08	4 389.17	3 715.94	4 348.66
375	7 132.95	4 205.58	3 750.88	4 350.37	3 681.90	4 308.07
376	7 070.81	4 186.47	3 726.47	4 313.12	3 649.93	4 264.65
377	7 028.56	4 180.60	3 705.03	4 271.85	3 616.67	4 224.02
378	7 000.26	4 183.76	3 686.32	4 232.52	3 585.42	4 187.37
379	7 028.94	4 215.71	3 697.01	4 203.04	3 561.45	4 157.58
380	7 047.05	4 239.63	3 707.65	4 190.87	3 552.03	4 144.18
381	7 051.70	4 253.34	3 718.22	4 191.93	3 554.35	4 144.71

（续）

波长（nm）	2006年			2008年		
	冷蒿 DN 值	星毛委陵菜 DN 值	羊草 DN 值	冷蒿 DN 值	星毛委陵菜 DN 值	羊草 DN 值
382	7 028.88	4 269.09	3 719.69	4 203.47	3 565.79	4 154.69
383	6 996.00	4 281.00	3 714.50	4 222.59	3 583.03	4 169.04
384	6 948.33	4 281.00	3 694.88	4 243.03	3 599.82	4 186.70
385	6 923.50	4 295.33	3 683.85	4 275.19	3 626.32	4 217.32
386	6 916.91	4 320.38	3 680.14	4 324.23	3 667.63	4 265.04
387	6 990.74	4 387.68	3 711.83	4 387.82	3 721.53	4 326.67
388	7 104.04	4 476.02	3 765.36	4 467.96	3 790.10	4 403.73
389	7 258.42	4 586.27	3 841.61	4 567.06	3 875.40	4 501.24
390	7 442.09	4 719.87	3 929.60	4 689.00	3 980.57	4 623.28
391	7 638.86	4 866.61	4 024.80	4 841.30	4 111.93	4 767.58
392	7 857.73	5 037.30	4 133.48	5 020.36	4 264.03	4 942.27
393	8 086.24	5 228.80	4 257.34	5 237.32	4 447.88	5 157.72
394	8 316.02	5 429.45	4 385.38	5 509.14	4 680.96	5 424.11
395	8 526.21	5 634.86	4 498.59	5 829.28	4 953.60	5 741.35
396	8 799.80	5 889.27	4 640.47	6 193.25	5 263.09	6 099.69
397	9 129.61	6 187.13	4 807.76	6 594.81	5 604.06	6 490.93
398	9 522.21	6 536.54	5 013.37	7 025.46	5 966.60	6 911.25
399	9 944.92	6 915.53	5 231.28	7 484.99	6 356.42	7 359.16
400	10 416.11	7 343.33	5 467.51	7 953.19	6 754.61	7 812.48
401	10 914.46	7 820.55	5 736.33	8 404.54	7 136.73	8 245.02
402	11 405.39	8 311.50	6 009.23	8 818.54	7 488.38	8 641.51
403	11 818.26	8 793.25	6 251.73	9 199.61	7 810.86	9 004.54
404	12 187.52	9 273.43	6 479.32	9 544.73	8 102.48	9 331.95
405	12 523.87	9 752.42	6 695.67	9 847.69	8 361.08	9 620.02
406	12 809.44	10 250.15	6 890.33	10 136.45	8 606.29	9 890.46
407	13 091.32	10 762.15	7 084.45	10 427.01	8 852.77	10 164.20
408	13 369.05	11 295.86	7 278.41	10 730.01	9 110.63	10 454.42
409	13 670.44	11 886.12	7 497.33	11 051.40	9 384.24	10 760.95
410	13 985.95	12 504.89	7 728.48	11 385.54	9 668.09	11 080.72
411	14 332.36	13 177.72	7 982.19	11 728.88	9 959.93	11 409.02
412	14 688.60	13 876.76	8 241.05	12 076.93	10 256.76	11 739.24
413	15 050.79	14 592.69	8 503.30	12 419.99	10 547.45	12 061.70
414	15 410.28	15 335.84	8 773.37	12 750.37	10 828.22	12 371.22
415	15 756.44	16 081.20	9 035.62	13 064.73	11 096.54	12 666.04
416	16 085.62	16 829.37	9 287.95	13 364.26	11 350.68	12 947.64
417	16 394.25	17 567.20	9 541.38	13 643.26	11 589.21	13 204.91
418	16 690.86	18 296.78	9 789.59	13 904.07	11 812.78	13 445.69
419	16 962.31	19 007.09	10 021.54	14 150.20	12 022.78	13 677.60
420	17 228.77	19 719.48	10 251.83	14 383.05	12 221.31	13 894.14
421	17 491.28	20 430.19	10 479.65	14 597.73	12 405.08	14 092.49
422	17 735.31	21 104.27	10 686.06	14 781.50	12 562.69	14 259.84
423	17 978.67	21 779.57	10 898.28	14 918.25	12 679.36	14 379.00

（续）

波长（nm）	2006年			2008年		
	冷蒿DN值	星毛委陵菜DN值	羊草DN值	冷蒿DN值	星毛委陵菜DN值	羊草DN值
424	18 221.31	22 456.17	11 116.77	15 008.54	12 759.17	14 451.23
425	18 455.89	23 121.36	11 328.43	15 058.57	12 804.98	14 486.00
426	18 697.25	23 792.79	11 545.28	15 087.22	12 831.22	14 503.48
427	18 956.75	24 482.10	11 776.23	15 130.04	12 868.99	14 536.77
428	19 192.04	25 134.79	11 994.13	15 218.91	12 948.71	14 617.63
429	19 418.58	25 771.43	12 207.01	15 365.80	13 079.42	14 757.96
430	19 653.42	26 399.98	12 422.11	15 574.69	13 261.95	14 960.12
431	19 968.25	27 134.04	12 674.91	15 860.91	13 508.86	15 230.12
432	20 354.00	27 961.67	12 961.16	16 214.15	13 811.19	15 566.55
433	20 895.25	29 002.71	13 351.68	16 617.03	14 155.27	15 953.06
434	21 444.74	30 056.35	13 754.15	17 046.35	14 523.66	16 358.80
435	21 987.51	31 103.27	14 164.59	17 481.46	14 899.11	16 764.26
436	22 522.54	32 132.08	14 571.16	17 878.10	15 241.61	17 129.86
437	23 038.07	33 128.42	14 967.37	18 205.43	15 523.60	17 429.88
438	23 464.73	33 986.03	15 315.92	18 473.03	15 756.59	17 678.26
439	23 841.50	34 772.30	15 624.68	18 722.57	15 972.44	17 907.00
440	24 180.62	35 504.75	15 903.42	18 961.60	16 178.28	18 124.41
441	24 551.79	36 277.76	16 208.55	19 180.99	16 369.26	18 327.73
442	24 921.40	37 052.04	16 519.41	19 418.74	16 575.51	18 553.68
443	25 287.57	37 827.00	16 838.40	19 672.92	16 796.10	18 791.10
444	25 606.13	38 510.61	17 122.68	19 925.06	17 015.32	19 018.92
445	25 891.69	39 137.86	17 385.26	20 139.39	17 200.84	19 211.53
446	26 097.81	39 639.11	17 598.89	20 310.18	17 350.72	19 360.58
447	26 308.03	40 151.34	17 811.72	20 444.22	17 469.63	19 474.89
448	26 519.61	40 668.16	18 023.31	20 552.02	17 564.63	19 566.53
449	26 670.18	41 065.89	18 198.91	20 628.86	17 633.12	19 623.10
450	26 805.11	41 440.59	18 364.34	20 676.13	17 676.15	19 651.29
451	26 919.33	41 784.74	18 516.29	20 685.99	17 688.06	19 646.50
452	26 901.89	41 908.90	18 591.74	20 641.77	17 656.73	19 592.25
453	26 847.42	41 968.59	18 639.22	20 563.65	17 593.91	19 502.04
454	26 757.11	41 960.54	18 646.52	20 462.71	17 511.34	19 393.22
455	26 682.23	41 964.36	18 661.04	20 355.55	17 425.70	19 287.36
456	26 614.87	41 973.22	18 678.51	20 277.75	17 364.91	19 212.85
457	26 541.53	41 967.81	18 685.81	20 243.44	17 339.64	19 178.08
458	26 446.28	41 921.77	18 684.83	20 230.53	17 331.36	19 160.93
459	26 327.29	41 831.71	18 674.89	20 194.42	17 303.61	19 120.61
460	26 208.40	41 736.25	18 649.33	20 133.16	17 256.46	19 054.71
461	26 092.74	41 641.45	18 625.42	20 051.26	17 190.42	18 969.05
462	25 984.94	41 549.87	18 610.33	19 954.28	17 109.60	18 869.74
463	25 818.23	41 359.59	18 553.23	19 847.75	17 024.93	18 761.22
464	25 626.18	41 126.31	18 478.62	19 708.91	16 913.21	18 619.72
465	25 433.22	40 887.32	18 407.93	19 544.78	16 778.50	18 453.47

（续）

波长（nm）	2006年			2008年		
	冷蒿DN值	星毛委陵菜DN值	羊草DN值	冷蒿DN值	星毛委陵菜DN值	羊草DN值
466	25 241.51	40 649.37	18 333.38	19 378.17	16 639.59	18 287.75
467	25 050.94	40 412.39	18 255.27	19 235.44	16 522.07	18 152.55
468	24 909.27	40 246.77	18 206.17	19 145.50	16 449.47	18 070.51
469	24 773.38	40 096.14	18 164.68	19 112.16	16 424.79	18 042.43
470	24 641.56	39 964.19	18 133.74	19 109.45	16 427.19	18 044.34
471	24 571.43	39 918.37	18 138.55	19 136.61	16 453.96	18 074.49
472	24 522.66	39 906.88	18 157.75	19 181.81	16 495.43	18 123.29
473	24 478.00	39 924.87	18 189.95	19 234.51	16 543.23	18 181.49
474	24 427.59	39 925.33	18 214.77	19 298.84	16 599.36	18 248.09
475	24 372.84	39 912.58	18 234.02	19 356.49	16 650.53	18 304.48
476	24 277.01	39 828.01	18 221.91	19 410.35	16 699.94	18 354.41
477	24 184.01	39 745.76	18 208.30	19 480.06	16 763.61	18 418.80
478	24 097.72	39 670.92	18 193.84	19 565.14	16 840.99	18 492.86
479	23 999.41	39 569.54	18 173.61	19 649.40	16 918.12	18 557.21
480	23 897.12	39 458.37	18 150.06	19 700.65	16 967.33	18 581.01
481	23 791.71	39 336.23	18 119.37	19 660.43	16 938.66	18 516.45
482	23 684.54	39 210.41	18 090.52	19 507.23	16 812.80	18 345.37
483	23 575.57	39 081.12	18 062.30	19 271.29	16 616.00	18 101.84
484	23 434.19	38 897.09	18 007.20	19 018.51	16 405.38	17 853.39
485	23 282.80	38 702.25	17 942.70	18 810.09	16 231.63	17 649.06
486	23 118.14	38 493.07	17 865.72	18 701.85	16 143.44	17 547.24
487	23 117.90	38 552.48	17 904.64	18 729.32	16 172.25	17 581.44
488	23 178.57	38 725.05	17 992.31	18 904.52	16 329.13	17 751.60
489	23 328.07	39 083.68	18 159.93	19 198.88	16 587.11	18 030.53
490	23 513.59	39 489.64	18 360.13	19 530.14	16 876.79	18 335.59
491	23 716.03	39 917.63	18 576.22	19 809.10	17 123.09	18 580.23
492	23 879.80	40 291.46	18 766.53	20 016.39	17 305.65	18 760.44
493	24 049.19	40 676.83	18 957.56	20 184.50	17 455.09	18 910.65
494	24 224.91	41 075.20	19 149.38	20 340.27	17 594.96	19 054.80
495	24 387.13	41 452.42	19 339.77	20 498.92	17 736.02	19 200.89
496	24 527.37	41 798.60	19 516.60	20 614.35	17 838.11	19 298.73
497	24 618.32	42 075.83	19 660.75	20 657.73	17 877.56	19 328.37
498	24 723.88	42 367.86	19 814.77	20 627.85	17 854.29	19 297.82
499	24 833.80	42 665.53	19 971.88	20 584.15	17 818.29	19 265.95
500	24 928.40	42 957.60	20 119.94	20 561.66	17 799.61	19 261.02
501	25 056.02	43 318.36	20 295.72	20 595.33	17 828.66	19 313.65
502	25 214.13	43 742.51	20 497.10	20 715.87	17 932.62	19 451.66
503	25 469.81	44 353.71	20 786.92	20 919.19	18 109.38	19 663.80
504	25 756.37	45 022.72	21 102.20	21 182.89	18 338.90	19 921.85
505	26 088.62	45 776.59	21 453.95	21 472.20	18 590.92	20 190.82
506	26 437.68	46 572.05	21 827.25	21 734.47	18 821.57	20 428.83
507	26 789.81	47 378.73	22 204.92	21 973.69	19 034.91	20 637.55

（续）

波长（nm）	2006 年			2008 年		
	冷蒿 DN 值	星毛委陵菜 DN 值	羊草 DN 值	冷蒿 DN 值	星毛委陵菜 DN 值	羊草 DN 值
508	27 125.92	48 166.28	22 564.42	22 180.92	19 220.80	20 811.51
509	27 462.37	48 962.56	22 931.88	22 348.44	19 369.54	20 948.51
510	27 799.10	49 765.71	23 305.59	22 510.05	19 514.98	21 082.90
511	28 116.18	50 566.65	23 668.56	22 639.53	19 633.21	21 184.68
512	28 408.91	51 334.60	24 019.21	22 698.96	19 689.82	21 217.10
513	28 662.87	52 048.82	24 350.28	22 641.93	19 643.42	21 143.24
514	28 946.74	52 857.13	24 715.83	22 470.49	19 498.18	20 969.37
515	29 237.71	53 694.14	25 092.15	22 257.53	19 317.77	20 766.04
516	29 525.26	54 545.84	25 474.92	22 107.00	19 191.82	20 630.72
517	29 911.17	55 605.09	25 935.88	22 102.25	19 191.07	20 637.12
518	30 364.74	56 806.87	26 451.49	22 302.88	19 367.74	20 843.08
519	31 051.87	58 490.37	27 196.12	22 717.16	19 729.71	21 250.35
520	31 786.03	60 189.62	27 993.69	23 298.12	20 236.98	21 800.15
521	32 585.15	61 910.63	28 864.38	23 860.96	20 727.91	22 324.89
522	33 378.84	63 208.80	29 738.52	24 300.84	21 111.32	22 729.96
523	34 161.64	64 235.86	30 606.69	24 570.47	21 345.93	22 975.90
524	34 913.46	64 678.63	31 453.73	24 699.13	21 455.13	23 098.94
525	35 592.19	64 967.12	32 232.43	24 782.49	21 528.53	23 186.37
526	36 232.50	65 167.84	32 972.78	24 894.27	21 629.11	23 307.18
527	36 887.46	65 295.13	33 689.13	25 090.44	21 799.02	23 514.85
528	37 557.86	65 411.43	34 435.64	25 462.17	22 123.84	23 888.38
529	38 245.66	65 515.33	35 216.14	25 925.98	22 528.85	24 335.11
530	38 902.58	65 531.79	35 959.89	26 347.75	22 895.93	24 723.69
531	39 507.39	65 535.00	36 648.37	26 546.96	23 071.80	24 901.42
532	39 994.94	65 535.00	37 213.78	26 648.33	23 163.99	24 991.05
533	40 435.29	65 535.00	37 725.96	26 751.51	23 258.16	25 088.38
534	40 850.56	65 535.00	38 210.26	26 937.66	23 424.08	25 266.81
535	41 222.13	65 535.00	38 648.88	27 199.48	23 658.32	25 499.60
536	41 553.61	65 535.00	39 049.77	27 421.92	23 856.98	25 685.93
537	41 846.56	65 535.00	39 414.43	27 526.61	23 950.22	25 764.19
538	42 110.13	65 535.00	39 751.89	27 509.20	23 937.54	25 744.75
539	42 377.07	65 535.00	40 087.44	27 497.70	23 930.86	25 740.23
540	42 656.06	65 535.00	40 423.92	27 555.38	23 984.35	25 810.46
541	42 997.23	65 535.00	40 817.27	27 718.32	24 128.17	25 988.58
542	43 364.27	65 535.00	41 234.70	28 034.77	24 405.22	26 301.99
543	43 754.08	65 535.00	41 675.32	28 415.73	24 738.17	26 665.01
544	44 110.15	65 535.00	42 084.32	28 772.40	25 050.41	26 995.40
545	44 439.71	65 535.00	42 468.48	29 029.72	25 277.91	27 226.11
546	44 840.53	65 535.00	42 908.88	29 220.98	25 448.14	27 396.05
547	45 195.52	65 535.00	43 301.66	29 377.63	25 588.91	27 536.89
548	45 472.14	65 535.00	43 613.91	29 529.82	25 726.62	27 676.20
549	45 649.66	65 535.00	43 831.54	29 698.33	25 876.56	27 829.98

（续）

波长（nm）	2006年			2008年		
	冷蒿 DN 值	星毛委陵菜 DN 值	羊草 DN 值	冷蒿 DN 值	星毛委陵菜 DN 值	羊草 DN 值
550	45 772.09	65 535.00	43 995.28	29 836.98	25 998.80	27 952.58
551	45 778.88	65 535.00	44 043.08	29 922.35	26 073.80	28 026.32
552	45 741.83	65 535.00	44 042.35	29 953.76	26 102.18	28 059.77
553	45 674.57	65 535.00	44 008.37	29 947.52	26 096.73	28 055.40
554	45 511.68	65 535.00	43 885.35	29 869.36	26 028.49	27 979.43
555	45 337.53	65 535.00	43 743.68	29 673.40	25 857.56	27 790.90
556	45 147.85	65 535.00	43 576.26	29 297.85	25 526.10	27 435.27
557	44 950.02	65 535.00	43 373.03	28 847.23	25 132.35	27 023.83
558	44 752.03	65 535.00	43 161.71	28 443.05	24 781.37	26 669.82
559	44 558.82	65 535.00	42 948.00	28 205.51	24 572.79	26 475.84
560	44 417.04	65 535.00	42 789.15	28 119.13	24 497.54	26 421.97
561	44 306.04	65 535.00	42 661.61	28 102.07	24 483.73	26 424.85
562	44 243.42	65 535.00	42 561.73	28 072.43	24 458.26	26 406.97
563	44 151.45	65 535.00	42 433.10	27 967.53	24 363.24	26 319.25
564	44 025.04	65 535.00	42 270.71	27 808.35	24 223.42	26 183.11
565	43 820.27	65 535.00	42 038.39	27 627.84	24 067.42	26 034.29
566	43 572.51	65 535.00	41 764.74	27 461.36	23 923.00	25 909.86
567	43 244.34	65 535.00	41 411.66	27 302.19	23 781.77	25 797.74
568	42 870.94	65 535.00	41 006.93	27 090.83	23 593.80	25 635.88
569	42 485.29	65 535.00	40 585.32	26 836.12	23 368.24	25 429.26
570	42 172.21	65 535.00	40 220.54	26 645.13	23 198.62	25 279.17
571	41 859.51	65 535.00	39 860.57	26 580.26	23 140.31	25 245.99
572	41 547.19	65 535.00	39 505.23	26 567.33	23 125.98	25 253.63
573	41 257.89	65 535.00	39 175.34	26 483.55	23 046.66	25 180.33
574	40 969.10	65 535.00	38 843.06	26 227.06	22 819.80	24 934.92
575	40 677.27	65 535.00	38 501.43	25 895.20	22 530.82	24 615.58
576	40 363.12	65 535.00	38 138.98	25 565.34	22 246.33	24 296.39
577	40 056.91	65 535.00	37 783.79	25 284.34	22 005.14	24 017.11
578	39 847.73	65 535.00	37 518.00	25 068.25	21 822.58	23 788.99
579	39 644.15	65 535.00	37 266.75	24 937.57	21 717.51	23 631.27
580	39 445.16	65 535.00	37 027.38	24 890.51	21 688.08	23 543.13
581	39 215.61	65 535.00	36 785.83	24 879.62	21 689.01	23 478.50
582	38 930.21	65 533.70	36 504.26	24 824.23	21 651.99	23 370.53
583	38 551.84	65 530.18	36 154.70	24 666.86	21 525.10	23 175.48
584	38 042.59	65 488.29	35 711.25	24 378.93	21 279.20	22 877.01
585	37 459.65	65 426.63	35 218.23	24 045.21	20 989.62	22 556.04
586	36 719.90	65 326.75	34 626.78	23 641.63	20 631.88	22 197.87
587	35 977.96	65 196.84	34 022.88	23 132.01	20 173.20	21 773.90
588	35 236.77	65 046.91	33 412.49	22 445.99	19 555.75	21 220.60
589	34 713.75	64 898.11	32 981.93	21 980.58	19 136.29	20 884.32
590	34 275.74	64 762.14	32 621.95	21 913.22	19 072.51	20 888.92
591	33 955.11	64 643.89	32 359.45	22 233.19	19 352.90	21 184.93

（续）

波长（nm）	2006年			2008年		
	冷蒿DN值	星毛委陵菜DN值	羊草DN值	冷蒿DN值	星毛委陵菜DN值	羊草DN值
592	33 774.25	64 551.22	32 188.22	22 492.61	19 580.32	21 391.58
593	33 637.25	64 455.91	32 041.19	22 602.12	19 677.43	21 467.26
594	33 544.42	64 332.89	31 908.11	22 586.84	19 667.17	21 447.91
595	33 457.95	64 184.35	31 767.14	22 576.19	19 662.76	21 422.21
596	33 374.47	64 019.93	31 620.58	22 581.27	19 675.54	21 389.47
597	33 279.88	63 826.47	31 452.15	22 559.86	19 666.24	21 319.59
598	33 163.94	63 599.51	31 266.48	22 466.58	19 592.49	21 185.69
599	33 022.93	63 333.22	31 060.57	22 363.74	19 511.48	21 044.27
600	32 859.49	63 013.30	30 842.51	22 238.56	19 412.15	20 888.15
601	32 679.91	62 667.24	30 619.92	22 128.98	19 326.15	20 756.61
602	32 467.46	62 274.54	30 390.36	22 129.53	19 333.10	20 740.21
603	32 185.66	61 730.99	30 105.95	22 208.38	19 406.37	20 789.09
604	31 858.63	61 092.74	29 785.95	22 266.03	19 459.70	20 814.99
605	31 404.88	60 212.11	29 367.45	22 224.42	19 425.57	20 753.33
606	30 876.99	59 198.21	28 878.58	22 136.37	19 350.70	20 651.10
607	30 274.98	58 051.04	28 319.33	22 016.38	19 249.65	20 519.29
608	29 519.93	56 540.33	27 606.25	21 874.89	19 131.02	20 370.23
609	28 726.19	54 941.38	26 857.94	21 721.43	19 000.69	20 218.10
610	27 882.42	53 231.32	26 067.12	21 605.12	18 901.60	20 095.65
611	27 056.83	51 542.19	25 291.09	21 493.77	18 807.25	19 973.14
612	26 248.40	49 885.25	24 531.19	21 354.59	18 689.20	19 824.78
613	25 504.13	48 378.46	23 836.85	21 186.71	18 542.50	19 660.46
614	24 884.10	47 105.71	23 262.47	21 009.01	18 388.06	19 480.70
615	24 365.73	46 024.45	22 786.25	20 829.52	18 233.96	19 299.39
616	24 173.89	45 601.18	22 633.04	20 670.22	18 098.63	19 152.23
617	24 102.00	45 414.82	22 598.89	20 695.61	18 123.54	19 180.65
618	24 211.18	45 585.13	22 744.55	20 802.99	18 219.84	19 278.12
619	24 432.54	45 981.40	23 000.95	20 882.29	18 291.31	19 339.51
620	24 681.86	46 439.73	23 281.99	20 863.30	18 274.36	19 309.29
621	24 914.44	46 890.42	23 533.06	20 728.73	18 154.97	19 173.73
622	25 030.88	47 129.15	23 671.33	20 514.86	17 967.11	18 970.39
623	25 066.60	47 220.60	23 731.20	20 281.90	17 764.71	18 758.19
624	25 020.19	47 186.51	23 719.38	20 070.54	17 577.96	18 570.81
625	24 952.93	47 113.90	23 683.62	19 909.26	17 432.97	18 450.70
626	24 855.70	46 985.85	23 613.43	19 758.96	17 293.72	18 369.53
627	24 772.81	46 870.07	23 562.74	19 513.85	17 062.56	18 226.19
628	24 687.45	46 737.52	23 507.85	19 326.95	16 891.49	18 098.09
629	24 583.29	46 539.79	23 424.58	19 244.25	16 823.71	18 010.83
630	24 382.94	46 100.94	23 282.62	19 262.11	16 852.16	17 972.35
631	24 103.94	45 477.79	23 086.21	19 315.01	16 908.34	17 974.37
632	23 358.65	43 929.48	22 482.30	19 411.27	17 002.95	18 013.10
633	22 531.56	42 225.21	21 722.13	19 520.51	17 108.96	18 062.01

（续）

波长（nm）	2006 年			2008 年		
	冷蒿 DN 值	星毛委陵菜 DN 值	羊草 DN 值	冷蒿 DN 值	星毛委陵菜 DN 值	羊草 DN 值
634	21 608.44	40 337.83	20 778.51	19 589.63	17 177.22	18 082.43
635	21 415.05	39 880.72	20 517.89	19 636.79	17 227.54	18 094.03
636	21 443.81	39 846.46	20 487.36	19 706.11	17 297.92	18 132.24
637	21 751.98	40 325.96	20 778.30	19 798.46	17 387.76	18 191.41
638	22 127.56	40 922.47	21 142.80	19 816.75	17 410.91	18 175.43
639	22 540.61	41 580.10	21 547.14	19 722.26	17 333.43	18 059.32
640	23 011.80	42 298.96	22 004.25	19 588.49	17 221.81	17 917.71
641	23 463.63	42 994.00	22 460.98	19 533.87	17 182.06	17 861.59
642	23 896.08	43 665.19	22 917.33	19 559.06	17 210.80	17 871.71
643	24 176.29	44 091.43	23 261.05	19 576.58	17 229.54	17 874.07
644	24 354.83	44 346.08	23 515.18	19 510.09	17 170.01	17 812.54
645	24 349.29	44 287.59	23 602.60	19 310.49	16 988.21	17 662.91
646	24 213.00	43 962.81	23 546.77	19 061.30	16 756.73	17 503.85
647	24 010.15	43 506.96	23 415.47	18 824.13	16 537.49	17 352.19
648	23 695.53	42 850.96	23 145.97	18 661.17	16 394.89	17 221.07
649	23 363.40	42 165.22	22 857.35	18 662.02	16 415.35	17 187.43
650	23 016.35	41 454.15	22 552.45	18 775.85	16 530.18	17 258.33
651	22 632.14	40 676.88	22 197.35	18 924.19	16 666.16	17 376.86
652	22 200.02	39 822.09	21 792.93	19 008.95	16 751.64	17 429.50
653	21 686.18	38 835.68	21 305.51	19 012.14	16 763.03	17 380.74
654	21 202.18	37 904.66	20 811.89	18 623.08	16 424.19	16 967.58
655	20 763.97	37 062.22	20 356.29	17 820.02	15 718.71	16 204.49
656	20 493.78	36 547.88	20 082.32	17 398.27	15 361.42	15 875.51
657	20 349.83	36 263.53	19 943.43	17 772.93	15 709.93	16 236.56
658	20 293.60	36 139.00	19 898.40	18 585.82	16 442.96	16 934.36
659	20 312.34	36 175.23	19 948.09	19 064.51	16 876.41	17 299.74
660	20 307.41	36 165.30	19 971.83	19 356.12	17 144.93	17 517.93
661	20 268.42	36 088.95	19 958.24	19 517.49	17 297.06	17 628.02
662	20 169.60	35 914.29	19 890.30	19 587.77	17 367.62	17 658.89
663	20 054.68	35 714.41	19 809.65	19 563.08	17 358.31	17 627.18
664	19 929.80	35 502.29	19 726.40	19 588.87	17 390.25	17 639.67
665	19 800.55	35 296.93	19 640.84	19 642.51	17 445.26	17 671.90
666	19 669.84	35 096.64	19 554.95	19 657.22	17 468.26	17 667.81
667	19 565.81	34 922.68	19 493.56	19 685.93	17 502.89	17 682.18
668	19 460.37	34 754.66	19 431.04	19 730.07	17 551.24	17 709.62
669	19 353.20	34 593.91	19 367.15	19 757.14	17 585.23	17 717.68
670	19 265.40	34 471.77	19 316.77	19 705.95	17 550.86	17 652.81
671	19 187.20	34 368.29	19 275.86	19 658.13	17 517.83	17 599.85
672	19 126.44	34 298.22	19 254.60	19 668.70	17 536.10	17 602.42
673	19 084.08	34 263.48	19 249.60	19 744.35	17 612.74	17 660.27
674	19 053.12	34 250.34	19 255.13	19 773.84	17 647.25	17 679.13
675	19 049.97	34 287.45	19 289.84	19 803.99	17 684.33	17 697.58

（续）

波长（nm）	2006 年			2008 年		
	冷蒿 DN 值	星毛委陵菜 DN 值	羊草 DN 值	冷蒿 DN 值	星毛委陵菜 DN 值	羊草 DN 值
676	19 042.11	34 321.28	19 318.39	19 844.95	17 731.77	17 724.27
677	19 029.53	34 351.85	19 340.79	19 884.66	17 775.51	17 749.66
678	19 031.02	34 402.83	19 367.37	19 916.17	17 814.21	17 766.93
679	19 030.62	34 452.43	19 390.05	19 936.38	17 842.12	17 775.67
680	19 022.95	34 494.44	19 403.14	19 950.90	17 863.43	17 781.82
681	18 991.64	34 512.09	19 395.93	19 982.93	17 903.98	17 804.38
682	18 937.01	34 501.43	19 368.88	19 978.03	17 909.29	17 787.82
683	18 787.82	34 364.70	19 261.84	19 946.13	17 890.53	17 744.12
684	18 553.19	34 122.00	19 068.19	19 818.24	17 784.67	17 625.91
685	18 245.77	33 789.05	18 800.77	19 087.50	17 105.99	17 002.08
686	18 087.48	33 786.62	18 659.90	17 577.87	15 704.37	15 886.33
687	18 072.12	34 068.03	18 670.72	16 018.16	14 262.18	14 846.85
688	18 296.90	34 823.13	18 939.40	15 976.71	14 231.52	14 940.42
689	18 779.32	36 135.72	19 500.00	16 517.83	14 742.87	15 379.20
690	19 351.80	37 663.38	20 169.52	17 255.99	15 437.64	15 911.34
691	19 984.00	39 412.19	20 937.95	17 913.29	16 055.64	16 390.00
692	20 613.72	41 246.73	21 706.64	18 226.30	16 344.34	16 649.90
693	21 241.72	43 140.86	22 475.51	18 298.76	16 410.53	16 744.98
694	21 954.95	45 325.35	23 338.83	18 374.65	16 488.83	16 828.16
695	22 671.95	47 580.04	24 221.78	18 740.98	16 850.37	17 082.93
696	23 393.34	49 935.64	25 132.72	19 283.99	17 379.56	17 410.31
697	24 022.11	52 236.32	25 996.90	19 613.76	17 702.54	17 591.71
698	24 614.59	54 503.86	26 841.33	19 558.41	17 655.51	17 545.46
699	25 155.47	56 699.58	27 654.67	19 331.07	17 443.61	17 422.83
700	25 788.12	58 989.77	28 547.40	19 163.09	17 291.75	17 321.13
701	26 482.29	61 315.54	29 493.88	19 159.11	17 301.22	17 314.23
702	27 359.52	63 164.09	30 610.86	19 344.44	17 493.90	17 441.34
703	28 249.55	64 436.99	31 738.71	19 695.98	17 835.53	17 690.30
704	29 155.21	65 006.30	32 879.84	20 002.67	18 130.58	17 911.79
705	30 041.94	65 250.86	34 005.61	20 195.87	18 319.63	18 052.76
706	30 900.91	65 415.13	35 101.07	20 345.58	18 474.38	18 154.63
707	31 693.16	65 505.26	36 121.32	20 493.17	18 629.11	18 242.10
708	32 465.40	65 535.00	37 142.33	20 627.45	18 769.06	18 321.20
709	33 217.09	65 535.00	38 156.09	20 737.99	18 883.02	18 393.60
710	33 845.64	65 535.00	39 082.26	20 851.27	19 000.80	18 467.98
711	34 333.54	65 535.00	39 914.73	20 911.79	19 069.67	18 497.52
712	34 675.05	65 535.00	40 649.70	20 918.16	19 085.92	18 492.62
713	34 445.77	65 535.00	40 964.33	20 874.31	19 049.71	18 471.90
714	33 892.23	65 535.00	40 980.00	20 723.49	18 905.25	18 375.78
715	32 758.14	65 535.00	40 434.22	20 058.40	18 265.03	17 920.43
716	31 550.34	65 535.00	39 729.13	18 732.90	16 997.90	17 004.91
717	30 472.56	65 535.00	39 107.52	16 957.18	15 320.53	15 775.57

（续）

波长 (nm)	2006年			2008年		
	冷蒿DN值	星毛委陵菜DN值	羊草DN值	冷蒿DN值	星毛委陵菜DN值	羊草DN值
718	30 456.83	65 535.00	39 459.22	15 683.55	14 129.35	14 889.82
719	31 181.89	65 535.00	40 626.15	15 395.58	13 876.24	14 731.27
720	32 537.99	65 535.00	42 487.53	16 171.09	14 628.21	15 362.54
721	33 597.48	65 535.00	44 093.00	17 579.45	15 971.56	16 332.53
722	34 326.85	65 535.00	45 340.18	18 131.84	16 492.70	16 656.35
723	34 472.13	65 535.00	45 946.97	17 658.97	16 038.34	16 289.56
724	34 587.30	65 535.00	46 603.38	16 946.45	15 364.60	15 849.24
725	34 779.12	65 535.00	47 351.04	16 771.36	15 197.99	15 784.52
726	35 391.57	65 535.00	48 467.77	16 872.67	15 294.86	15 875.73
727	36 154.09	65 535.00	49 692.92	16 969.62	15 392.43	15 923.70
728	37 025.29	65 535.00	50 996.56	17 004.59	15 436.25	15 925.08
729	38 313.16	65 535.00	52 674.05	17 089.65	15 524.90	15 993.47
730	39 864.25	65 535.00	54 599.58	17 338.84	15 768.47	16 196.12
731	41 803.87	65 535.00	56 891.53	17 846.79	16 262.28	16 566.19
732	43 653.32	65 535.00	59 109.30	18 674.58	17 071.56	17 108.89
733	45 309.89	65 535.00	61 131.41	19 431.00	17 808.04	17 577.21
734	46 357.56	65 535.00	62 521.48	19 864.52	18 228.38	17 822.64
735	47 122.02	65 535.00	63 542.63	19 898.03	18 265.96	17 814.45
736	47 723.29	65 535.00	64 339.53	19 915.60	18 291.54	17 810.88
737	48 426.44	65 535.00	64 890.47	19 969.05	18 356.04	17 813.21
738	49 144.25	65 535.00	65 275.21	20 040.73	18 441.73	17 798.69
739	49 880.73	65 535.00	65 448.42	20 095.47	18 510.85	17 786.98
740	50 612.93	65 535.00	65 506.80	20 173.24	18 602.79	17 792.85
741	51 318.73	65 535.00	65 535.00	20 287.36	18 727.36	17 839.95
742	51 951.57	65 535.00	65 535.00	20 433.08	18 876.75	17 938.10
743	52 437.16	65 535.00	65 535.00	20 583.81	19 026.69	18 035.54
744	52 831.15	65 535.00	65 535.00	20 663.40	19 108.20	18 078.39
745	53 005.49	65 535.00	65 535.00	20 673.69	19 123.57	18 072.25
746	53 079.79	65 535.00	65 535.00	20 685.37	19 138.19	18 073.13
747	53 049.98	65 535.00	65 535.00	20 650.68	19 110.94	18 035.02
748	52 907.53	65 535.00	65 535.00	20 554.13	19 026.54	17 944.73
749	52 759.68	65 535.00	65 535.00	20 411.14	18 898.37	17 817.28
750	52 627.68	65 535.00	65 535.00	20 285.99	18 787.32	17 711.55
751	52 538.05	65 535.00	65 535.00	20 207.06	18 717.93	17 642.96
752	52 448.45	65 535.00	65 535.00	20 173.34	18 688.91	17 612.76
753	52 232.23	65 535.00	65 535.00	20 158.86	18 676.82	17 602.68
754	51 654.13	65 535.00	65 535.00	20 111.58	18 635.62	17 556.90
755	50 755.14	65 535.00	65 535.00	20 035.69	18 568.13	17 488.09
756	47 937.72	65 535.00	65 008.36	19 845.39	18 389.86	17 318.63
757	43 284.03	65 535.00	61 199.50	19 293.48	17 862.45	16 822.65
758	35 447.55	65 535.00	51 357.48	16 848.49	15 543.58	14 716.62
759	28 198.52	64 990.00	41 672.44	12 558.12	11 500.00	11 244.03

（续）

波长（nm）	2006 年			2008 年		
	冷蒿 DN 值	星毛委陵菜 DN 值	羊草 DN 值	冷蒿 DN 值	星毛委陵菜 DN 值	羊草 DN 值
760	22 378.53	64 440.52	33 877.38	7 855.94	7 085.93	7 693.33
761	22 629.85	64 709.45	35 067.82	6 481.74	5 779.91	6 982.67
762	24 342.55	65 082.34	37 650.62	6 759.58	6 009.25	7 458.25
763	27 113.49	65 530.52	41 241.69	7 801.69	6 962.38	8 395.00
764	31 764.25	65 535.00	47 023.07	9 108.36	8 195.58	9 488.55
765	36 448.30	65 535.00	52 789.29	11 268.04	10 252.07	11 147.68
766	41 154.72	65 535.00	58 497.21	13 650.53	12 526.39	12 893.88
767	44 168.96	65 535.00	61 969.06	15 700.24	14 486.64	14 335.13
768	46 409.20	65 535.00	64 395.46	17 038.25	15 771.23	15 238.23
769	47 329.20	65 535.00	64 991.94	17 772.93	16 480.44	15 706.73
770	47 780.96	65 535.00	65 236.46	18 112.58	16 812.77	15 899.64
771	47 938.14	65 535.00	65 262.73	18 252.35	16 953.82	15 960.31
772	47 849.33	65 535.00	65 207.14	18 296.78	17 000.42	15 965.66
773	47 730.75	65 535.00	65 118.44	18 273.44	16 984.11	15 924.15
774	47 574.27	65 535.00	64 987.63	18 216.72	16 937.40	15 861.43
775	47 414.16	65 535.00	64 855.31	18 152.90	16 882.97	15 799.95
776	47 223.32	65 535.00	64 667.46	18 096.43	16 832.90	15 743.42
777	46 946.84	65 535.00	64 322.30	18 006.16	16 750.91	15 658.11
778	46 666.41	65 535.00	63 974.65	17 887.18	16 642.05	15 551.55
779	46 385.55	65 535.00	63 628.02	17 782.97	16 545.69	15 464.12
780	46 124.93	65 535.00	63 311.16	17 692.97	16 462.79	15 386.25
781	45 790.46	65 535.00	62 896.98	17 602.98	16 380.96	15 304.37
782	45 375.99	65 535.00	62 377.36	17 492.36	16 280.72	15 204.68
783	44 910.25	65 535.00	61 871.62	17 332.75	16 133.82	15 073.40
784	44 380.33	65 535.00	61 339.40	17 187.26	15 998.25	14 959.91
785	43 715.42	65 535.00	60 741.42	17 033.03	15 851.43	14 846.57
786	42 866.72	65 535.00	59 941.32	16 827.11	15 652.51	14 699.23
787	41 952.71	65 535.00	59 058.47	16 557.87	15 390.98	14 507.32
788	41 110.32	65 535.00	58 174.07	16 264.57	15 107.81	14 299.24
789	40 518.20	65 535.00	57 435.87	15 992.63	14 848.17	14 099.38
790	40 148.01	65 535.00	56 827.31	15 783.31	14 652.21	13 924.84
791	39 960.74	65 535.00	56 287.81	15 623.50	14 510.89	13 764.89
792	39 814.66	65 535.00	55 824.11	15 502.75	14 408.91	13 623.82
793	39 723.41	65 535.00	55 492.98	15 406.25	14 327.04	13 507.95
794	39 240.13	65 535.00	55 106.99	15 314.97	14 243.82	13 423.83
795	38 705.54	65 535.00	54 738.94	15 197.16	14 127.85	13 352.95
796	38 587.68	65 535.00	54 561.08	15 092.93	14 025.22	13 295.69
797	38 393.75	65 535.00	54 253.09	15 028.07	13 966.84	13 243.97
798	38 142.43	65 535.00	53 846.92	14 946.04	13 895.34	13 157.42
799	37 412.82	65 535.00	53 033.23	14 787.21	13 747.55	13 017.33
800	36 823.75	65 535.00	52 370.40	14 580.52	13 551.72	12 854.10
801	36 469.79	65 535.00	51 956.57	14 397.28	13 379.74	12 716.56

（续）

波长（nm）	2006年			2008年		
	冷蒿DN值	星毛委陵菜DN值	羊草DN值	冷蒿DN值	星毛委陵菜DN值	羊草DN值
802	36 272.41	65 535.00	51 533.17	14 266.72	13 259.92	12 604.43
803	36 199.73	65 535.00	51 180.74	14 178.04	13 182.35	12 511.59
804	36 448.91	65 535.00	51 104.26	14 128.16	13 143.29	12 439.51
805	36 458.67	65 535.00	50 935.45	14 117.95	13 141.70	12 393.26
806	36 300.79	65 535.00	50 689.51	14 064.11	13 096.99	12 321.06
807	35 467.04	65 535.00	49 779.76	13 923.37	12 965.74	12 195.22
808	34 575.11	65 535.00	48 864.84	13 685.42	12 738.03	12 011.53
809	33 606.05	65 535.00	47 943.08	13 380.44	12 446.57	11 796.79
810	32 395.24	65 535.00	46 833.98	13 023.81	12 100.04	11 555.43
811	30 934.90	65 517.14	45 406.88	12 574.54	11 660.53	11 247.55
812	28 864.08	65 445.69	43 132.79	11 992.46	11 094.06	10 835.07
813	26 917.87	65 229.79	40 880.04	11 287.79	10 416.61	10 324.78
814	25 109.01	64 944.73	38 714.06	10 602.42	9 763.38	9 821.42
815	24 272.03	64 729.38	37 554.94	10 057.67	9 248.84	9 411.62
816	23 931.77	64 638.71	36 992.17	9 743.22	8 956.61	9 158.87
817	24 129.63	64 683.12	37 075.44	9 667.60	8 893.50	9 078.56
818	25 037.82	64 832.41	37 848.55	9 791.16	9 021.42	9 138.64
819	25 870.51	64 961.13	38 592.19	10 007.86	9 237.52	9 259.23
820	26 322.21	65 011.57	39 068.17	10 150.20	9 379.02	9 318.52
821	24 862.98	64 122.31	37 301.35	10 037.56	9 276.85	9 199.02
822	23 119.45	63 145.55	35 169.96	9 812.85	9 065.19	9 020.34
823	25 014.82	64 341.80	37 082.96	9 695.24	8 953.72	8 941.60
824	26 202.13	64 955.51	38 365.27	9 919.18	9 174.27	9 104.65
825	26 735.84	65 031.48	39 065.39	10 179.83	9 428.43	9 269.06
826	25 760.38	64 862.27	37 972.31	10 262.94	9 510.19	9 293.54
827	24 967.91	64 685.67	36 991.41	10 087.41	9 343.80	9 140.46
828	24 751.18	64 530.57	36 490.28	9 892.96	9 163.43	8 982.65
829	24 882.57	64 558.21	36 460.19	9 782.05	9 063.64	8 885.40
830	25 077.46	64 613.98	36 525.20	9 762.77	9 051.76	8 850.08
831	24 996.58	64 497.63	36 265.20	9 780.62	9 076.62	8 837.12
832	25 171.52	64 530.20	36 278.59	9 803.66	9 105.79	8 830.65
833	25 539.44	64 675.10	36 498.21	9 859.33	9 164.25	8 850.71
834	26 017.32	64 769.96	36 927.14	9 954.33	9 259.79	8 900.66
835	26 361.32	64 831.13	37 208.82	10 065.98	9 374.08	8 961.50
836	26 492.39	64 841.19	37 253.47	10 151.90	9 460.03	8 998.65
837	26 594.80	64 838.80	37 224.00	10 199.75	9 509.78	9 005.28
838	26 674.62	64 830.80	37 169.20	10 211.81	9 527.79	8 985.84
839	26 692.74	64 812.82	37 087.18	10 202.50	9 524.08	8 952.56
840	26 643.79	64 775.57	36 893.07	10 171.56	9 502.14	8 903.58
841	26 550.27	64 724.18	36 625.25	10 120.46	9 461.26	8 839.68
842	26 373.54	64 582.92	36 257.70	10 055.11	9 404.86	8 765.82
843	26 280.97	64 470.98	35 988.27	9 992.99	9 352.34	8 697.18

（续）

波长 (nm)	2006 年			2008 年		
	冷蒿 DN 值	星毛委陵菜 DN 值	羊草 DN 值	冷蒿 DN 值	星毛委陵菜 DN 值	羊草 DN 值
844	26 299.96	64 397.89	35 848.90	9 932.67	9 299.92	8 631.62
845	26 225.45	64 248.42	35 639.05	9 867.30	9 240.99	8 561.59
846	26 046.17	63 980.96	35 327.92	9 782.26	9 162.81	8 473.85
847	25 606.04	63 403.23	34 753.20	9 643.87	9 034.50	8 343.94
848	24 986.18	62 344.40	33 921.46	9 469.63	8 871.23	8 190.30
849	24 320.98	61 125.09	33 019.23	9 283.27	8 696.51	8 032.09
850	24 283.63	61 066.34	32 939.74	9 107.23	8 534.00	7 883.70
851	23 951.24	60 291.38	32 477.92	8 934.31	8 372.80	7 734.36
852	23 299.24	58 740.50	31 601.92	8 758.65	8 208.72	7 580.62
853	22 620.72	56 874.32	30 562.89	8 597.53	8 059.30	7 440.00
854	22 372.81	56 099.09	30 094.11	8 495.04	7 966.21	7 353.00
855	23 188.03	58 100.10	31 075.87	8 496.04	7 969.38	7 360.74
856	23 553.23	58 952.05	31 574.15	8 578.48	8 048.92	7 431.94
857	23 681.58	59 204.31	31 795.94	8 678.66	8 145.16	7 506.89
858	23 454.16	58 588.97	31 457.20	8 691.10	8 156.76	7 508.92
859	23 248.39	58 016.00	31 141.67	8 638.64	8 108.10	7 456.36
860	23 062.61	57 482.17	30 847.59	8 554.19	8 029.07	7 376.63
861	22 942.10	57 114.68	30 649.66	8 461.49	7 941.46	7 289.97
862	22 734.08	56 525.90	30 341.61	8 340.44	7 831.31	7 182.07
863	22 346.65	55 483.26	29 805.76	8 180.85	7 683.21	7 040.70
864	21 616.12	53 570.90	28 840.67	7 994.60	7 508.55	6 876.53
865	20 879.44	51 639.82	27 854.84	7 811.80	7 337.94	6 717.60
866	20 710.94	51 132.45	27 511.34	7 682.98	7 217.55	6 608.70
867	20 821.14	51 372.84	27 598.71	7 620.38	7 158.62	6 559.58
868	21 150.32	52 200.76	28 024.62	7 617.39	7 155.05	6 560.58
869	21 107.25	52 086.26	28 008.00	7 646.39	7 181.57	6 583.18
870	21 005.14	51 815.18	27 896.71	7 638.10	7 175.21	6 570.68
871	20 825.52	51 336.19	27 653.31	7 587.43	7 129.90	6 523.89
872	20 579.12	50 698.20	27 321.18	7 507.92	7 057.14	6 455.09
873	20 321.61	50 027.71	26 970.61	7 423.27	6 978.40	6 380.70
874	20 090.67	49 396.27	26 640.68	7 340.28	6 899.00	6 305.60
875	19 906.45	48 899.17	26 380.56	7 255.39	6 820.07	6 234.45
876	19 751.18	48 485.89	26 164.04	7 169.97	6 742.87	6 167.63
877	19 550.04	47 970.68	25 896.25	7 094.35	6 670.11	6 100.60
878	19 314.19	47 376.00	25 592.64	7 011.83	6 592.09	6 029.78
879	19 032.30	46 676.00	25 241.57	6 924.92	6 511.30	5 958.30
880	18 807.54	46 107.46	24 940.12	6 839.98	6 432.63	5 889.42
881	18 615.47	45 619.11	24 676.18	6 762.11	6 359.89	5 823.21
882	18 492.46	45 305.40	24 501.08	6 686.95	6 289.22	5 761.31
883	18 299.61	44 823.59	24 255.84	6 611.16	6 216.83	5 700.21
884	18 066.61	44 244.67	23 969.05	6 532.29	6 140.83	5 635.40
885	17 793.40	43 562.54	23 623.27	6 449.60	6 064.29	5 563.72

（续）

波长 (nm)	2006年			2008年		
	冷蒿DN值	星毛委陵菜DN值	羊草DN值	冷蒿DN值	星毛委陵菜DN值	羊草DN值
886	17 556.25	42 967.54	23 311.18	6 364.50	5 985.42	5 492.64
887	17 359.78	42 470.81	23 037.09	6 276.86	5 901.69	5 421.76
888	17 206.03	42 081.34	22 822.33	6 183.45	5 809.51	5 346.66
889	17 004.95	41 603.88	22 570.36	6 075.90	5 705.92	5 262.77
890	16 673.76	40 875.20	22 207.47	5 935.95	5 572.98	5 156.86
891	16 170.51	39 825.49	21 686.17	5 751.30	5 395.55	5 020.11
892	15 566.72	38 581.18	21 068.78	5 517.81	5 166.70	4 849.54
893	14 745.96	36 875.52	20 223.12	5 245.01	4 901.41	4 651.75
894	13 904.74	35 078.23	19 332.11	4 949.82	4 617.39	4 436.80
895	13 044.61	33 196.35	18 399.23	4 652.48	4 332.08	4 217.21
896	12 260.40	31 359.48	17 478.08	4 376.15	4 064.67	4 008.70
897	11 577.72	29 734.86	16 657.13	4 147.63	3 846.90	3 835.23
898	11 087.78	28 533.22	16 037.50	3 986.17	3 694.09	3 709.82
899	10 814.73	27 828.93	15 679.53	3 898.37	3 611.55	3 638.58
900	10 683.31	27 456.50	15 487.40	3 877.76	3 594.39	3 619.56
901	10 922.68	27 974.49	15 714.07	3 907.94	3 625.41	3 635.96
902	11 197.90	28 552.00	15 972.08	3 954.48	3 671.01	3 661.95
903	11 501.30	29 176.27	16 254.72	3 985.15	3 700.71	3 674.98
904	11 524.92	29 194.27	16 262.10	3 975.05	3 691.86	3 658.83
905	11 383.39	28 827.13	16 098.21	3 911.10	3 633.02	3 604.23
906	10 986.54	27 862.23	15 668.78	3 794.01	3 521.82	3 509.45
907	10 475.80	26 656.75	15 082.04	3 640.95	3 374.18	3 388.28
908	9 989.28	25 505.75	14 502.33	3 485.02	3 225.33	3 270.66
909	9 720.65	24 828.50	14 117.95	3 360.30	3 106.79	3 175.67
910	9 536.82	24 355.71	13 849.33	3 270.55	3 022.08	3 108.08
911	9 409.74	24 019.94	13 658.46	3 208.48	2 963.70	3 062.10
912	9 304.21	23 753.78	13 523.99	3 162.79	2 919.52	3 023.08
913	9 162.12	23 401.71	13 352.28	3 123.43	2 882.62	2 987.08
914	8 969.54	22 931.02	13 129.13	3 093.24	2 854.36	2 955.67
915	8 903.50	22 731.56	13 011.75	3 079.07	2 841.04	2 934.28
916	8 913.21	22 686.38	12 962.34	3 087.74	2 852.56	2 931.47
917	9 080.76	22 953.80	13 059.57	3 113.97	2 880.53	2 939.19
918	9 235.39	23 199.39	13 142.25	3 147.20	2 915.42	2 949.64
919	9 381.06	23 428.12	13 215.03	3 174.76	2 945.57	2 955.36
920	9 495.40	23 576.80	13 255.53	3 184.37	2 957.32	2 950.64
921	9 541.34	23 595.95	13 254.42	3 169.71	2 945.39	2 926.55
922	9 510.14	23 469.03	13 206.37	3 116.94	2 895.89	2 876.16
923	9 309.17	22 989.49	12 970.48	3 016.61	2 799.56	2 795.44
924	9 045.56	22 373.27	12 658.86	2 872.29	2 661.33	2 684.05
925	8 680.40	21 529.25	12 218.36	2 696.15	2 492.44	2 547.05
926	8 252.84	20 485.95	11 668.93	2 492.03	2 296.84	2 384.52
927	7 788.40	19 323.56	11 056.45	2 261.04	2 076.46	2 197.12

（续）

波长（nm）	2006 年			2008 年		
	冷蒿 DN 值	星毛委陵菜 DN 值	羊草 DN 值	冷蒿 DN 值	星毛委陵菜 DN 值	羊草 DN 值
928	7 244.37	17 895.13	10 316.95	2 003.69	1 833.69	1 990.27
929	6 626.64	16 252.82	9 470.00	1 735.37	1 581.01	1 768.81
930	5 938.08	14 405.02	8 519.82	1 476.30	1 337.34	1 551.39
931	5 369.65	12 774.79	7 657.23	1 248.54	1 123.64	1 359.92
932	4 873.89	11 321.33	6 885.94	1 073.33	958.99	1 210.11
933	4 504.45	10 188.37	6 284.56	955.43	850.56	1 106.98
934	4 268.31	9 448.40	5 894.84	891.18	793.31	1 051.34
935	4 111.29	8 951.08	5 630.54	872.27	776.83	1 038.35
936	4 137.20	9 046.30	5 655.44	892.86	794.56	1 056.96
937	4 208.03	9 272.93	5 762.30	932.47	832.20	1 092.20
938	4 314.15	9 602.80	5 933.55	975.49	873.02	1 129.10
939	4 361.99	9 783.13	6 033.38	1 010.77	903.93	1 156.61
940	4 416.38	9 966.47	6 127.86	1 032.25	924.01	1 173.08
941	4 486.07	10 165.59	6 218.30	1 039.71	930.27	1 173.31
942	4 493.75	10 195.17	6 252.62	1 027.13	919.08	1 155.68
943	4 467.11	10 120.05	6 235.62	994.17	891.53	1 123.93
944	4 368.75	9 802.44	6 067.32	960.89	860.49	1 090.11
945	4 299.06	9 550.87	5 919.25	936.32	839.36	1 064.82
946	4 248.84	9 344.68	5 785.40	924.03	829.13	1 051.46
947	4 233.12	9 272.60	5 725.27	922.85	826.38	1 048.36
948	4 227.01	9 241.00	5 691.88	928.01	832.87	1 051.12
949	4 234.18	9 265.27	5 695.40	936.65	842.54	1 053.30
950	4 246.68	9 302.39	5 703.93	945.73	851.44	1 054.68
951	4 260.42	9 334.70	5 710.75	952.87	857.77	1 056.54
952	4 274.67	9 343.45	5 708.88	956.47	862.37	1 056.01
953	4 285.60	9 356.74	5 705.30	963.18	869.86	1 057.31
954	4 294.34	9 371.32	5 700.49	972.79	879.58	1 060.49
955	4 297.11	9 361.63	5 690.30	983.83	890.38	1 065.28
956	4 312.43	9 385.21	5 691.69	998.14	905.19	1 074.93
957	4 342.49	9 447.86	5 706.65	1 019.00	926.67	1 085.07
958	4 383.61	9 536.11	5 748.32	1 043.60	951.12	1 097.49
959	4 427.43	9 632.87	5 791.48	1 069.20	975.58	1 114.54
960	4 473.97	9 741.67	5 828.21	1 098.59	1 004.45	1 134.68
961	4 523.46	9 858.11	5 888.81	1 132.86	1 038.71	1 157.05
962	4 576.22	9 982.52	5 960.27	1 172.89	1 078.04	1 182.38
963	4 646.41	10 147.67	6 032.97	1 217.94	1 121.36	1 211.25
964	4 742.13	10 374.09	6 138.33	1 264.84	1 167.76	1 243.10
965	4 862.38	10 659.38	6 275.06	1 306.54	1 210.36	1 268.65
966	4 968.14	10 898.29	6 390.54	1 342.36	1 247.05	1 289.00
967	5 060.01	11 104.21	6 488.01	1 372.85	1 277.15	1 306.36
968	5 125.04	11 248.61	6 551.15	1 396.92	1 299.87	1 318.97
969	5 180.52	11 355.55	6 598.96	1 414.38	1 317.22	1 324.63

（续）

波长（nm）	2006 年			2008 年		
	冷蒿 DN 值	星毛委陵菜 DN 值	羊草 DN 值	冷蒿 DN 值	星毛委陵菜 DN 值	羊草 DN 值
970	5 231.24	11 445.46	6 638.58	1 422.46	1 327.15	1 323.52
971	5 274.39	11 515.90	6 662.73	1 419.70	1 326.70	1 315.48
972	5 308.60	11 560.05	6 679.27	1 407.65	1 313.57	1 299.02
973	5 335.52	11 582.69	6 689.59	1 385.14	1 293.38	1 277.50
974	5 300.86	11 471.90	6 637.35	1 361.00	1 272.22	1 255.48
975	5 259.95	11 344.89	6 574.36	1 342.13	1 254.78	1 237.06
976	5 212.78	11 199.73	6 497.51	1 329.68	1 243.42	1 224.92
977	5 175.32	11 071.35	6 424.09	1 328.08	1 243.37	1 218.02
978	5 147.46	10 962.55	6 358.90	1 330.83	1 247.86	1 213.62
979	5 148.85	10 917.01	6 324.69	1 336.02	1 254.77	1 211.34
980	5 169.55	10 912.76	6 310.77	1 347.47	1 268.01	1 212.94
981	5 203.03	10 936.07	6 310.42	1 353.72	1 274.17	1 211.56
982	5 225.90	10 963.45	6 312.04	1 357.51	1 278.73	1 208.71
983	5 252.45	10 983.11	6 309.96	1 361.10	1 283.99	1 204.72
984	5 284.27	10 991.66	6 302.54	1 363.30	1 286.66	1 198.00
985	5 306.09	10 990.11	6 291.81	1 355.08	1 281.40	1 188.84
986	5 322.56	10 980.92	6 278.54	1 347.62	1 275.39	1 176.75
987	5 328.47	10 953.63	6 259.17	1 340.18	1 268.73	1 162.66
988	5 323.92	10 901.13	6 228.29	1 325.30	1 256.95	1 148.13
989	5 313.55	10 833.73	6 190.36	1 312.41	1 243.26	1 132.47
990	5 304.62	10 752.35	6 141.55	1 296.38	1 226.84	1 115.31
991	5 290.60	10 668.36	6 093.56	1 277.68	1 209.33	1 097.58
992	5 270.60	10 581.32	6 046.52	1 258.88	1 192.48	1 079.95
993	5 240.53	10 465.93	5 983.38	1 237.39	1 173.61	1 059.65
994	5 206.85	10 344.69	5 917.64	1 213.90	1 151.81	1 039.82
995	5 167.73	10 219.28	5 851.35	1 189.81	1 128.56	1 019.10
996	5 123.43	10 089.32	5 780.77	1 166.33	1 105.93	996.45
997	5 077.34	9 957.40	5 708.85	1 143.27	1 084.77	976.86
998	5 036.71	9 826.33	5 642.68	1 119.75	1 062.52	956.01
999	4 990.05	9 685.14	5 567.65	1 094.74	1 039.56	933.86
1 000	4 937.34	9 533.82	5 483.75	1 069.04	1 016.63	911.95
1 001	4 893.11	9 389.37	5 411.64	14 609.95	13 576.48	17 447.08
1 002	4 846.13	9 248.53	5 341.14	14 662.69	13 615.37	17 510.17
1 003	4 791.54	9 113.94	5 271.58	14 719.97	13 665.03	17 576.41
1 004	4 738.79	8 969.52	5 194.95	14 779.42	13 706.89	17 644.71
1 005	4 687.48	8 822.72	5 117.10	14 835.83	13 757.77	17 713.42
1 006	4 640.94	8 683.60	5 047.79	14 891.19	13 814.84	17 783.13
1 007	4 596.13	8 553.89	4 981.46	14 942.75	13 881.41	17 853.02
1 008	4 552.74	8 431.88	4 917.56	15 004.64	13 947.90	17 927.21
1 009	4 504.87	8 300.45	4 847.98	15 065.13	14 023.66	18 002.47
1 010	4 459.38	8 174.67	4 779.90	15 135.49	14 088.75	18 081.41
1 011	4 418.26	8 059.17	4 714.78	15 221.27	14 150.96	18 164.35

（续）

波长 (nm)	2006 年			2008 年		
	冷蒿 DN 值	星毛委陵菜 DN 值	羊草 DN 值	冷蒿 DN 值	星毛委陵菜 DN 值	羊草 DN 值
1 012	4 380.32	7 944.95	4 653.99	15 297.06	14 216.28	18 249.40
1 013	4 343.23	7 832.85	4 596.01	15 375.10	14 277.14	18 341.47
1 014	4 305.62	7 728.70	4 544.94	15 448.50	14 340.01	18 426.45
1 015	4 270.09	7 620.17	4 489.56	15 520.06	14 409.35	18 516.64
1 016	4 236.00	7 508.60	4 431.20	15 587.21	14 474.45	18 596.13
1 017	4 202.04	7 398.66	4 373.21	15 649.70	14 537.00	18 664.34
1 018	4 161.06	7 286.15	4 312.96	15 711.83	14 597.56	18 734.63
1 019	4 109.99	7 169.92	4 249.43	15 773.41	14 660.47	18 805.34
1 020	4 070.89	7 061.84	4 194.37	15 827.43	14 715.25	18 865.72
1 021	4 033.89	6 955.73	4 140.64	15 882.74	14 771.00	18 928.85
1 022	3 995.15	6 850.19	4 085.17	15 936.71	14 823.68	18 989.79
1 023	3 961.96	6 744.82	4 030.34	15 990.83	14 874.83	19 054.88
1 024	3 931.14	6 639.60	3 975.82	16 041.93	14 923.59	19 119.37
1 025	3 886.02	6 535.60	3 920.19	16 095.26	14 973.14	19 183.76
1 026	3 848.01	6 433.00	3 867.02	16 151.98	15 017.24	19 252.07
1 027	3 818.70	6 332.12	3 816.83	16 204.24	15 069.51	19 317.72
1 028	3 781.93	6 234.38	3 765.99	16 250.52	15 127.04	19 382.67
1 029	3 745.71	6 136.71	3 714.37	16 304.04	15 182.49	19 444.02
1 030	3 714.26	6 037.84	3 660.91	16 357.12	15 247.37	19 499.68
1 031	3 687.44	5 950.26	3 615.15	16 413.91	15 299.81	19 562.19
1 032	3 661.32	5 867.00	3 572.17	16 482.93	15 339.57	19 623.57
1 033	3 620.44	5 773.67	3 520.72	16 542.79	15 387.77	19 687.10
1 034	3 591.20	5 687.75	3 475.75	16 594.59	15 433.18	19 759.38
1 035	3 573.58	5 609.26	3 437.26	16 654.28	15 479.05	19 829.07
1 036	3 540.52	5 522.07	3 391.45	16 710.29	15 532.39	19 895.03
1 037	3 507.90	5 436.32	3 345.99	16 760.86	15 596.76	19 956.10
1 038	3 479.48	5 355.44	3 302.85	16 817.62	15 652.19	20 022.88
1 039	3 445.61	5 272.74	3 260.08	16 880.28	15 708.19	20 089.03
1 040	3 410.57	5 190.00	3 217.49	16 936.74	15 761.00	20 157.62
1 041	3 381.14	5 111.51	3 175.10	16 993.84	15 809.63	20 230.34
1 042	3 354.83	5 034.85	3 135.49	17 046.24	15 860.62	20 301.01
1 043	3 331.18	4 959.75	3 098.26	17 091.20	15 915.76	20 375.56
1 044	3 304.91	4 890.16	3 061.39	17 142.26	15 960.90	20 442.70
1 045	3 278.22	4 823.70	3 025.80	17 196.66	16 000.49	20 507.83
1 046	3 251.05	4 762.32	2 992.47	17 245.71	16 041.42	20 569.83
1 047	3 223.10	4 690.47	2 955.26	17 301.09	16 072.38	20 628.85
1 048	3 196.33	4 617.72	2 917.71	17 345.00	16 110.30	20 681.51
1 049	3 175.95	4 555.08	2 883.87	17 377.42	16 167.77	20 728.51
1 050	3 154.91	4 495.86	2 854.42	17 410.45	16 203.37	20 773.82
1 051	3 133.40	4 439.00	2 828.00	17 438.36	16 227.47	20 819.17
1 052	3 114.15	4 383.78	2 798.94	17 458.30	16 242.40	20 860.07
1 053	3 092.81	4 324.91	2 767.50	17 482.17	16 257.82	20 898.98

（续）

波长（nm）	2006 年			2008 年		
	冷蒿 DN 值	星毛委陵菜 DN 值	羊草 DN 值	冷蒿 DN 值	星毛委陵菜 DN 值	羊草 DN 值
1 054	3 068.43	4 260.78	2 732.63	17 507.92	16 258.48	20 945.06
1 055	3 048.21	4 211.11	2 703.48	17 524.91	16 261.01	20 972.23
1 056	3 027.42	4 161.74	2 674.91	17 544.09	16 261.94	20 985.70
1 057	3 001.13	4 101.49	2 643.59	17 549.78	16 267.99	21 000.90
1 058	2 979.83	4 051.31	2 617.50	17 538.12	16 270.70	21 004.18
1 059	2 961.24	4 006.49	2 594.14	17 535.51	16 272.29	21 013.14
1 060	2 937.34	3 948.62	2 562.56	17 524.18	16 287.96	21 020.66
1 061	2 918.54	3 898.57	2 537.11	17 521.20	16 288.20	21 032.08
1 062	2 905.96	3 858.07	2 519.12	17 525.64	16 262.05	21 045.04
1 063	2 886.46	3 809.99	2 495.40	17 530.78	16 256.71	21 059.41
1 064	2 868.51	3 762.39	2 472.10	17 532.17	16 263.51	21 074.04
1 065	2 857.82	3 719.37	2 452.48	17 547.80	16 257.49	21 093.73
1 066	2 835.84	3 676.60	2 429.18	17 560.56	16 267.40	21 118.18
1 067	2 810.04	3 634.56	2 404.62	17 571.21	16 290.21	21 143.31
1 068	2 799.42	3 598.56	2 384.87	17 596.31	16 314.17	21 176.56
1 069	2 785.37	3 563.07	2 364.88	17 623.61	16 338.02	21 214.23
1 070	2 767.76	3 528.10	2 344.63	17 668.08	16 374.73	21 263.34
1 071	2 756.94	3 488.49	2 327.66	17 734.03	16 426.37	21 320.13
1 072	2 745.01	3 452.22	2 310.31	17 791.14	16 471.16	21 382.38
1 073	2 728.91	3 424.55	2 291.32	17 860.33	16 517.46	21 458.42
1 074	2 713.89	3 391.26	2 272.14	17 918.80	16 569.07	21 531.39
1 075	2 700.15	3 356.13	2 253.08	17 961.21	16 623.82	21 603.63